Oliver Schill

Konzept zur automatisierten Anpassung der neuronalen Schnittstellen bei nichtinvasiven Neuroprothesen

Konzept zur automatisierten Anpassung der neuronalen Schnittstellen bei nichtinvasiven Neuroprothesen

Schriftenreihe des
Instituts für Angewandte Informatik / Automatisierungstechnik
am Karlsruher Institut für Technologie
Band 47

Eine Übersicht über alle bisher in dieser Schriftenreihe erschienenen Bände
finden Sie am Ende des Buches.

Konzept zur automatisierten Anpassung der neuronalen Schnittstellen bei nicht-invasiven Neuroprothesen

von
Oliver Schill

Dissertation, Karlsruher Institut für Technologie (KIT)
Fakultät für Maschinenbau
Tag der mündlichen Prüfung: 19. Dezember 2013
Referenten: Prof. Dr.-Ing. habil. G. Bretthauer,
Prof. Dr.-Ing. habil. R. Mikut, Prof. Dr.-Ing. habil. J. Wernstedt

Impressum

 Scientific Publishing

Karlsruher Institut für Technologie (KIT)
KIT Scientific Publishing
Straße am Forum 2
D-76131 Karlsruhe

KIT Scientific Publishing is a registered trademark of Karlsruhe
Institute of Technology. Reprint using the book cover is not allowed.

www.ksp.kit.edu

Print on Demand 2014

ISSN 1614-5267
ISBN 978-3-7315-0158-9
DOI: 10.5445/KSP/1000037814

Konzept zur automatisierten Anpassung von neuronalen Schnittstellen bei nichtinvasiven Neuroprothesen

zur Erlangung des akademischen Grades eines

Doktors der Ingenieurswissenschaften

Von der Fakultät für Maschinenbau

des Karlsruher Instituts für Technologie (KIT)

genehmigte

Dissertation

von

Dipl.-Ing. Oliver Schill

geboren am 31. Mai 1976 in Pavlodar / Kasachstan

Referent:	Prof. Dr.-Ing. habil. G. Bretthauer
Korreferent:	Prof. Dr.-Ing. habil. R. Mikut
	Prof. Dr.-Ing. habil. J. Wernstedt

Tag der Einreichung:	23.08.2013
Tag der mündlichen Prüfung:	19.12.2013

Danksagung

Die vorliegende Arbeit entstand während meiner Tätigkeit als wissenschaftlicher Mitarbeiter am Institut für Angewandte Informatik und Automatisierungstechnik des Karlsruher Instituts für Technologie (KIT).

Für die Möglichkeit an einem sehr interessanten Gebiet mit viel Freiraum und unter den hervorragenden Bedingungen forschen zu können, möchte ich Professor Georg Bretthauer herzlich danken. Für die stets vorhandene Diskussionsbereitschaft und für die Übernahme des Hauptreferates danke ich ihm ebenso.

Für die freundliche Übernahme des Korreferates gebührt mein Dank Professor Ralf Mikut. Mit Interesse hat er den Fortschritt der Arbeit verfolgt und so zu deren Gelingen beigetragen.

Ganz besonderer Dank gilt Dr. Markus Reischl, der mir seit meinen ersten Tagen eine hervorragende fachliche Betreuung zukommen ließ. Ebenso möchte ich mich bei Dr. Lutz Gröll für wertvolle Diskussionen und Hinweise bedanken.

Meinen Zimmerkollegen Herrn Christian Bauer und Herrn Sebastian Pfeiffer danke ich für wertvolle und unterhaltsame Diskussionen, sowie allen anderen Mitarbeiter des Instituts, die zum Gelingen meiner Arbeit und einer besonderer Atmosphäre beigetragen haben. Weiterhin möchte ich allen Studenten danken, die im Rahmen einer Bachelor- oder Masterarbeit, eines Praktikums einen Beitrag zu dieser Arbeit geleistet haben.

Nicht minder wichtig war die externe Projektpartnerschaft mit der Orthopädischen Universitätsklinik Heidelberg. Hier danke ich insbesondere Dr. Rüdiger Rupp, Ute Eck, Harry Plewa und Martin Rohm.

Für die Geduld und Entbehrungen, die meine Frau Ella und meine Tochter Lea während der letzten Jahre aufbrachten, für ihre Motivation und ihr Verständnis, das sie mir entgegenbrachten, danke ich zutiefst.

Karlsruhe, im August 2013   *Oliver Schill*

Inhaltsverzeichnis

Symbol- und Abkürzungsverzeichnis

δ .... zeitliche Begrenzung (LCSS)

δ_{nl} .... eine normalverteilte auf den Zeitwert einwirkende Zufallsgröße

ε .... räumliche Begrenzung (LCSS)

γ_{nl} .... gleichverteilte Zufallsvariable zur Realisierung der Amplitudenstreuung

$\lambda_{nA,l,R}$ .... ein frei wählbarer Parameter zum Einstellen der Ausprägung der Zufallsgröße γ_{nl}

$\lambda_{nt,l,R}$ .... ein frei wählbarer Parameter zum Einstellen der Ausprägung der Zufallsgröße δ_{nl}

$\mathfrak{P}\{M\}$ .... eine Potenzmenge mit der Grundmenge M

$\overline{M_{n_{emg}}}$ .... Mittelwert eines Merkmals

$\rho_{r,f}$ .... Pearson-Korrelationskoeffizient

$\widehat{n}(k)$ .... geschätztes Rauschen

$\widehat{x}_{signal}(k)$ ...... geschätztes Nutzsignal

a_B .... IIR-Filterkoeffizient

$c(i,j)$ .... kumulative DTW-Distanz

$d(r_R, f_{n,R})$ ..... Distanzmaß (Metrik)

$d_p(r_R, f_{n,R})$ .... Metrik aus den L_p-Normen

$d_P(r_R, f_{n,R})$ .... Pearson-Distanz

d_{DTW} .... DTW-Distanz

d_{LCSS} .... Distanzmaß basierend auf LCSS

$d_{p,max}$ .... maximale Distanz im gesamten Datensatz

E .... Aktivierungsebene

f_a .... Abtastfrequenz

$f_{n,R}$ .... n-te FES-Zeitreihe in Messrichtung R

f_{stim} .... Stimulationsfrequenz in Hz

g_x, g_y, g_z .... Gewichtungen in den x, y, z-Messrichtungen

k .... Laufvariable

K_q^l .... Kombination aus l einzelnen Elektroden

L .... Länge einer Zeitreihe

l .... Laufvariable $l = 1, ..., n_B$

L_f .... Länge einer FES-Zeitreihe

L_r .... Länge der Referenz-Zeitreihe

L_{eEMG} .... Länge der originalen eEMG-Zeitreihe

L_{mwaves} .... Länge einer M-Wave

$LCSS_{\delta,\varepsilon}(r, f)$ .. Longest Common Subsequence

m .... Laufvariable

m_i .... aus der originalen Zeitreihen extrahierte M-Wave

$M_{n_{emg},i}^{area}$ .... Flächen-Merkmal für M-Wave i auf der n_{emg}-Messstelle

$M_{n_{emg},i}^{duration}$ .... M-Waves-Dauer-Merkmal für M-Wave i auf der n_{emg}-Messstelle

$M_{n_{emg},i}^{peak}$ .... Peak-to-Peak- Merkmal für M-Wave i auf der n_{emg}-Messstelle

n .... Laufvariable

$n(k)$ .... diskretes additives Rauschen

n_B .... Anzahl der Stützstellen

N_E .... Anzahl der Elektroden

$n_{emg,max}^{area}$ .... EMG-Messstelle mit dem größtem $\overline{M}_{n_{emg}}^{area}$-Wert

$n_{emg,max}^{peak}$ .... EMG-Messstelle mit dem größtem $\overline{M}_{n_{emg}}^{peak}$-Wert

$n_{emg,min}^{duration}$ .... EMG-Messstelle mit dem kleinsten $\overline{M}_{n_{emg}}^{duration}$-Wert

N_{emg} .... Gesamtzahl aller EMG-Messstellen

$N_{FES,red}$ .... durch den Suchalgorithmus reduzierte Anzahl der Kombinationen

N_{FES} .... Anzahl aller Kombinationen

N_{mwaves} .... Anzahl der M-Waves in einem eEMG-Signal

N_{Ref} .... Anzahl der Referenz-Zeitreihen

p .... Index für Minkowski-Metriken

P_{noise} .... Leistung des Signalrauschens

P_{signal} .... Leistung des Nutzsignals

q .... l-stellige Kodierung der in der Teilmengen E_l vorhandenen Kombinationen

R .... Messrichtung $R \in \{x,y,z\}$

$r_{m,R}$ .... m-te Referenz-Zeitreihe in Messrichtung R

$sim_d(r_R, f_{n,R})$ .. Ähnlichkeitsmaß aus Metrik d

sim_{LCSS} .... Ähnlichkeitsmaß basierend auf LCSS

T .... Gesamtdauer eines Signals

t_a .... Dauer der aktiven Phase bei Aktivierung einer Kombination

t_K .... Gesamtdauer bei Aktivierung einer Kombination

t_p .... Dauer der Erholungsphase bei Aktivierung einer Kombination

$t_{aufnahme}$ .... Dauer einer Signalaufnahme

t_{gesamt} .... zeitlicher Aufwand des gesamten Experiments

$t_{n,l,R}, A_{n,l,R}$ .... Zeit/Amplituden-Wertepaar zur Generierung des Benchmarkdatensatzes

tr .... Triggerzeitreihe

$U_{eEMG}(t)$ ...... elektrische Signalspannung des evozierten EMG-Signals

$U_{MWave}(t)$ ..... elektrische Signalspannung der M-Wave

U_{noise} .... Spannung des Signalrauschens

$U_{Rauschen}(t)$ .... elektrische Signalspannung des Rauschsignals

$U_{SA}(t)$ .... elektrische Signalspannung des Stimulationsartifakts

U_{signal} .... Spannung des Nutzsignals

$U_{vEMG}(t)$ ...... elektrische Signalspannung des willkürlichen EMG-Signals

W .... Warpingpfad

w_k .... k-tes Element des Warpingpfades

$x_{roh}(k)$ .... diskretes Sensorsignal

$x_{signal}(k)$ ...... diskretes Nutzsignal

ADL .... activities of daily living

AE .... Ableitung von Efferenzen

ASIA .... American Spinal Injury Association

DAn .... Algorithmen zur Datenanalyse

DTW .... Dynamic Time Warping

ECoG .... Elektrokortikographie

EEG .... Elektroencephalographie

eEMG .... evoked EMG

EMG .... Elektromyographie

ENG .... Elektroneurographie

FES .... Funktionelle Elektrostimulation

HWS .... Halswirbelsäule

IMU .... inertial measurement unit

M-Wave .... EMG-Antwort des elektrisch stimulierten Muskels

MAk .... mechanischer Aktor

MEMS .... Micro-Electro-Mechanical Systems

MSe .... mechanischer Sensor

NSCISC .... National Spinal Cord Injuries Statistical Center

NSe .... Sensor zur Erfassung der Nervenaktivität

NSt .... Elektroden zur neuronalen Stimulation

P .... Anzahl aller möglichen DTW-Pfade

SA .... Stimulationsartefakt

SE .... Stimulation von Efferenzen

sEMG .... surface EMG, Oberflächen-EMG

SG .... Stimulationsgenerator

SNR .... signal-to-noise ratio

UMNS .... Upper Motor Neuron Syndrome

vEMG .... voluntary EMG

1 Einleitung

1.1 Bedeutung der Arbeit

In Deutschland leiden 50-60.000 Menschen an den Folgen einer Querschnittlähmung, wobei jährlich in Folge von Unfällen oder Erkrankungen des Rückenmarks und Gehirns etwa 1.600 neue Patienten hinzukommen. Die Läsionen resultieren in Einschränkungen oder im Ausfall der willkürlichen Motorik, der sensorischen Rückmeldungen und der vegetativen Funktionen [193]. 40 % der Patienten leiden an der Lähmung der oberen Extremitäten (Hochquerschnittlähmung, Tetraplegie) [27, 236]. Diese Lähmungen sind im Allgemeinen weder operativ noch medikamentös reversibel. Daher sind die Betroffenen ihr Leben lang auf die Rehabilitationsmedizin und Ersatzsysteme, wie Rollstuhl und Greifschienen angewiesen. Trotz dieser konventionellen Hilfsmittel verlieren sie einen großen Teil ihrer Selbstständigkeit und Mobilität und sind meistens von der pflegerischen Hilfe abhängig.

Ein neues Hilfsmittel für Hochquerschnittgelähmte sind aktive, auf der Funktionellen Elektrostimulation (FES) basierende Systeme. Sie rufen mit elektrischem Strom die Kontraktionen in den betroffenen Gliedmaßen hervor, so dass ein gewünschtes Bewegungsmuster entstehen kann. Diese Systeme bewirken keine Heilung und werden im Wesentlichen zur Wieder- herstellung der Greiffunktionen eingesetzt. Allerdings haben die motorischen FES-Systeme bislang nur in wenigen Anwendungen eine klinische Bedeutung erlangt. Die geringe Akzeptanz bei Patienten und Medizinern ist der Unzuverlässigkeit, bescheidenen Kosmetik und komplizierten Handhabung der bisherigen Systeme zu verdanken. Damit die Bereitschaft der Patienten wächst, die FES-Systeme auf Dauer zu nutzen, muss ein günstiges Verhältnis zwischen dem Funktionsgewinn, den die Elektrostimulation bringt, und den mit seiner Benutzung verbundenen Mühen und Belastungen bestehen [159, 205]. Praktische Erfahrungen zeigen, dass die motorischen FES-Systeme trotz eindeutiger Verbesserung der Handfunktion meistens nur kurze Zeit von Querschnittgelähmten benutzt werden [159]. Das deutet darauf hin, dass das genannte Verhältnis zwischen dem Funktionsgewinn und den benutzungsbedingten Belastungen nicht eingehalten wird. Eine Erklärung zu diesem Verhalten findet sich zum Einen in der Unterforderung des Patienten im häuslichen Umfeld. Der Patient fühlt sich nicht herausgefordert und greift schneller zur fremden Hilfe anstatt die Bewegungen selbst mithilfe der FES auszuführen. Zum Anderen hängt es auch mit gewissen Unbequemlichkeiten zusammen, die mit der Inbetriebnahme der FES verbunden sind. Letzteres kann durch den Einsatz der motorischen FES-Neuroprothesen verbessert werden. In der Regel besteht eine solche aus einer Orthese, in der ein FES-Gerät, FES-Elektroden und die benötigte Sensorik bereits integriert sind.

Die neue Neuroprothese „OrthoJacket" , die am KIT (Karlsruher Institut für Technologie) entwickelt wird, ist so konzipiert, dass sie in Form einer Jacke dem Patienten zur Verfügung gestellt wird. Sie wird morgens vom Patient mit Hilfe einer Pflegeperson angezogen und abends ausgezogen. Dabei soll der Aufwand für den Patient und das Pflegepersonal beim Aufsetzen der Neuroprothese auf das Minimum reduziert werden. Die Funktionalität der Neuroprothese soll mit den Bedürfnissen und individuellen Besonderheiten des Patienten abgestimmt werden. Grundsätzlich muss gelten, dass sich nicht der Patient an die Orthese/Prothese anpassen muss, sondern die Orthese/Prothese soll an den Patienten angepasst werden. Bei den bisherigen Forschungen stand meist die Kompensation der motorischen Funktionen im Vordergrund. Die Frage der Anpassung der FES-Aktorik und der Sensoren wurde nur wenig behandelt. Für die praktische Rehabilitation muss eine Methodik zur optimalen Anpassung der Neuroprothesen erarbeitet werden, damit der Arbeit- und Zeitaufwand bei der Anpassung der Neuroprothesen im Alltag reduziert werden kann.

Deshalb widmet sich die vorliegende Arbeit der Frage der Automatisierung bei der Anpassung der Neuroprothesen. Dabei soll unter Anpassung die optimale Positionierung der aktorisch /sensorischen Komponenten an den Gliedmaßen des Patienten verstanden werden. Die Teilziele dieser Arbeit bestehen in der Entwicklung eines neuen Konzepts der automatischen Anpassung, in entsprechenden Methoden und schließlich in deren technischer Realisierung.

1.2 Grundlagen der Querschnittlähmung

1.2.1 Krankheitsbild einer hohen Querschnittlähmung

Unter einer Querschnittlähmung wird eine Unterbrechung der auf- und absteigenden Bahnen des Rückenmarks bezeichnet, die zu konsekutiven Funktionsverlusten führt [158, 227, 240]. Querschnittlähmungen können nach Verletzungshöhe, nach Ausdehnung der Erkrankung und nach klinischem Erscheinungsbild eingeordnet werden. Die Ausprägung der motorischen und sensiblen Funktionsstörungen ist von der Ausdehnung der Verletzung des Rückenmarks abhängig und kann somit von einer fast vollständigen Lähmung bis zu funktionell unbedeutenden motorischen und sensiblen Ausfällen reichen. Nimmt die Verletzung den ganzen Durchmesser des Rückenmarks ein, wird von einer vollständigen oder kompletten Querschnittlähmung gesprochen, also ein vollständiger Verlust der motorischen, sensorischen und vegetativen Funktionen. Wenn das Rückenmark nur teilweise geschädigt ist, wird von einer inkompletten Querschnittlähmung gesprochen [22, 48, 63]. In diesem Fall ist die Empfindlichkeit (sensorische Funktion) in der Regel vorhanden. Die Muskulatur ist teilweise innerviert, so dass manche motorischen Funktionen in einer abgeschwächten Form erhalten sind. Die Querschnittlähmung wird außerdem als zentrale Lähmung bezeichnet, da sie durch die Verletzungen oder die Krankheiten des Zentralnervensystems (ZNS) entstehen kann. Im Unterschied dazu versteht sich die periphere Lähmung als Resultat einer Verletzung bzw. einer Krankheit des Nervs entweder im Vorderhorn des Rückenmarks oder in seinem Verlauf nach dem Austritt aus dem Rückenmark. Je nach Ausmaß und Lokalisation der Schädigung wird auch die periphere Lähmung als komplett und inkomplett bezeichnet. Klinische Studien belegen, dass fast immer die Mischformen zentraler und peripherer Lähmung in der Praxis auftreten [54, 193].

Da die Auswirkungen einer Querschnittlähmung und entsprechend eingeleiteter Behandlungs- und Rehabilitationsmaßnahmen direkt von der Höhe der Wirbelsäulenverletzung abhängen, ist es wichtig, dass das Verletzungsniveau möglichst schnell und korrekt nach dem Lähmungseintritt festgestellt wird. Die Läsionshöhe wird durch das unterste gesunde Rückenmarkssegment bestimmt. Z.B. wird mit einer Diagnose „Querschnitt unterhalb C5" von einer Läsionshöhe gesprochen, bei der das Segment C5 noch vollständig intakt ist [39].

Zur Einschätzung der Läsionshöhe wird in der Regel eine neurologische Untersuchung benötigt. Eine solche Untersuchung ist ein wichtiger Bestandteil der orthopädischen Befunderhebung, die die Untersuchung der Kennmuskeln und Dermatome vorsieht. Ein Dermatom ist ein Hautareal, das

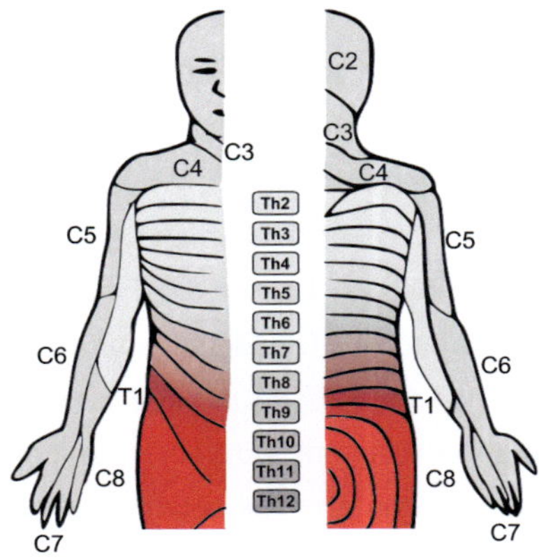

Bild 1.1: Dermatome am Oberkörper zur Einschätzung der Läsionshöhe [2].

das Versorgungsgebiet eines Nerves repräsentiert. Bild 1.1 zeigt Dermatome am Oberkörper. Das Ziel der Untersuchung der Dermatome ist die Einschätzung der Läsionshöhe, die durch die Präsenz oder das Fehlen der sensiblen Funktionen in relevanten Hautarealen getroffen werden kann. Mit der Untersuchung der Kennmuskeln soll eine Aussage über die Höhe der Querschnittverletzung getroffen werden, die auf die Präsenz der motorischen Funktionen zurückgeht. Ein Kennmuskel ist ein Muskel, dessen isolierte Lähmung auf die Schädigung eines Rückenmarksegments hinweist. In Tabelle 1.1 sind die Kennmuskeln und ihre Funktionen für die Rückenmarksegmente der Halswirbelsäule (HWS) zusammengestellt. Dabei ist zu beachten, dass die meisten Muskeln von mehreren Rückenmarksegmenten innerviert werden. So kann beispielsweise der Kennmuskel für das Segment C5 bereits bei einer Rückenmarksschädigung auf Höhe C6 abgeschwächt sein.

Rückenmark-segment	Muskel	Aktion
C5/C6	M. deltoideus	Arm Abduktion
C5/C6	M. biceps brachii	Ellenbogen Flexion
C6/C7	M. extensor carpi radialis	Handgelenk Extension
C7/C8	M. triceps brachii	Ellenbogen Extension
C8/T1	M. flexor digitorum profundus	Faustschluss
C8/T1	Intrinsische Handmuskulatur	Finger Abduktion

Tabelle 1.1: Spinale Innervation (Rückenmarksegmente) und die Kennmuskeln zur Evaluation der motorischen Funktionen [64].

Trotz des Zeitaufwandes stellt eine Kombination der beiden Verfahren (Kennmuskeln und Dermatome) ein notwendiges diagnostisches Instrument dar, das im klinischen Alltag eingesetzt wird. Um die Verfahren zur Klassifizierung der Querschnittverletzungen zu systematisieren und die Dokumentation zu vereinheitlichen, wurde erstmals 1982 von der American Spinal Injury Association (ASIA) ein internationaler Standard eingeführt. Die Standards wurden im Laufe der Zeit mehrmals revidiert. Im Anhang finden sich die zuletzt 2003 modernisierten ASIA-Formulare (siehe Anhang 8.1). Das ASIA-Schema klassifiziert die Ausprägung der Rückenmarksverletzung unter Berücksichtigung der motorischen und sensiblen Ausfälle. Außerdem bietet die ASIA-Klassifizierung eine gute Dokumentation zur Verlaufskontrolle. Daher spielt das ASIA-Schema eine große Rolle in der modernen Diagnose der Querschnittlähmung [93, 191, 220, 240].

Die Auswirkungen (Phänomene, Symptome) einer Querschnittverletzung sind komplex und beeinflussen einander auf vielfältige Weise. Studien legen nahe, dass für eine sinnvolle Behandlung von Störungen der Sensomotorik nach Läsionen des ZNS eine konsequente Einteilung der auftretenden Phänomene benötigt wird [21, 41, 129, 212]. Ein für die sensomotorische Rehabilitation wichtiger Begriff ist das Syndrom des oberen Motoneurons (Upper Motor Neuron Syndrome, UMNS). Das obere und das untere Motoneuron sind die wichtigsten Elemente der Zielmotorik. Das obere Motoneuron liegt in dem motorischen Zentrum der Großhirnrinde und steuert die Muskeln über die unteren Motoneurone. Das UMNS ist ein Sammelbegriff für motorische Verhaltensweisen, die bei Patienten als Folge einer Läsion der absteigenden motorischen Bahnen auftreten. Die unter UMNS zusammengefassten Phänomene lassen sich in zwei Gruppen einteilen: negative und positive Phänomene (vgl. Bild 1.2). Die negativen Phänomene beschreiben die Beeinträchtigung der willkürlichen Kontrolle und den Verlust der Fertigkeiten bedingt durch die Querschnittlähmung. Die positiven Phänomene stellen Erscheinungen dar, die in Folge einer Querschnittverletzung auftreten und durch eine Reihe von Muskelüberaktivitäten gekennzeichnet sind, wie z.B. Spastizität, Kokontraktionen, Synkinesien etc.

Bei der Tetraplegie liegt die Schädigung im Bereich der Halswirbelsäule und die Lähmung erfasst teilweise oder vollständig alle vier Gliedmaßen und den Rumpf [81, 191, 210]. Tabelle 1.2 stellt die von der Läsionshöhe abhängigen Unterschiede einer Hochquerschnittlähmung mit Hinblick auf die folgenden Aspekte dar: Körperpflege, Funktionen der oberen Extremität und Hilfsmittel. Diese Tabelle kann als Grundlage zur Entwicklung der

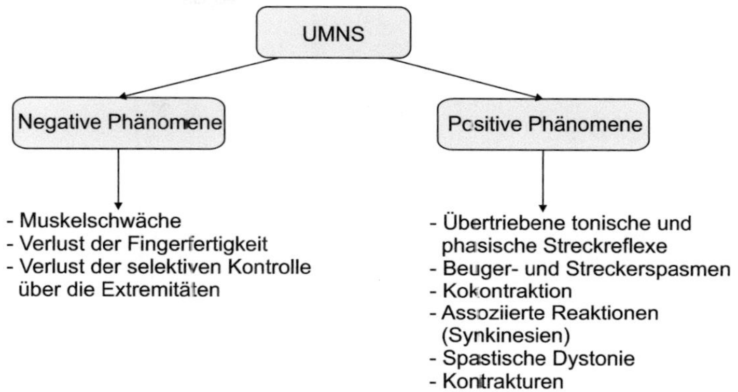

Bild 1.2: Charakteristische Phänomene beim Syndrom des oberen Motoneurons

rehabilitativen Systeme für Tetraplegiker dienen. So zeigt sie z.B., dass die Funktionalität der oberen Extremität und hiermit auch der Grad der Selbstständigkeit der Patienten mit abnehmender Läsionshöhe steigt. Nichtsdestotrotz bleibt der Bedarf nach Hilfsmitteln zur Unterstützung der Handfunktion für das gesamte Kollektiv der Querschnittgelähmten bestehen.

Die unterbrochene Nervenversorgung (Innervation) der Muskulatur und die dadurch bedingten funktionellen Ausfälle der Motorik verursachen in den meisten Fällen die Umwandlung der Muskelfasern in schnell ermüdende sowie den Gewebeschwund (Atrophie), d.h. der betroffene Muskel verliert an Masse und Kraft (vgl. Bild 1.3). Demzufolge wird das Muskelgewebe durch destruktive Prozesse in Binde- und Fettgewebe umgewandelt. Das kann dazu führen, dass die Patienten selbst beim Einsatz der funktionellen Neuroprothesen anfänglich keine Leistungserhöhung und somit keinen großen Erfolg registrieren können. Um den atrophiebedingten Muskelabbau zu vermeiden, sollen die Patienten durchgehend zum Einsatz einer Orthese vorbereitet werden. Die Muskeln der relevanten Gliedmaßen sollen daher mittels unterschiedlicher Methoden auftrainiert werden [57, 193].

Während es sich bei den negativen Phänomenen um die abgeschwächten oder gar verlorengegangenen Funktionen handelt, die wiederhergestellt

Läsions-höhe	Körperpflege	Funktionen der oberen Extremität	Hilfsmittel
C3/C4	Komplette Pflegebedürftigkeit	Keine Handfunktion, keine Kontrolle über die Schultern	Elektrorollstuhl mit Atemhilfsgerät und Kinnsteuerung, Lifter, Pflegebett
C4/C5	Überwiegende Pflegebedürftigkeit	Keine Handfunktion oder passive Hand, Kontrolle über die Schultern vorhanden, Essen und Schreiben mit Hilfsmitteln teilweise möglich	Elektrorollstuhl mit Handsteuerung, Pflegebett, Orthesen zur Unterstützung der Handfunktion
C5/C6	Teilweise Pflegebedürftigkeit	Passive oder aktive Hand, Essen und Schreiben mit Hilfsmitteln teilweise möglich	Mechanischer Rollstuhl auf ebenen Strecken, evtl. Elektrorollstuhl, Pflegebett, Orthesen zur Unterstützung der Handfunktion
C6/C7	Zunehmende Selbstständigkeit	Aktive Hand, teilweise zufriedenstellende Handfunktion mit Hilfsmitteln	Mechanischer Rollstuhl auf unebenem Gelände ohne Steigung, evtl. Elektrorollstuhl, Pflegebett, Orthesen zur Unterstützung der Handfunktion
C7/C8	Weitgehende Selbstständigkeit	Aktive Hand, zufriedenstellende Handfunktion mit Hilfsmitteln	Mechanischer Rollstuhl auf unebenem Gelände ohne Steigung, mechanische Stehvorrichtung, Orthesen zur Unterstützung der Handfunktion

Tabelle 1.2: Hochquerschnittlähmung: Läsionshöhe, Funktionen, Hilfsmittel (nach [210]).

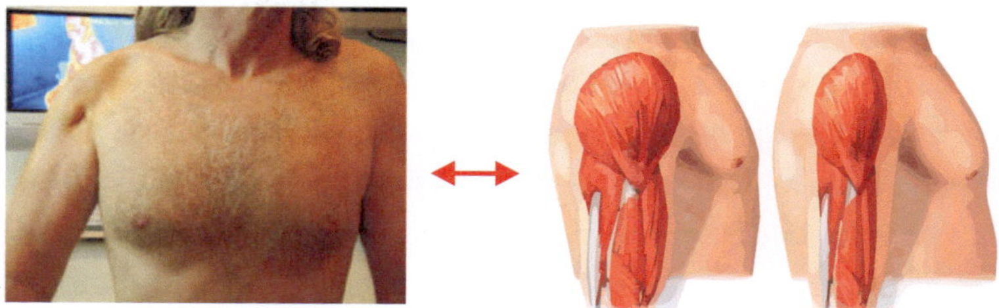

Bild 1.3: Atrophie der rechten oberen Extremität (zusammengestellt von [7, 9]).

werden sollen, handelt es sich bei den positiven Phänomenen um Erscheinungen, deren Präsenz eher unerwünscht ist. Die pathophysiologischen
Grundlagen der positiven Phänomene sind bisher noch nicht vollständig ge-
klärt. Da diese Phänomene als Störfaktoren angesehen werden, müssen
sie bei der Entwicklung einer Neuroprothese beachtet werden.

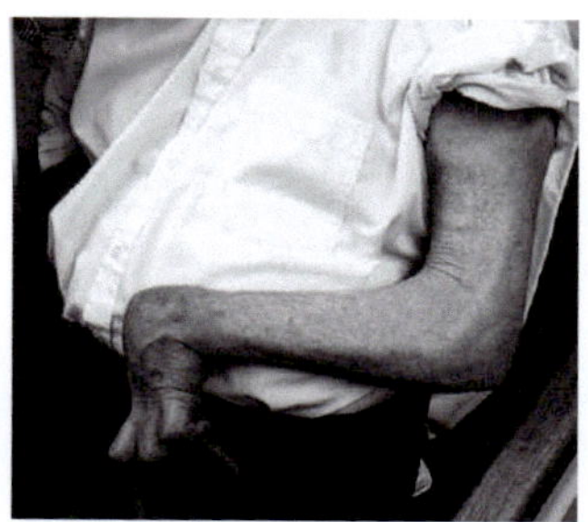

Bild 1.4: Flektiertes Ellenbogen- und Handgelenk [59].

Die positiven Phänomene führen oft zur Entwicklung von stereotypischen
Deformitätsmustern. Bild 1.4 zeigt beispielsweise eine obere Extremität
mit flektiertem Ellenbogen- und Handgelenk, was auf die Dysfunktion des
oberen Motoneurons hindeutet. Es handelt sich dabei um eine Reihe von
verschiedenen Arten der Muskelüberaktivitäten, die keiner willkürlichen
Kontrolle unterliegen. Einer der bekanntesten Begriffe in diesem Zusammenhang ist Spastizität oder Spastik. Das bestimmende Kennzeichen der

Spastizität ist ein geschwindigkeitsabhängiger übermäßiger Widerstand eines Muskels gegen passive Dehnung. Nicht nur die Spastizität selbst, sondern auch die Folge davon können in schwerer Form die tägliche Lebens-
führung der Betroffenen zusätzlich stark beeinträchtigen. Denn ein Patient
mit Spastik ist für die Entwicklung behindernder Kontrakturen prädisponiert
[128]. Als Kontraktur wird eine irreversible Verkürzung von Muskeln, Sehnen
und Bändern bezeichnet. So zeigt z.B. Bild 1.5 die Kontrakturen der Finger-
und Handgelenke, die in Folge der Gehirn- oder Rückenmarksverletzungen
entstanden sind.

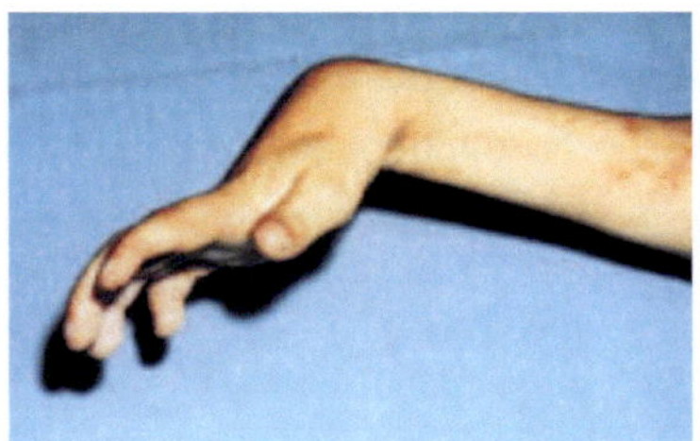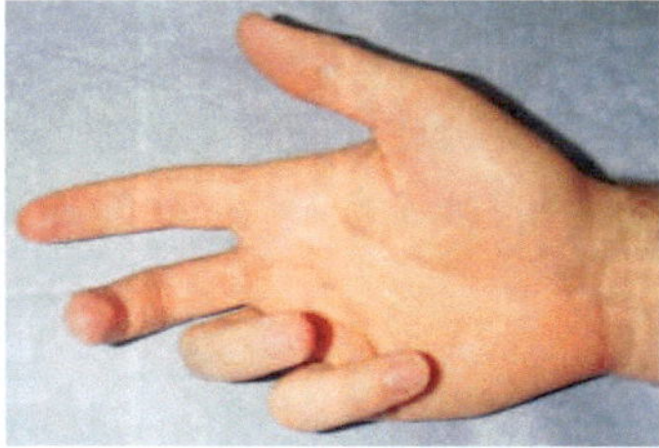

Bild 1.5: Handgelenk- und Fingerkontrakturen [4, 5].

Die betroffenen Gelenke lassen sich auch passiv äußerst schwer und in ge-
ringerem Maße oder gar nicht bewegen. In diesem Fall kann auch keine
Neuroprothese eingesetzt werden, da sie nicht in der Lage ist, die vorhandenen Kontrakturen zu beseitigen. Da eine motorische Neuroprothese die
Gelenke wieder in Bewegung bringt, kann durch den rechtzeitigen Einsatz
der Neuroprothesen das Entstehen der Kontrakturen vermieden werden.
Daher ist es sehr wichtig, dass der Querschnittgelähmte bereits in einem
sehr frühen Stadium nach der Verletzung mit einer Neuroprothese versorgt
wird. Andere positive UMNS-Phänomene wie spastische Dystonie, Kokon-
traktion, assoziierte oder verbundene Reaktionen, Beuger- und Strecker-
spasmen sind für einen Nichtkliniker von einander schwer zu differenzie-
ren. Was die Phänomene aber gemeinsam haben, sind die willkürlich nicht

kontrollierbaren Bewegungsaktivitäten, die spontan auftreten oder durch unterschiedliche Reize ausgelöst werden können [21, 41, 129, 212].

1.2.2 Demografie und Statistik der Querschnittlähmung

Die Gesamtzahl der in der Bundesrepublik lebenden Menschen mit einer Querschnittlähmung ist statistisch nicht erfasst. Gemäß einer Statistik der deutschen Zentren zur Behandlung von Querschnittgelähmten treten pro Jahr etwa 1600 neue Fälle auf. Somit liegt die Anzahl der Neuerkrankungen (Inzidenz) bei 18-25 Personen pro 1 Mio. Einwohner. In der Schweiz beträgt die Inzidenz 19-27 Personen pro 1 Mio. Einwohner im Jahr. In Österreich liegt die Inzidenz ebenso bei etwa 27 Personen pro 1 Mio. Einwohner. Die Gesamtzahl der Querschnittgelähmten in allen EU-Ländern wird auf 300.000 geschätzt [35, 63, 185].

Im Gegensatz zu vielen europäischen Ländern wird in den USA die genaue statistische Datenerhebung über die Querschnittfälle im Nationalen Statistischen Zentrum für Wirbelsäuletraumata (NSCISC: National Spinal Cord Injuries Statistical Center) erfasst. Sämtliche Informationen über Querschnittgelähmte werden dort aufgenommen und in der weltgrößten Datenbank für Querschnittfälle gespeichert. Diese Datenbank wird seit 1973 gepflegt. Auf der Basis in der Datenbank vorhandener Informationen werden statistische Prognosen, demographische Studien sowie volkswirtschaftliche Analysen durchgeführt. Laut der Statistik des NSCISC beträgt die Inzidenz in den USA 40 Personen pro 1 Mio. Einwohner im Jahr. Die Gesamtzahl aller Querschnittgelähmten in den USA liegt zur Zeit bei 300.000.

Die Ursachen einer Querschnittlähmung sind vielseitig. Sie können in zwei Gruppen aufgeteilt werden:

- traumatische (70%) und

- nichttraumatische Querschnittlähmungen (30%).

Bei den traumatischen Querschnittlähmungen handelt es sich um Verkehrs-, Arbeits-, Sportunfälle (häufig hohe Querschnittlähmungen nach Kopfsprung in flaches Wasser), Gewalttaten und Selbstmordversuche (vgl. Bild 1.6). Bei traumatischen Querschnittverletzungen sind am häufigsten Personen im Alter von 18-25 Jahren betroffen. Das Verhältnis der Geschlechter beträgt bei solchen Querschnittgelähmten 70 zu 30 (männlich/weiblich).

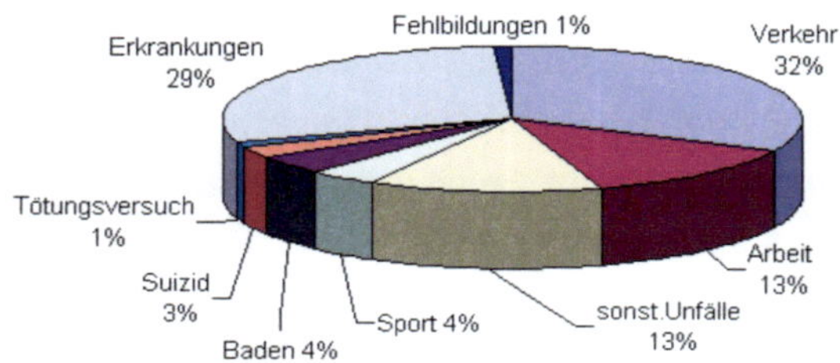

Bild 1.6: Verteilung der Ursachen der Querschnittlähmung in Deutschland (BRD 1976-2000; Anzahl der herangezogenen Fälle 28670) [12].

Die Ursache der nichttraumatischen Querschnittlähmung ist ebenso vielseitig. Bakterielle oder virale Entzündungen im Rückenmark, degenerative Veränderungen der Wirbelsäule (Bandscheibenvorfall), Tumorerkrankungen etc. führen sehr oft zu einer [31, 146]. Die Geschlechtsverteilung ist bei den nichttraumatischen Erkrankungsfällen ausgeglichen.

Je nach Verletzungsschwere werden die Querschnittlähmungen in zwei große Gruppen eingeordnet:

- die Paraplegien und

- die Tetraplegien.

Bei einer Paraplegie liegt die Schädigung des Rückenmarks auf Höhe des Brust- oder Lendenmarks vor. Demzufolge ist die Lähmung nur der unteren Extremitäten bei Paraplegikern zu beobachten. Bei einer Tetraplegie (Hochquerschnittlähmung) ist die Wirbelsäule auf der Höhe des Halsmarks geschädigt, was eine Lähmung aller vier Extremitäten verursacht. Rund 40% der Querschnittgelähmten sind Tetraplegiker und 60% Paraplegiker [35, 37]. Bild 1.7 zeigt die prozentuale Verteilung der Rückenmarksverletzungen im

Halswirbelbereich in Abhängigkeit von der Läsionshöhe. Dabei ist zu sehen, dass die Verletzungen auf der Höhe C4-C5 des Halswirbelbereichs am häufigsten sind.

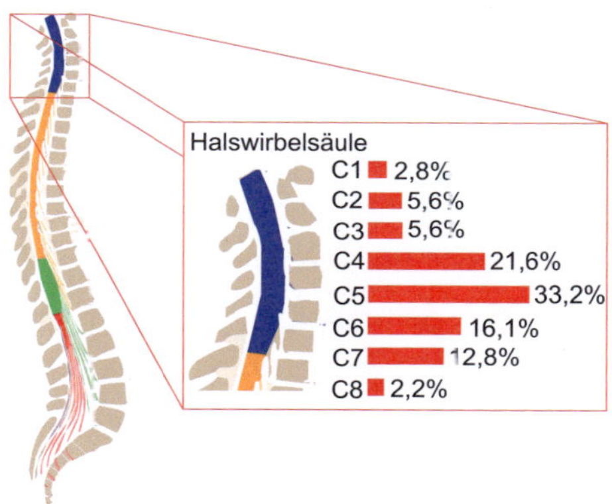

Bild 1.7: Tetraplegien nach Läsionshöhe (Gesamtzahl der registrierten Fälle = 180 [63]).

Die Anzahl hochquerschnittgelähmter Patienten nimmt ständig zu. Zum Einen ist diese Tendenz auf den hohen Stand der Unfallchirurgie zurückzuführen. Hierdurch gelingt es, immer mehr Menschen mit hohen Rückenmarksverletzungen am Leben zu halten. Zum Anderen ist das Risiko, in Folge einer Komplikation zu sterben, durch Einsatz von modernen pflegerischen Methoden sowie neuen medikamentösen Therapien drastisch vermindert worden. Bezüglich der Sterblichkeit spielt insbesondere das Eintrittsalter der Betroffenen eine Rolle. Diese ist bei den älteren Frischverletzten höher als bei den jüngeren. Der Unterschied zwischen den alten und den jungen Betroffenen bezüglich der Erfolge der rehabilitativen Maßnahmen ist allerdings deutlich geringer. Tabelle 1.3 verdeutlicht den Sachverhalt [10]. Beispielsweise beträgt die Lebenserwartung eines jungen Betroffenen (20 Jahre) mit einer Rückenmarksverletzung im Bereich C5-C8 etwa 40 Jahre. Dagegen liegen die Lebenserwartungen der 40- und 60- jährigen Personen bereits bei 23,3 bzw. 9,9 Jahre. Darüber hinaus zeigt die Tabelle kaum

Unterschiede (außer den Patienten mit künstlicher Beatmung) in Lebenserwartungen zwischen den Personen, die die ersten 24 Stunden überlebten und den Personen, die mindestens ein Jahr nach der Verletzung überlebten, was auch auf die Erfolge der modernen Medizin, pflegerischen Methoden und der vorangebrachten rehabilitativen Maßnahmen hindeutet. Zum Vergleich sind in der zweiten Spalte die Lebenserwartungen der Personen zu finden, die keine Rückenmarksverletzung erlebt haben.

Mehr als 50% aller Querschnittgelähmten sind Personen im Alter von 16-30 Jahren. Das durchschnittliche Alter der Betroffenen beträgt 34,2 Jahre (Median 28,6 Jahre) [11]. Angesichts des jungen Alters der Betroffenen sind die meisten von ihnen zum Zeitpunkt des Eintritts der Querschnittverletzung alleinstehend. Eine querschnittgelähmte Person ist andauernd auf die Hilfe von anderen Menschen angewiesen. Wenn innerhalb des Familien- und/oder Verwandtenkreises die benötigte Pflege nicht gewährleistet werden kann, muss diese Aufgabe vom Staat übernommen werden. Für den Staat entstehen somit sehr hohe Kosten. Tabelle 1.4 zeigt die anfallenden Kosten pro Patient in Abhängigkeit von Verletzungsschwere und Eintrittsalter der Lähmung. So zeigt z.B. die Tabelle, dass die Behandlung im ersten Jahr um den Faktor 5-10 mehr Kosten verursacht als in den darauf folgenden Jahren. Das hängt mit den operativen Maßnahmen, erhöhtem Pflegebedarf und dem Aufenthalt in den Krankenhäusern, der unmittelbar nach der Verletzung folgt, zusammen.

Die vorgestellten Statistiken zeigen wie akut der Bedarf nach den Systemen ist, die die verlorengegangenen motorischen Funktionen der oberen Extremität teilweise oder komplett wiederherstellen können. Nachfolgend wird daher der aktuelle Stand der Technik in der Neuroprothetik diskutiert.

Ein-tritts-alter in Jahren	Lebenserwartung in Jahren von Personen, die...										
	kein Wirbel-säule-trauma erleben	die ersten 24 Stunden überlebten					mindestens ein Jahr nach der Verletzung überlebten				
		Keine motor. Ausf.	Para	Tetra (C5-C8)	Tetra (C1-C4)	Künstl. Beat-mung	Keine motor. Ausf.	Para	Tetra (C5-C8)	Tetra (C1-C4)	Künstl. Beat-mung
20	58,8	52,1	44,8	39,6	35,3	16,8	52,5	45,4	40,5	36,9	24,8
40	39,9	33,8	27,4	23,2	19.7	7,5	34,1	27,9	23,9	21,0	12,3
60	22,5	17,5	12,8	10,0	7,8	1,6	17,7	13,2	10,4	8,6	3,8
80	8,8	5,6	3,2	2,0	1,2	<0,1	5,7	3,4	2,2	1,5	<0.1

Tabelle 1.3: Posttraumatische Lebenserwartungen in Jahren in Abhängigkeit von Verletzungsschwere und Eintrittsalter der verunglückten Personen [10].

Schweregrad der Läsion	Gemittelte jährliche Kosten für 2011		Geschätzte Gesamtkosten über das ganze Leben eines Patienten bei Eintritt der Querschnittlähmung mit	
	Erstes Jahr	Jedes folg. Jahr	25 Jahren	50 Jahren
Obere Tetraplegie (C1-C4)	1,023,924	177,808	4,543,182	2,496,856
Untere Tetraplegie (C5-C8)	739,874	109,077	3,319,533	2,041,809
Paraplegie	499,023	66,106	2,221,596	1,457,967
Inkomplette motorische Funktionalität eines beliebigen Levels	334,170	40,589	1,517,806	1,071,309

Tabelle 1.4: Anfallende Kosten pro Patient in Abhängigkeit von Verletzungsschwere und Eintrittsalter in US-Dollar [11].

1.3 Entwicklungsstand in der motorischen Neurorehabilitation

1.3.1 Übersicht

Der Verlust der Motorik der oberen Extremitäten wird von den Betroffenen als besonders schwerwiegend empfunden. Zahlreiche geräte- und robotergestützte Rehabilitationssysteme wurden bereits realisiert, die zur Verbesserung der Armbewegung und Erhöhung der Greiffunktion bei Hochquerschnittgelähmten eingesetzt werden. Bild 1.8 stellt eine Übersicht über die modernen Methoden dar, die zur Neurorehabilitation der oberen Extremität entwickelt werden. Neurorehabilitation ist ein umfangreiches Gebiet, das die Maßnahmen umfasst, deren übergeordnetes Ziel eine gesellschaftliche Integration der querschnittgelähmten Patienten ist. Grundsätzlich kann die Neurorehabilitation in die zwei folgenden Richtungen aufgeteilt werden:

- Therapie (siehe Abschnitt 1.3.2) und

- Neuroprothetik (siehe Abschnitt 1.3.3).

Trotz der Ähnlichkeit der Ziele dieser Teilgebiete finden sich enorme Unterschiede in Entwicklung, Aufbau und Anforderungen der jeweiligen Systeme.

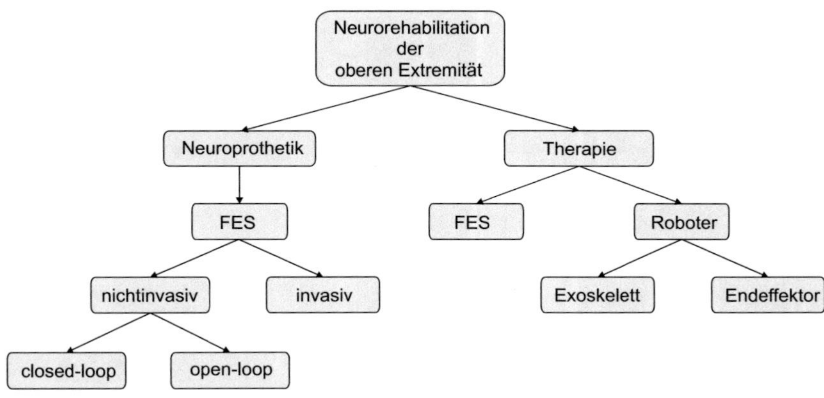

Bild 1.8: Neustrukturierung zur motorischen Neurorehabilitation für die obere Extremität.

1.3.2 Therapiesysteme

Die Therapiesysteme werden hauptsächlich zur Bewegungstherapie der ausgefallenen Gliedmaßen eingesetzt, damit die abgeschwächten bzw. verlorengegangenen motorischen Funktionen verbessert bzw. neu erlernt werden können. In [24], [25] und [144] wird gezeigt, dass sich die Bewegungstherapie speziell bei halbseitig Gelähmten (Schlaganfallpatienten) und Patienten mit einer inkompletten Querschnittlähmung als sehr effektiv erwiesen hat. Dies wurde auch in [13], [119] und [120] anhand der Bewegungsanalyse bestätigt, die zum Monitoring der Therapiefortschritte bei Paraplegikern eingesetzt wurde. Die Verbesserung des Bewegungsmusters ist bei den Betroffenen auf die sogenannte Neuroplastizität zurückzuführen - ein Mechanismus des zentralen Nervensystems, der die Reorganisation der neuronalen Verbindungen ermöglicht. Bei Schlaganfallpatienten werden dadurch beispielsweise die Aufgaben der motorischen Hirnareale reorganisiert. Bei Querschnittgelähmten werden dagegen die neuronalen Reorganisationsprozesse im Rückenmark in Gang gesetzt, um dort die spinalen Vorgänge zu reaktivieren und zu verstärken. Grundlage der Bewegungstherapie ist das periodisch wiederkehrende Bewegungsmuster, das über die sensorischen Nervenbahnen vom ZNS aufgenommen wird und somit die Neuroplastizität anregt [84, 91, 92, 110, 124, 183, 187, 188, 198].

Bezüglich der eingesetzten Aktorik lassen sich diese Systeme in zwei Gruppen aufteilen:

- robotergestützte Systeme und

- Systeme mit funktioneller Elektrostimulation.

Die Therapieroboter können entweder als Endeffektor- oder Exoskelettroboter realisiert werden. Endeffektorroboter sind einfacher zu bauen, da sie den Industrierobotern konstruktionstechnisch ähnlich sind. Der betroffene Arm des Patienten wird mit einer Manschette mit dem Endeffektor des Roboters verbunden. Der Patient wird per Bildschirm aufgefordert, vorgegebene Bewegungen auszuführen. Ist der Patient dazu in der Lage, so unterstützt der Roboter den Patient nur soweit notwendig. Im anderen Fall setzt sich der Roboter für den Patienten ein und führt die vom System vorgeschlagene Bewegung aus. Das bekannteste System, das auf dem beschriebenen Prinzip gebaut wurde, ist der MIT-Manus-Roboter [89, 105, 106] (vgl. Bild 1.9a). Mit diesem System konnte bereits nachgewiesen werden, dass die robotergestützte Bewegungstherapie zu einer signifikanten Verbesserung der Funktion und Motorik der oberen Extremität führt [62, 174]. Auf ähnliche Weise sind auch der MIME(Mirror-Image Movement Enabler)-Roboter [38, 123, 124] (vgl. Bild 1.9b) und der REHAROB-Roboter [219] aufgebaut. Trotz der guten Ergebnisse weisen die endeffektorbasierten Therapieroboter konstruktionsbedingte Nachteile wie eingeschränkte Steuerbarkeit und sogar Sicherheitsrisiken bei Patienten mit Spastik oder Kontrakturen auf [154].

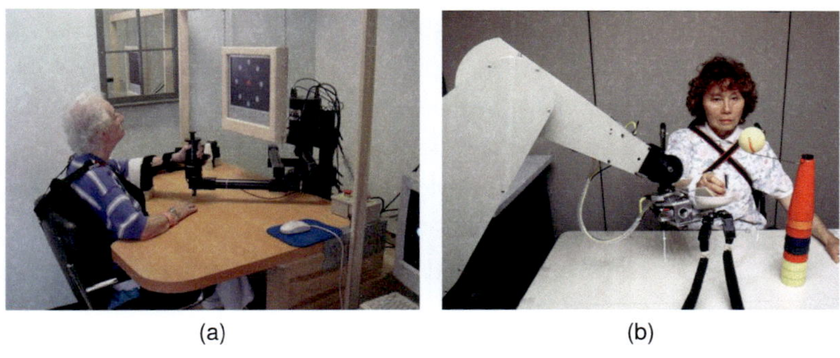

(a)   (b)

Bild 1.9: Bewegungstherapie mit den Endeffektorrobotern: (a) MIT-Manus [105]; (b) PUMA-560 (MIME)[38].

Eine bessere allerdings auch kompliziertere Alternative stellen die Exoskelettroboter dar. Gegenüber den endeffektorbasierten Systemen zeichnen sie sich dadurch aus, dass sie mehr Bewegungsfreiheit besitzen und die Momente über eine Exoskelettstruktur direkt in die Gelenke übertragen werden. Das rührt daher, dass die Rotationsachsen des Exoskelettroboters mit denjenigen des Patienten übereinstimmen. Zahlreiche Gruppen arbeiten zurzeit an Therapie-Exoskelettrobotern. Einer der bekanntesten Exoskelettroboter ist ARMin (ETH Zürich, Schweiz), der für die Bewegungstherapie der Schulter-, Ellenbogen- und Handgelenke eingesetzt werden kann [156, 157]. Exoskelettbasiert sind ebenso folgende Systeme: ARMOR [130], BONES [102], RUPERT [20, 78, 214] (siehe Bild 1.10).

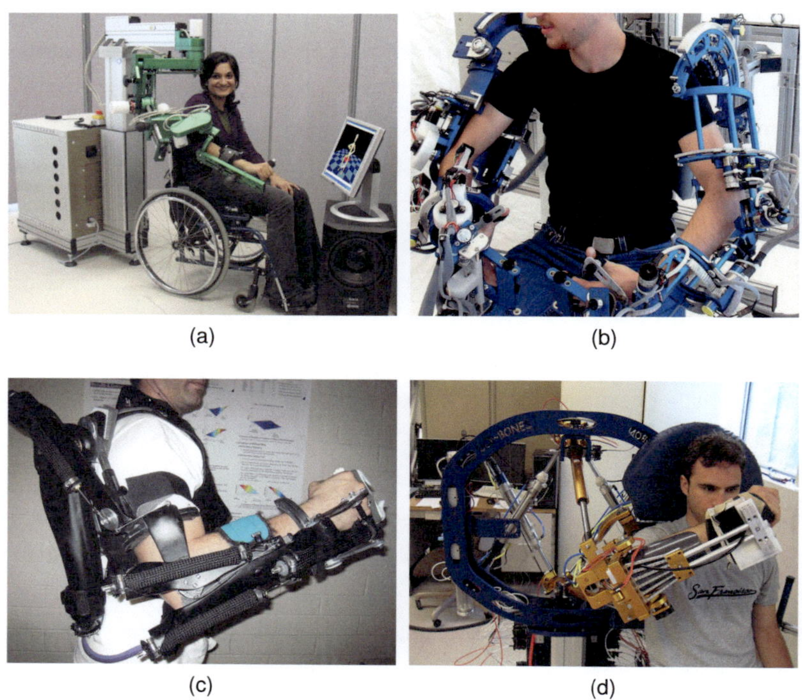

(a)   (b)

(c)   (d)

Bild 1.10: Exoskelettroboter für die Bewegungstherapie: (a) ARMinIII (ETH Zürich, Schweiz)[155]; (b) ARMOR (Hospital Hochzirl, Österreich)[130]; (c) RUPERT-Robotic Upper Extremity Repetitive Therapy (University of Arizona, USA)[214]; (d) BONES-Biomimetic Orthosis for the Neurorehabilitation of the Elbow and Shoulder (University of California, USA)[102].

Diese Therapiesysteme unterscheiden sich voneinander im Grad der Bewegungsfreiheit oder der Art der Antriebstechnik. Im Fall des RUPERT-Roboters handelt es sich um ein tragbares Exoskelettsystem (vgl. Bild 1.10c). Es existieren weitere Therapiesysteme, die auf der Basis der Elektrostimulation gebaut sind. Im Unterschied zu roboterbasierten Systemen bewirkt die Elektrostimulation neben der Bewegungstherapie auch die Verbesserung von Beschwerden wie Spastik, Druckgeschwüren und Kontrakturen [43, 44, 49, 50, 74, 177, 189, 207, 235]. Die Bewegungstherapie kann allerdings nicht ohne Weiteres durchgeführt werden, da zur Stabilisierung und Fixierung der Gliedmaßen zusätzlich ein Aufbau (z.B. Exoskelett) benötigt wird. Ohne den entsprechenden Aufbau kann mit der Elektrostimulation nur die Kondition der Muskeln trainiert werden. So ist z.B. NESS H200 ein FES-basiertes Therapiesystem, das in Form einer Orthese aufgebaut ist. So einer Aufbau ermöglicht die Bewegungstherapie der betroffenen Hand bei Schlaganfallpatienten und Querschnittgelähmten mit einer Läsionshöhe C5-C6 [80, 90, 209]. Der elektrische Strom ruft die Kontraktion der Handmuskeln hervor, so dass das Schließen der Hand wiederhergestellt werden kann. NESS H200 ist zurzeit das einzige FES-Therapiesystem für die gelähmte Hand, das kommerziell erhältlich ist.

Auch weniger komplizierte FES-Geräte sind auf dem Markt zu finden, die bislang nur für die Muskeltherapie oder das Training eingesetzt werden können. Bild 1.11 stellt moderne FES-Therapiegeräte vor. Auf der Basis solcher Geräte können auch die neuroprothetischen Systeme aufgebaut werden.

Es gibt eine Reihe von weiteren technischen Systemen, die zur Bewegungstherapie bei Schlaganfallpatienten und Querschnittgelähmten in der letzten Dekade entwickelt wurden, deren Beitrag allerdings nicht den gezeigten Trends (Exoskelett, FES) der modernen Forschung in der Neurorehabilitation entspricht [60, 83, 122]. Diese Systeme zeigen, wie vielfältig die robotergestützte Therapie für Schlaganfallpatienten gestaltet werden kann. So stellen z.B. die in [60] bzw. [122] vorgestellte Therapiesysteme NeReBOT bzw. Gentle/s Kabelzugsysteme dar. Aufgrund dieser konstruktiven

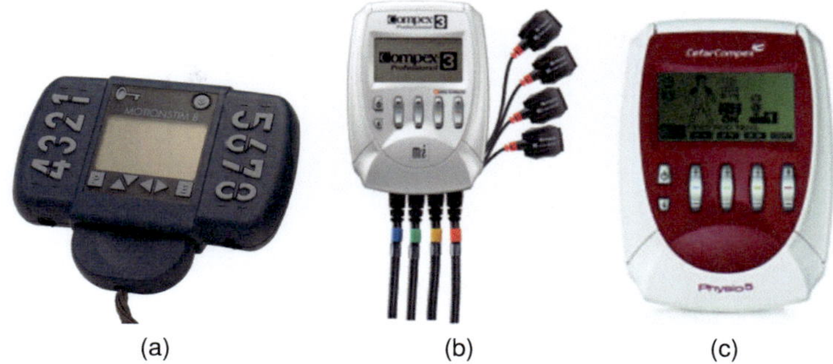

(a)   (b)   (c)

Bild 1.11: Moderne FES-basierte Therapiegeräte: (a) Therapiegerät Motionstim 8 (Fa. Kraut+Timmerman, Deutschland, [6]); (b) Therapiegerät Compex 3 (DJO Global, Fa. Compex, Schweiz, [3]); (c) Therapiegerät CefarCompex 5 Physio (DJO Global, Fa. CefarCompex, Schweden [3]).

Besonderheit ist die Funktionalität und somit der Einsatz solcher Systeme sehr eingeschränkt, so dass sie mit den aktuellen Technologien nicht konkurrenzfähig sind.

1.3.3 Neuroprothetik

Die Aufgabe der Neuroprothetik ist die Wiederherstellung der motorischen Funktionen und somit die Unterstützung der Betroffenen im alltäglichen Leben (activities of daily living, ADL). Eine Neuroprothese ist eine technische Einrichtung, die sowohl im sensorischen als auch im aktorischen Sinne eine Schnittstelle zwischen dem menschlichen Nervensystem und einer Maschine darstellt [139, 165, 186, 195]. Die Herausforderung für die Entwicklung einer motorischen Neuroprothese besteht darin, das Zusammenspiel solcher Faktoren wie neurologischer Status, kognitive Fähigkeiten und soziale Umgebung des Patienten zu berücksichtigen. Die Akzeptanz von Neuroprothesen bei Patienten kann durch hinreichenden Funktionsgewinn, Zuverlässigkeit und befriedigende Kosmetik gewonnen werden.

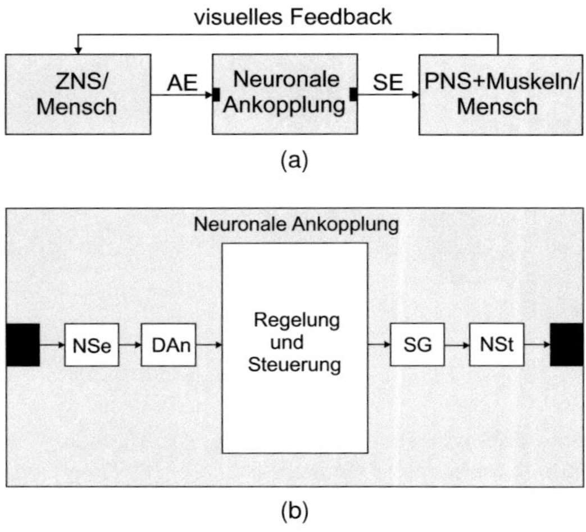

Bild 1.12: Schematische Darstellung einer bisherigen motorischen Neuroprothese zum Einsatz bei Querschnittgelähmten (ZNS: Zentralnervensystem; PNS: Peripheres Nervensystem; AE: Ableitung von Efferenzen; DAn: Algorithmen zur Datenanalyse; NSe: Sensor zur Erfassung der Nervenaktivität; NSt: Elektroden zur neuronalen Stimulation; SE: Stimulation von Efferenzen; SG: Stimulationsgenerator): (a) Struktur einer Neuroprothese als Überbrückungssystem; (b) Struktur der neuronalen Ankopplung (angepasst von [139]).

Eine Neuroprothese zur Wiederherstellung der motorischen Funktionen bei Querschnittgelähmten ist ein Überbrückungssystem, das eine ausgefallene Strecke im Nervensystem überbrückt. Bild 1.12 stellt schematisch eine moderne motorische Neuroprothese zum Einsatz bei Querschnittgelähmten dar. Zur Ansteuerung der bisherigen Neuroprothesen werden ausschließlich die efferenten (absteigenden) Nervenbahnen herangezogen. Zum Ermitteln von Bewegungsabsichten werden Sensoren NSe eingesetzt, die die Ableitung von Nerven- bzw. Muskelaktivitäten AE ermöglichen. Aus den erfassten Bewegungsabsichten werden dann mithilfe der Algorithmen zur Datenanalyse DAn und Regelung/Steuerung die Steuersignale generiert.

Die Steuersignale bestimmen das Muster des Stimulationssignals, das mit einem Stimulationsgenerator SG erzeugt wird. Die Wiederherstellung der motorischen Funktionen erfolgt durch die Stimulation der Efferenzen SE mit dem Stimulationssignal, das über die Elektroden NSt auf das Periphere Nervensystem (PNS) bzw. Muskeln übertragen wird. Das visuelle Feedback stellt eine weitere Verbindung mit dem ZNS dar. Dieses liefert eine Führungsgröße für den natürlichen Regelkreis, der die Bewegungsplanung und die Bewegungsausführung ermöglicht. Regelungs- und Steuerungskonzepte sind wichtige Komponenten von Neuroprothesen. Sie umfassen unterschiedliche Aufgaben wie z.B. die Umsetzung der intuitiven Ansteuerung, Erkennung einer gefährlichen Situation oder Regelung der Gelenkwinkel. Die Umsetzung und Funktionalität dieser Konzepte hängt in starkem Umfang von den vorhandenen aktorischen und sensorischen Komponenten sowie den Schnittstellen zum Nervensystem und ihrer Funktionalität ab.

Bezüglich der Art der verwendeten Stimulationselektroden lassen sich die neuroprothetischen Systeme in nichtinvasive und invasive Systeme unterscheiden (vgl. Bild 1.8). Bei der nichtinvasiven Neuroprothetik handelt es sich um FES-Systeme mit Oberflächenelektroden. Dagegen werden bei den invasiven Neuroprothesen implantierbare Elektroden verwendet. Für die Versorgung von tetraplegischen Patienten wurde bislang nur ein einziges implantierbares System erfolgreich realisiert. Die von NeuroControl Corp. entwickelte und von 2001 bis 2002 vermarktete Neuroprothese Freehand wurde zur Wiederherstellung der Handfunktion eingesetzt [65, 88, 101, 216]. Das Freehand-System besteht aus implantierbaren Elektroden, implantierbarem Miniaturstimulator, Sendespule, externem Steuergerät und einem Positionsgeber (vgl. Bild 1.13). Dabei wird die Stimulation durch die Bewegung des auf der kontralateralen Schulter angebrachten Joysticks gesteuert. Die von der Kosmetik her hervorragende Lösung hat auch ihre Nachteile. Der erste Nachteil ist der chirurgische Eingriff selbst. Der Aufwand der Implantation und der damit verbundenen

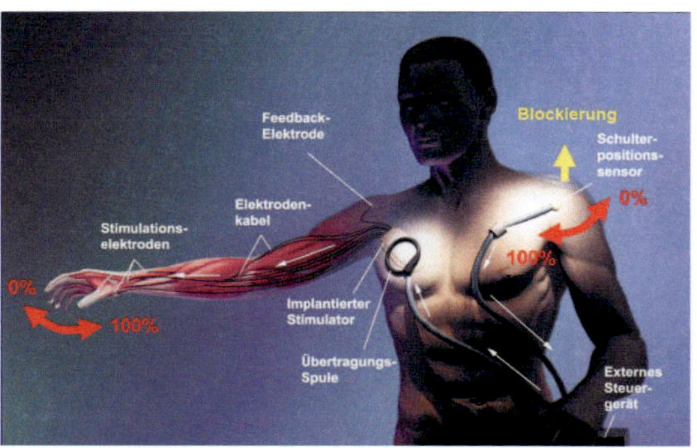

Bild 1.13: Implantierbares Neuroprothesensystem Freehand [193]

Risiken gibt nach wie vor Grund zur Diskussion über die Zweckmäßigkeit von solchen Maßnahmen. Ein weiterer Nachteil ist die Alterung der eingesetzten Teile im Körper, die zu Problemen mit der Langzeit-Bioverträglichkeit führen kann. Außerdem sind Brüche der an den Muskeln direkt angebrachten perkutanen Drahtelektroden keine Seltenheit, so dass ein weiterer operativer Eingriff nötig ist. Darüber hinaus erweist sich die verwendete Steuerung mit dem Joystick als problematisch, da sie nicht intuitiv und nur zur Realisierung einfacher Handbewegungen geeignet ist. Daher kann eine derartige Steuerung bei Systemen mit mehreren Bewegungsfreiheitsgraden nicht eingesetzt werden.

Eine konkurrierende Lösung stellen die Neuroprothesen mit Oberflächenelektroden dar [34, 173, 196]. Die bisher entwickelten nichtinvasiven Neuroprothesen erzielen nur die Verbesserung der Greiffunktion [94, 172, 176] (vgl. Bild 1.14). Ein großer Vorteil der nichtinvasiven Systeme ist das nichtinvasive Prinzip selbst, da kein chirurgischer Eingriff notwendig ist. Allerdings gibt es auch eine Reihe von Nachteilen, die trotz der Nichtinvasivität diese Art der Neuroprothesen weniger attraktiv macht. Dazu zählen die Hautbeschaffenheit, die unbefriedigende Kosmetik, das zeitraubende Anlegen der Elektroden, die Elektrodenverschiebung und auch nicht zufriedenstellende Selektivität.

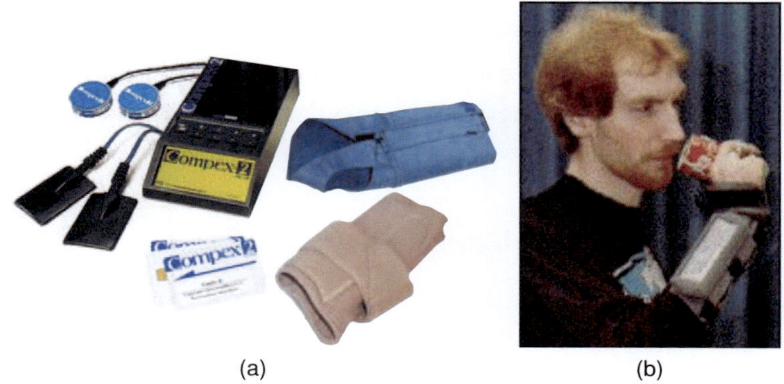

(a)   (b)

Bild 1.14: Nichtinvasive Neuroprothesen zur Wiederherstellung der Handfunktion: (a) Compex Motion und verwendete Handorthesen (Kooperation ETH Zürich und Fa. Compex, Schweiz)[94]; (b) Bionic Glove (Neuromodulation Co., Canada)[176].

Generell kann beim Einsatz sowohl nichtinvasiver als auch invasiver FES-Neuroprothesen schnelle Muskelermüdung beobachtet werden. Das hängt damit zusammen, dass die Elektrostimulation eine inverse, d.h. entgegen der physiologischen Reihenfolge ablaufende und synchrone Rekrutierung der motorischen Einheiten verursacht. Ein weiteres Problem, das bei querschnittgelähmten Patienten häufig auftritt, ist die Spastik. Da die Spastik eine willkürlich nicht kontrollierte Bewegungsaktivität darstellt, kann das Auftreten der Spastik während des Betriebs einer Neuroprothese zu starken Abweichungen von den gewünschten Bewegungstrajektorien führen, so dass die Funktionalität und Sicherheit der Neuroprothese nicht mehr gewährleistet werden können [26, 164, 175, 228]. Aufgrund der genannten Probleme hat sich die motorische Neuroprothetik bisher nur bedingt durchsetzen können.

Zusammenfassend kann gesagt werden, dass die neuroprothetischen Lösungen zur Wiederherstellung der Funktion der oberen Extremität noch nicht ausgereift sind. Außerdem kann die auf der FES basierende

Neuroprothetik nur zur Wiederherstellung von feinmotorischen Funktionen wie Hand bzw. Handgelenk herangezogen werden. Es werden daher zusätzliche technische Mittel wie Orthesen und mechanischen Aktoren benötigt, die zur Unterstützung und Stabilisierung der Ellenbogen- und Schultergelenke unabdingbar sind.

1.3.4 Ansteuerung motorischer Neuroprothesen

Menschliche Bewegungen resultieren aus einem vielschichtigen Zusammenspiel hierarchisch angeordneter Subsysteme wie dem motorischen Kortex, dem Hirnstamm und dem Rückenmark. Bei der Entwicklung einer Neuroprothese soll deshalb darauf geachtet werden, dass die mit der Neuroprothese künstlich generierten Bewegungen dem gewünschten Bewegungsablauf entsprechen [139].

Die Intelligenz einer Neuroprothese besteht in ihrer Fähigkeit, mit dem System Mensch zu kommunizieren und kooperieren. Deshalb sollen zur Ansteuerung der Neuroprothesen die körpereigenen Signalquellen bevorzugt werden, die die Intentionen des Patienten wiedergeben. Im Wesentlichen sind folgende Ansteuerungsarten in der Neuroprothetik zu unterscheiden [100, 113, 127, 139, 234]:

- Joystick bzw. Positionssensoren,

- muskuläre Signale (EMG: Elektromyographie),

- nervale Signale (ENG: Elektroneurographie) und

- Hirnsignale (EEG: Elektroencephalographie, ECoG: Elektrokortikographie).

Die Ansteuerung mit einem Joystick ist die einfachste aber auch die sicherste Ansteuerungsart, die zur Steuerung einer Neuroprothese eingesetzt werden kann. Die meisten kommerziell erhältlichen Neuroprothesen werden immer noch mit einem Joystick angesteuert. So wird z.B. bei Hemiplegikern, die mit NESS H200 die Greiffunktion der betroffenen Hand trainieren, ein Hand-Joystick verwendet. Für Tetraplegiker, bei denen die

Schulterfunktion intakt ist, wurde beim Freehand-System erfolgreich eine Steuerung mit einem Schulter-Joystick umgesetzt [101]. Trotz der verbreiteten Anwendung weist diese Art der Ansteuerung mehrere Nachteile auf. Eine Joystick-Steuerung ist beispielsweise nicht intuitiv und daher nicht natürlich. In Folge dessen muss der Patient nicht nur einen Befehlssatz auswendig lernen, sondern auch die Reihenfolge von Befehlen. Daher kann mit einem Joystick nur die Steuerung für einen einzelnen Freiheitsgrad realisiert werden, z.B. ein kombinierter Freiheitsgrad bei einem Greiforgan (NESS H200, Freehand). Ein anderer Nachteil ist, dass die Rückführung der Signale, die die Informationen über den aktuellen Zustand des Gelenks/Gliedmaßes liefern, nicht stattfindet. Wie in [143] gezeigt wurde, kann eine Kraftrückkopplung die Ansteuerung der Handprothesen verbessern und damit ihre Akzeptanz bei Prothesenträger wesentlich erhöhen. Die Umsetzung einer Kraftrückkopplung erfordert neben der reizerzeugenden Aktorik allerdings auch den Einsatz von taktilen Reizempfängern zur Greifkraftbestimmung.

Unter körpereigenen Signalen ist das oberflächlich erfasste sEMG (surface EMG) mit Abstand die verbreitetste Signalquelle zur Ansteuerung der Neuroprothesen [16, 121]. Aus den EMG-Signalen kann nicht nur die Bewegungsintention des Patienten, sondern auch andere Informationen, z.B. Muskelermüdung, Kontraktionsstärke etc., gewonnen werden [51, 226]. Ein EMG-Signal kann als eine Muskelantwort auf einen Nervenreiz interpretiert werden. Insofern kann eine solche Signalquelle nur bedingt als Nervenschnittstelle bezeichnet werden. Die oberflächliche Signalableitung führt dazu, dass das abgeleitete Signal ein Summensignal von mehreren Muskeln darstellt. Die Haut und die Fettschicht zwischen der Haut und den Muskeln tragen dazu bei, dass die Muskelsignale auf der Oberfläche bereits stark abgeschwächt ankommen.

Um die angesprochenen Nachteile von sEMG zu vermeiden, können zur Ansteuerung einer Neuroprothese invasive EMG-Elektroden eingesetzt werden [100]. Beim Einsetzen dürfen die Elektroden allerdings nicht an den Muskeln angenäht werden, da dies die Muskelfasern beschädigen kann.

Eine bessere Alternative stellen die ENG-Elektroden dar. Im Unterschied zu invasiven EMG-Elektroden werden sie nicht auf dem Muskel platziert, sondern werden direkt an den Nerv angebracht, um dort das Signal abzuleiten [109, 153]. Bild 1.15 zeigt eine tripolare Cuff-Elektrode zur Erfassung bioelektrischer Signale direkt von Nervenfasern. Die Selektivität, die diese Ansteuerungsart mit sich bringt, ist für kleinere Muskeln entscheidend von Bedeutung. Die Nachteile der invasiven Signalableitung sind der chirurgische Eingriff und die elektrodentechnologischen Aspekte, die mit der langfristigen Biokompatibilität und Stabilität der implantierbaren Elektroden zusammenhängen [85, 111, 112].

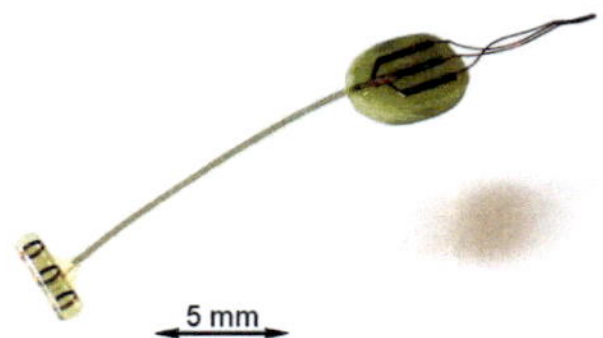

Bild 1.15: Eine tripolare Cuff-Elektrode zur Erfassung bioelektrischer Signale von Nervenfasern [109].

Der Einsatzbereich von EMG- und ENG-Signalen ist allerdings auch beschränkt. In schweren Fällen wie z.B. bei Hochquerschnittgelähmten ab dem Verletzungsniveau C4 und höher werden in der Regel entweder gar keine willkürgesteuerten Nervensignale oder Nervensignale mit einer sehr schwachen Intensität beobachtet, so dass sie weder mittels EMG- noch ENG-Elektroden erfasst werden können. Die Hirnsignale EEG und ECoG sind die letzte Option, die bei solchen Patienten zur intuitiven Ansteuerung einer Neuroprothese noch vorhanden ist. Die beiden Ansteuerungsvarianten befinden sich derzeit noch im Forschungsstadium [32, 147, 148, 149, 166, 169, 233].

EEG ist eine nichtinvasive Methode zur Messung der elektrischen Aktivität des Gehirns, die sich an der Kopfoberfläche messen lässt. Daher wird zur EEG-Signalerfassung eine Haube mit 2-128 Elektroden benötigt

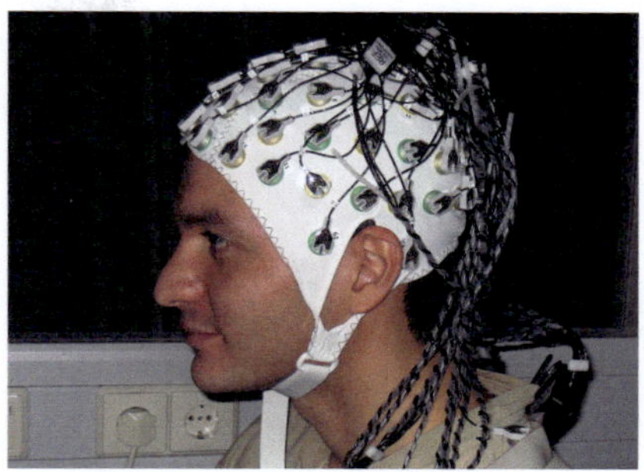

Bild 1.16: EEG-Haube im Einsatz [229].

(vgl. Bild 1.16). Allerdings besitzt diese Art der Ansteuerung eine Reihe von Nachteilen, wie z.B. die schlechte Signalqualität und die Komplexität der echtzeitbasierten Signalverarbeitung. Außerdem kann bei dieser Lösung aus kosmetischen Gründen eine niedrige Patientenakzeptanz erwartet werden.

Das Letztere besitzt z.B. ECoG nicht, da diese Signalableitung invasiv ist. Eine Elektroden-Matrix soll in dem Fall in die motorischen Areale des Gehirns implantiert werden und direkt von dort die Hirnsignale ableiten. Obwohl sich diese Technik für die Bestimmung der epileptisch-aktiven Zonen im Gehirn als Goldstandard etabliert hat, ist der Einsatz von ECoG zur Ansteuerung der Neuroprothesen und ähnlichen Zwecke äußerst umstritten [47, 167, 168, 242].

1.3.5 Individualisierung motorischer Neuroprothesen

Die Anpassung (Individualisierung, Personalisierung) einer Neuroprothese an einen Patienten beginnt bereits im frühen Stadium der Prothesenherstellung. So werden z.B. die tragenden Elemente (Orthese/Prothese) nach individuellen Patientenmaßen hergestellt. Der Umfang der weiteren Anpassung hängt von der Konfiguration bzw. vorhandenen Komponenten der anzupassenden Neuroprothese ab. Die vorliegende Arbeit fokussiert sich auf die Anpassung von Komponenten wie EMG- und FES-Elektroden, da sie als Schnittstellen zum Nervensystem (neuronale Ankopplung) von Bedeutung sind.

Anpassung von EMG-Elektroden

Da bei den meisten Tetraplegikern motorische Restfunktionen von den oberen Extremitäten nachgewiesen werden können, kommt EMG als Informationslieferant über deren Zustand zum Einsatz. Die Qualität der EMG-Signale hängt entscheidend von der Position der EMG-Sensoren ab. Wenn der Ableitort eines EMG-Signals optimal gewählt ist, dann steigt das Signal-Rausch-Verhältnis (SNR: signal-to-noise ratio) des Signals nicht nur durch die Erhöhung der Signalleistung, sondern auch durch die Eliminierung des Übersprechens (Crosstalk) der unterschiedlichen benachbarten Muskeln.

In der Fachliteratur findet sich eine Vielzahl von Publikationen mit unterschiedlichen Vorgehensweisen zur Suche nach der optimalen EMG-Sensorposition. Allerdings hat sich keine davon als Goldstandard etabliert. [241] schlägt eine Methode vor, die auf der Erhebung von individuellen anthropometrischen Maßen beruht. So zeigt z.B. Bild 1.17 ein Schema zur optimalen Positionierung der EMG-Sensoren am Unterarm. Die optimale Position, die auf dem Bild als „Central lead point" zu sehen ist, lässt sich dabei aus einem anthropometrischen Maß wie dem Abstand a zwischen dem Ellenbogen- und Handgelenk bestimmen.

Auch bei der meistzitierten Publikation zu dieser Thematik, die vom SENIAM[1] (Surface EMG for a Non-Invasive Assessment of Muscles)-Projekt stammt, werden anthropometrische Maße zur Bestimmung der optimalen Sensorpositionen herangezogen [82]. Insgesamt wurden von SENIAM Empfehlungen etwa zu 27 Sensorpositionen ausgearbeitet und

---

[1] Das SENIAM-Projekt ist ein auf europäischer Ebene abgestimmtes Projekt innerhalb des Biomedizinischen Gesundheits- und Forschungsprogramms (BIOMED II) der Europäischen Union. Im Rahmen des SENIAM-Projekts wurden wichtige Richtlinien für EMG-Messungen entwickelt: www.seniam.org

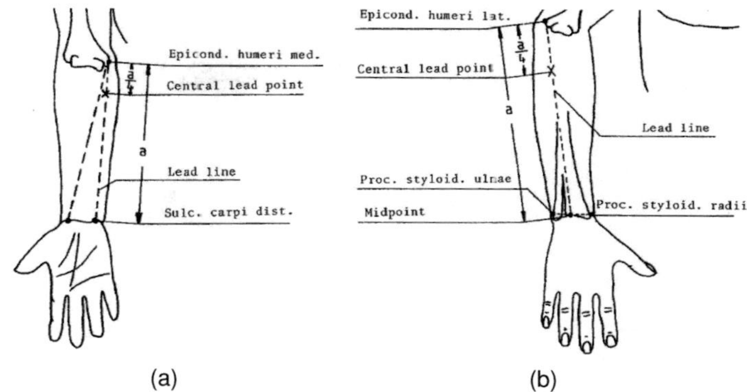

Bild 1.17: Bestimmung der optimalen EMG-Sensorpositionen anhand anthropometrischer Maße: (a) M. flexor digitorum superficialis; (b) M. extensor digitorum [241].

klinisch evaluiert (vgl. Bild 1.18). Dabei wurde festgestellt, dass die Sensoren nicht über den Innervationszonen und Sehnenansätzen platziert werden dürfen. Das wurde auch in [61, 135, 181] bestätigt.

Einige Forschungsgruppen beschäftigen sich somit mit der Detektion der Innervationszonen und Sehnenansätze, um die zur Sensorpositionierung ungünstigen Areale auszuschließen [23, 180, 197]. [192] stellt eine Methode vor, die die Vorgehensweise von [82] und [241] durch die Aufnahme der Kraft-EMG-Kennlinie erweitert. Darüber hinaus wird in [192] eine Gütefunktion vorgeschlagen, die zur Bewertung der aufgenommenen EMG-Signale eingesetzt werden kann. Des Weiteren können die Zuckungen und die Anspannung des zu untersuchenden Muskels bei gesunden Personen auch visuell registriert und zur Verbesserung der Sensorplatzierung herangezogen werden.

Die vorgestellten Arbeiten weisen allerdings einen großen Nachteil in der Anwendung bei Querschnittgelähmten auf. Bei der Entwicklung und Evaluierung der vorgeschlagenen Methoden wurde nur die Personengruppe der Nichtgelähmten berücksichtigt. Die auf den anthropometrischen Maßen ba-

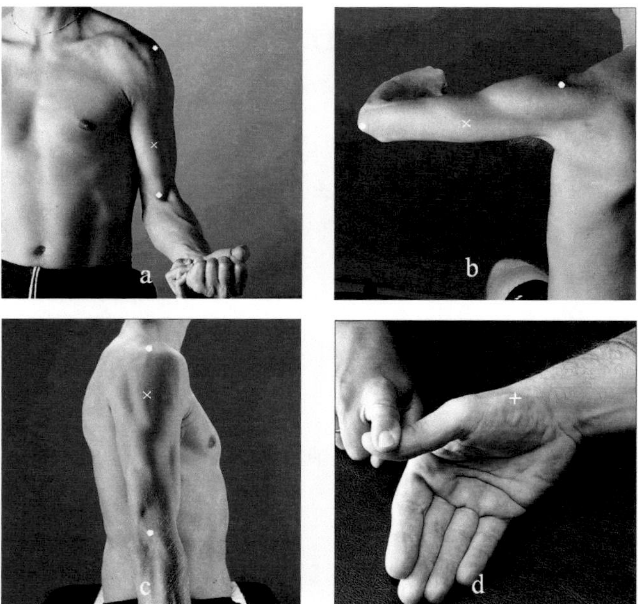

Bild 1.18: Optimale EMG-Sensorpositionen für: a) M. bizeps brachii b) M. trizeps brachii c) M. deltoideus medius d) M. abductor pollicis brevis [192].

sierenden Methoden können bei den Hochquerschnittgelähmten nicht eingesetzt werden, da das EMG-Muster von anatomischen Gegebenheiten abhängt, z.B. innervierten Muskeln, und sich durch die Lähmung eines oder mehrerer Muskeln im relevanten Bereich verändert. Besonders schwierig kann sich auch die Evaluierung der Sensorpositionen bei solchen Patienten gestalten. Aufgrund der abgeschwächten Muskelfunktionen und durch den atrophiebedingten Abbau der Muskelmasse und Umwandlung dieser in Fettgewebe können weder die Kraft als Eingangssignal richtig definiert und gemessen noch die Muskelzuckungen durch die visuelle Beobachtung und Betastung der Muskeln registriert werden. Aus dem selben Grund existieren bislang keine Methoden bzw. Kriterien zur Bestimmung der Sensorpositionen auf der Basis der Signale selbst.

Anpassung von FES-Elektroden

Muskeln, die für die Bewegung des Handgelenks und der Finger zuständig sind, liegen am Unterarm ziemlich nah beieinander. Deshalb werden während der Elektrostimulation nicht nur die relevanten Muskeln, sondern wegen der Elektrodengröße oder der Verschiebung der Elektroden auch die benachbarten Muskeln mitstimuliert. Das führt dazu, dass die zu unterstützende Funktion der Hand von dem gewünschten Bewegungsmuster abweichen kann. Besonders betroffen von dem genannten Problem ist eine einfache Stimulationsanordnung mit einem Elektroden-Paar (vgl. Bild 1.19).

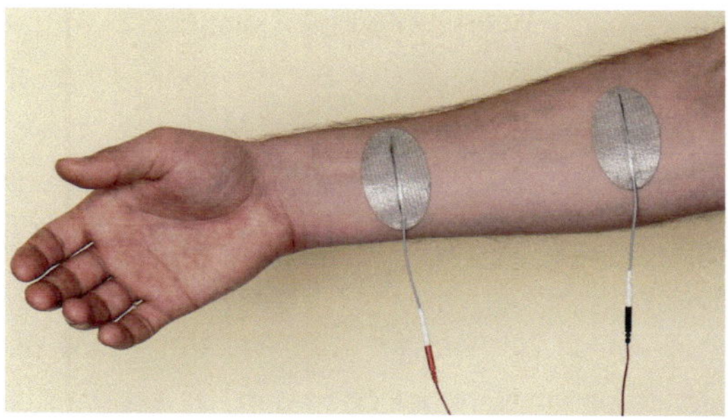

Bild 1.19: Einfache Elektroden-Anordnung mit einem Elektroden-Paar.

Diese Elektroden-Anordnung ist extrem ungünstig, da keine Korrektur der Position von Stimulationselektroden während des Betriebs möglich ist. Das geschilderte Problem kann durch die Anwendung von mehreren Elektroden-Paaren oder auch Elektroden-Arrays behoben werden. Ein solches Array soll aufgrund seiner Anordnung die Selektivität und Steuerbarkeit der FES erhöhen. In der Fachliteratur wurde über zahlreiche Experimente mit Elektroden-Arrays berichtet [30, 58, 95, 114, 151, 152, 161, 171]. [151] stellt erstmals den Einsatz eines Elektroden-Arrays vor, das in Form eines Unterarmbandes mit 18 schmalen rechteckigen Kupfer-Elektroden gefertigt wurde. Dieses Elektroden-Array wurde ausschließlich unter Laborbedingungen für die Untersuchungen der längeren und schmaleren Muskeln eingesetzt. [30] präsentiert ein neues Elektroden-Array mit 24 Elektroden sowie einen Messaufbau dazu. Da das vorgestellte Array nur für therapeutische Anwendungen gedacht wurde, konnte nur eine manuelle Steuerung der Elektroden gezeigt werden. In den Arbeiten [30, 151, 152] wird keine Methode zum automatischen Ablauf der Anpassung von FES-Elektroden beschrieben. Eine automatische Optimierung von FES-Elektroden-Positionen wird erstmals in [58] vorgeschlagen. Diese Methode wurde allerdings für den FES-Einsatz bei den Fallfuß-Patienten entwickelt. [161] präsentiert einen Sensor-Handschuh mit mehreren integrierten Winkelgebern, die zur Evaluierung der mittels eines Elektroden-Arrays generierten Hand- und Fingerbewegungen eingesetzt werden kann. Darüber hinaus wurde eine Methodik zur Suche einer optimalen Elektroden-Anordnung vorgestellt. Allerdings weist der Messaufbau einige Nachteile auf. So kann z.B. die korrekte Neigungsmessung mit dem eingesetzten Beschleunigungssensor nur im statischen Bereich stattfinden. Sobald sich der Sensor bewegt, kann kein Unterschied zwischen der Beschleunigung und der Neigung mehr festgestellt werden. Des Weiteren ist die Winkelmessung mit den Biegesensoren am Handgelenk wegen der mechanischen Kopplung zwischen der Hand und dem Unterarm suboptimal. [95, 114] präsentieren ein neues Elektroden-Array, das aus 256 stromleitenden Textil-Elektroden besteht. Gemäß [114] können diese Elektroden dynamisch geschaltet werden. Allerdings werden weder eine Methodik noch Algorithmen zur Handhabung und Bestimmung des optimalen Stimulationsmusters in den Arbeiten beschrieben. [171] stellt ein kompliziertes Messsystem und einen Algorithmus vor, die zur Evaluierung der mit einem Elektroden-Array aus [30] generierten Bewegungen entwickelt wurden. Da das präsentierte Messsystem sehr komplex ist, ist dessen Einsatz zeitaufwändig und nur unter Laborbedingungen denkbar.

1.4 Offene Probleme

Aus dem Stand der aktuellen Forschungs- und Entwicklungsarbeiten auf dem Gebiet der motorischen Neuroprothetik ergibt sich eine Reihe bisher noch ungelöster Probleme. Diese sind:

- *Unzureichender Funktionsgewinn der bisherigen Neuroprothesen*
  Die Wiederherstellung von motorischen Funktionen der oberen Extremität mittels der bisherigen Neuroprothesen beschränkt sich auf das Öffnen und Schließen der Hand. Es wurde allerdings in Abschnitt 1.2.1 gezeigt, dass bei vielen Tetraplegikern nicht nur die Greiffunktion, sondern auch die Ellenbogen- und Schulterfunktionen in Folge einer Lähmung abgeschwächt oder gar ausgefallen sein können. Solche Patienten konnten von den bisherigen Neuroprothesen nicht profitieren, da sie ihre Arme im Raum nicht frei platzieren können. Wegen des schweren Gewichts der Gliedmaßen kann das Problem allein mit FES nicht behoben werden. Daher bedarf es eines hybriden aktorischen Konzepts, das die FES mit mechanischen Aktoren kombiniert und somit die Wiederherstellung der motorischen Funktionen aller betroffenen Gliedmaßen ermöglicht.

- *Vernachlässigter Einfluss von individuellen Unterschieden in motorischen Ausfallerscheinungen beim Entwurf von Neuroprothesen für die obere Extremität*
  Das Krankheitsbild eines Hochquerschnittgelähmten besteht aus der Vielfalt von motorischen Ausfällen. Selbst bei Patienten mit der gleichen Läsionshöhe sind oft Unterschiede im neurologischen Status zu beobachten. Bislang wird beim Entwurf von neuen Neuroprothesen nicht darauf geachtet, dass sie nach einem modularen Prinzip aufgebaut werden. Das modulare Prinzip ermöglicht eine indikationsbedingte, individuelle Gestaltung von Neuroprothesen.

- *Mangel an einem Gesamtkonzept zur Anpassung der neuronalen Schnittstellen von Neuroprothesen*

Der Schwerpunkt der bisherigen Arbeiten wurde hauptsächlich auf den Funktionsgewinn der Neuroprothesen gesetzt. Es gibt nur wenige Arbeiten, die der Fragestellung der Anpassung von neuronalen Schnittstellen gewidmet sind. Es fehlt bisher ein Gesamtkonzept zur Anpassung der neuronalen Schnittstellen von Neuroprothesen. Das Fehlen des Gesamtkonzepts hat zur Folge, dass die Funktionalität der heutigen Neuroprothesen nicht optimal mit dem Prothesenträger abgestimmt ist. So wird z.B. in [100] gezeigt, dass wegen der schlechten Signalqualität von suboptimal positionierten invasiven EMG-Elektroden für alle drei Patienten nach der Erstimplantation eine weitere Operation zur Umpositionierung notwendig war. Obwohl eine suboptimale Positionierung von EMG- oder FES-Elektroden in der nichtinvasiven Neuroprothetik keine vergleichbaren Folgen hat, zeigt das Beispiel, wie akut das Problem der Anpassung von neuronalen Schnittstellen ist. Bei der Anpassung einer neuronalen Schnittstelle werden alle Faktoren berücksichtigt, die mit der neuronalen Ankopplung zusammenhängen und sich auf die Funktionalität einer Neuroprothese auswirken.

- *Manuelle Anpassung der neuronalen Schnittstellen von Neuroprothesen* Bei den einzelnen Arbeiten zum Thema Anpassung (siehe Abschnitt 1.3.5) handelt es sich um manuelle oder halbautomatische Methoden ohne klare Studiendesigns und Versuchsabläufe. Solche Methoden sind sehr zeitaufwändig.

1.5 Ziele und Aufgaben

Die vorliegende Arbeit befasst sich mit den Fragen der Anpassung von neuronalen Schnittstellen bei nichtinvasiven Neuroprothesen. Das Gesamtziel der Arbeit besteht aus einem konzeptionell- methodischen Teil und dessen praktischer Umsetzung. Die einzelnen Ziele des konzeptionell-methodischen Teils sind:

- Entwicklung eines neuen Konzepts zur Anpassung der neuronalen Schnittstellen von nichtinvasiven Neuroprothesen an Hochquerschnittgelähmte,

- Einführung einer neuen Methodik zur Anpassung einer FES-basierten motorischen Ankopplung von nichtinvasiven Neuroprothesen und

- Einführung einer neuen Methodik zur Anpassung einer EMG-basierten sensorischen Ankopplung von nichtinvasiven Neuroprothesen.

Die praktische Umsetzung lässt sich in folgende einzelne Ziele untergliedern:

- Entwurf und Aufbau eines mobilen EMG-Messsystems zur Signalaufnahme sowie zur Steuerung während der Elektrostimulation,

- Entwurf und Aufbau eines Steuer- und Messsystems zur automatischen Evaluierung der Positionen von Stimulationselektroden,

- Erstellung grafischer Benutzerschnittstellen zur Erfassung sowie Visualisierung der Messdaten,

- Erstellung der Software zur Ansteuerung der Messsysteme,

- Design des Versuchsaufbaus und der Experimenten sowie

- Validierung der entwickelten Methoden an einer Kontrollgruppe gesunder Probanden und an einem querschnittgelähmten Probanden.

Zu diesem Zweck wird in Kapitel 2 ein Konzept zur Erhöhung der Patientenakzeptanz der nichtinvasiven motorischen Neuroprothesen vorgeschlagen. Daraufhin wird eine neue Struktur für die nichtinvasiven Hybridprothesen vorgestellt, die einen zufriedenstellenden Funktionsgewinn ermöglichen kann. Außerdem werden die Anforderungen an die Anpassung der neuronalen Schnittstellen definiert. Dabei wird ein neuer Ansatz zur Anpassung von neuronalen Schnittstellen an Hochquerschnittgelähmte vorgestellt. Weiterhin wird die neue Neuroprothese „OrthoJacket" vorgestellt [202, 204, 206, 231]. An diesem Beispiel soll die Vielseitigkeit und Komplexität der Individualisierung von einzelnen Komponenten diskutiert werden. Für die praktische Umsetzung beschreiben Kapitel 3-4 die neu entwickelten Methoden zur automatisierten Anpassung der sensorischen und motorischen neuronalen Schnittstellen. Kapitel 5 zeigt die Umsetzung der in den Kapiteln 3-4 beschriebenen Methoden. Es werden die neu entwickelte Hard- und Software vorgestellt, die zur Validierung der Methoden eingesetzt werden. Kapitel 6 befasst sich mit der Validierung der entwickelten Methoden an gesunden und querschnittgelähmten Probanden. In diesem Kapitel werden die Durchführung sowie die Ergebnisse der Validierung diskutiert. Kapitel 7 fasst die Ergebnisse der Arbeit zusammen und gibt einen Ausblick auf zukünftige Entwicklungsmöglichkeiten.

2 Neues Konzept zur Erhöhung der Patientenakzeptanz nichtinvasiver Neuroprothesen

2.1 Modernisierung motorischer Neuroprothesen

2.1.1 Anforderungen und Lösungsansätze für nichtinvasive Neuroprothesen zur Erhöhung der Patientenakzeptanz

In der Rehabilitations- und Medizintechnik wird die hohe Patientenakzeptanz eines Versorgungssystems als Erfolgskriterium angesehen. Das kann durch unterschiedliche Faktoren beeinflusst werden. Im Bereich der motorischen Neuroprothetik lassen sich diese Faktoren im Groben in funktionelle und kosmetische aufteilen. Da bei den bisherigen Neuroprothesen unzureichender Funktionsgewinn, mangelnde Kosmetik und daher die geringe Patientenakzeptanz festgestellt wurden, sollen hier die Maßnahmen diskutiert werden, die die Akzeptanz der Neuroprothesen bei Querschnittgelähmten erhöhen können und daher für die zukünftigen Neuroprothesen von Bedeutung sind.

Bild 2.1 stellt die Faktoren vor, die bei der Konzeption und Entwicklung der nichtinvasiven Neuroprothesen berücksichtigt werden müssen. Demzufolge kann der Funktionsgewinn durch folgende Maßnahmen erhöht werden:

- *Modularer Aufbau*

  Das modulare Prinzip bzw. Baukastensystem ermöglicht die indikationsbedingte, individuelle Gestaltung von Neuroprothesen. Für die obere Extremität sind z.B. drei Module denkbar – Greif-, Ellenbogen- und

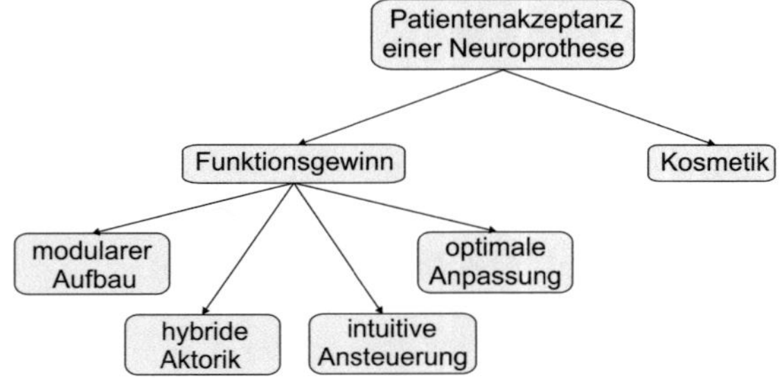

Bild 2.1: Maßnahmen zur Erhöhung der Patientenakzeptanz nichtinvasiver Neuroprothesen.

Schultermodule. Das ermöglicht eine flexible, effiziente und schnelle Anpassung an die individuellen funktionellen Defizite der Patienten.

- *Hybride Aktorik*

  Ein hybrides Konzept ist das Kombinieren der unterschiedlichen Arten der aktorischen Komponenten bei einer Neuroprothese, das die Wiederherstellung sowohl der fein- als auch der grobmotorischen Funktionen ermöglicht. Das hat zur Folge, dass die Funktion des kompletten Arms wiederhergestellt werden kann, was bei dem Einsatz der Aktoren nur einer Art entweder aus kosmetischen oder funktionellen Gründen unmöglich ist.

- *Optimale Anpassung*

  Bei einer nichtinvasiven Neuroprothese sind prothetische bzw. orthetische Komponenten sowie neuronale Schnittstellen anzupassen. Aufgrund der anatomischen sowie physiologischen Unterschiede soll eine optimale Anpassung für alle genannten Komponenten bei jedem Patient individuell erfolgen. Daher bedarf es eines Konzepts, das die individuelle Anpassung systematisiert. Dabei soll ein Optimum zwischen maximalem Tragekomfort, zufriedenstellender Funktionalität und dem Zeitaufwand während der Anpassung erreicht werden.

- *Intuitive Ansteuerung*

  Eine intuitive Ansteuerung einer Neuroprothese kann nur mittels der körpereigenen Signale umgesetzt werden. Die EMG- und EEG-Signale sind die gängigsten Signale, die für diese Aufgabe herangezogen werden können (siehe Abschnitt 1.3.4). Da die Handhabung der EEG-Signale für neuroprothetische Anwendungen in absehbarer Zukunft noch nicht sichergestellt werden kann, ist die EMG zurzeit die einzige intrinsische Signalquelle, die ausreichend erforscht ist und in der Neuroprothetik eingesetzt wird. Zur Realisierung einer intuitiven Steuerung soll das EMG-Signal von dem an der Bewegung beteiligten Muskel abgeleitet werden.

Bei den neuroprothetischen Systemen, deren Aufgabe in der Unterstützung der Betroffenen im Alltag besteht, ist neben der Funktionalität auch die Kosmetik von großer Bedeutung (siehe Bild 2.1). Das rührt daher, dass der Großteil der Querschnittgelähmten junge Leute sind, die trotz schwerer körperlicher Einschränkungen in ein Studium oder einen Beruf einsteigen bzw. am Berufsleben weiterhin teilhaben möchten (siehe Anhang 8.2). In diesem Fall hängt das soziale Wohlbefinden der Betroffenen davon ab, wie sie in der Öffentlichkeit angesehen werden. Deshalb sollen bei der Entwicklung der neuroprothetischen Unterstützungssysteme die Varianten bevorzugt werden, die die angemessene Größe aufweisen und sich somit unter der Kleidung oder in der Kleidung verbergen lassen.

2.1.2 Neue Struktur beim Einsatz von nichtinvasiven hybriden Neuroprothesen

Für Neuroprothesen wurden in [139] zwei Strukturvarianten diskutiert, die sich in der Anwendung wesentlich voneinander unterscheiden:

- Die Neuroprothese wird als Aktor eingesetzt (z.B. Handprothese, Exoskelett).

- Die Neuroprothese agiert als Überbrückungssystem, das eine ausgefallene Strecke im Nervensystem überbrückt (siehe Bild 1.12a). Der eigentliche Aktor bleibt ein biologisches System wie z.B. gelähmte Gliedmaßen bei Querschnittgelähmten.

Bei nichtinvasiver Ausführung einer Neuroprothese lassen sich die Struktur-varianten aus [139] um eine weitere Variante erweitern. Sie entsteht bei der Fusion der beiden oben genannten Techniken. D.h., die neue Neuroprothese kann gleichzeitig als Aktor sowie als Überbrückungssystem für ausgefallene neuronale Verbindungen agieren. Der nichtinvasive Charakter einer Neuroprothese hat zur Folge, dass die Kombination der mechanischen Aktoren und der Elektrostimulation möglich ist, die dann im Weiteren als hybrides Steuerungskonzept zu bezeichnen ist. Der Vorteil der neuen Struktur besteht darin, dass die hybriden Neuroprothesen die Wiederherstellung sowohl von feinmotorischen Funktionen (Hand, Handgelenk) als auch von grobmotorischen Funktionen (Ellenbogen, Schulter) ermöglichen und somit mehr Abhilfe für die Querschnittgelähmten als die bisherigen Neuroprothesen leisten können.

Strukturell lässt sich eine hybride Neuroprothese wie im Bild 2.2a darstellen. Im Unterschied zu den bisherigen motorischen Neuroprothesen (vgl. Bild 1.12a) ist die neue Struktur um den Block Mechanische Aktoren/Sensoren erweitert (rot markiert, vgl. 2.2a). Dieser Block stellt eine Schnittstelle zwischen dem Nervensystem und den mechanischen Komponenten (Aktorik, Sensorik) dar, die zur Wiederherstellung der motorischen Funktionen beitragen sollen. Bei einer hybriden Neuroprothese werden im Block Regelung und Steuerung aus den erfassten Nervenaktivitäten zwei Arten an Steuersignalen generiert:

- Steuersignale für neuronale Stimulation SG und

- Steuersignale für mechanische Aktoren MAk.

Die Informationen über die Positionen der Hand-, Ellenbogen- und Schultergelenke werden mittels der mechanischen Sensoren MSe erfasst, vorverarbeitet und zum Block Regelung und Steuerung geführt. Somit schließt der Regelkreis, der zur Folgeregelung der Gelenkwinkel umzusetzen ist.

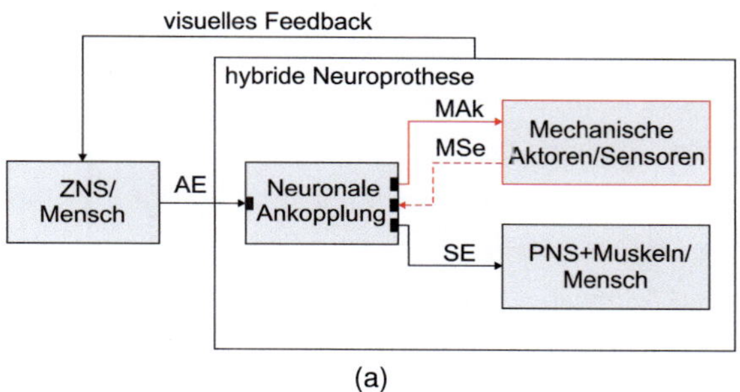

(a)

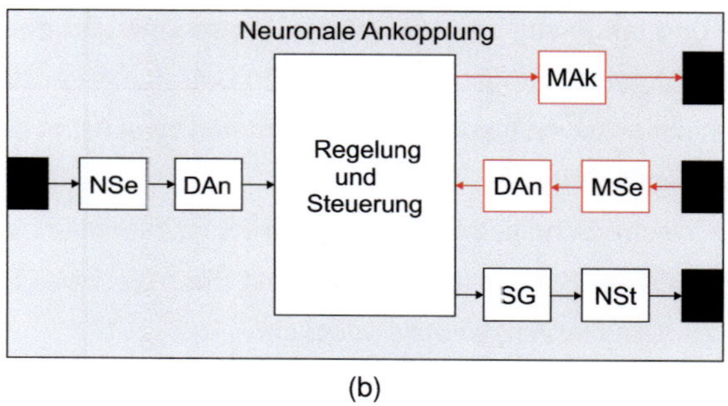

(b)

Bild 2.2: Strukturelles Konzept einer hybriden Neuroprothese (ZNS: Zentralnerven-
system; PNS: Peripheres Nervensystem; AE: Ableitung von Efferenzen;
DAn: Algorithmen zur Datenanalyse; MAk: mechanischer Aktor; MSe: me-
chanischer Sensor; NSe: Sensor zur Erfassung der Nervenaktivität; NSt:
Elektroden zur neuronalen Stimulation; SE: Stimulation von Efferenzen;
SG: Stimulationsgenerator): (a) Struktur einer hybriden Neuroprothese; (b)
Struktur der neuronalen Ankopplung (modifiziert von [139]).

2.2 Anpassung neuronaler Schnittstellen an Hochquerschnittgelähmte

2.2.1 Anforderungen an die Anpassung neuronaler Schnittstellen

Eine nichtinvasive Neuroprothese stellt eine Kombination von unterschiedlichen einzelnen Komponenten dar, die täglich morgens auf die gelähmten oberen Extremitäten des Patienten aufgesetzt und abends abgenommen werden sollen. Um die maximale Funktionalität der Neuroprothese abzurufen, müssen die Anpassungsroutinen für die funktionsrelevanten Bausteine vor jedem Einsatz durchgeführt werden. Deren Vernachlässigung kann dazu führen, dass die zu erwartende Funktionalität nicht zustande kommt. Das kann mittel- und langfristig den Verlust des Vertrauens und der Akzeptanz für technische Unterstützungssysteme bei den Betroffenen auslösen.

Bei einer nichtinvasiven Neuroprothese kommen zwei Arten der neuronalen Schnittstellen in Frage:

- Eine motorische Schnittstelle, die durch FES repräsentiert ist, sowie
- eine sensorische Schnittstelle, die indirekt über die EMG-Signale den Zugang zu dem Nervensystem ermöglicht.

Da es bisher noch kein Konzept zur Anpassung der neuronalen Schnittstellen gibt, werden im Folgenden die Anforderungen an die Anpassung formuliert, die bei der Entwicklung einer standardisierten Anpassungsprozedur unabdingbar sind:

- Das Verfahren soll bei jedem Patienten einheitlich einsetzbar sein.
- Die Anpassung soll unter gleichen Bedingungen gleiche Ergebnisse erzielen, also reproduzierbar sein.
- Die Anpassung soll mit der für den normalen Betrieb vorhandenen Technik realisierbar sein.
- Die Anpassung soll eine automatisierte Auswertung der gemessenen Signale beinhalten, die die Handhabung des Verfahrens für den Anwender vereinfacht.

2.2.2 Neuer Ansatz zur Anpassung neuronaler Schnittstellen

Patientenindividuelle Unterschiede lassen sich in zwei Kategorien einordnen. Bei der ersten Kategorie handelt sich um die anatomischen Aspekte. Darunter werden die Aspekte verstanden, die im Zusammenhang mit dem Körper- und Muskelbau stehen. Die zweite Kategorie beinhaltet die individuellen Unterschiede, die physiologisch bedingt sind. Diese beziehen sich auf die physiologischen Prozesse, deren Auswirkungen den Einsatz der Neuroprothese beeinträchtigen können.

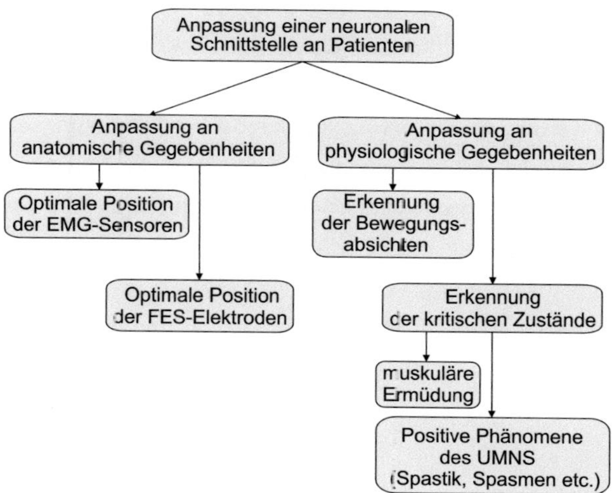

Bild 2.3: Neustrukturierung zur Anpassung der neuronalen Schnittstellen.

Daher rührt die Idee, die Anpassung der neuronalen Schnittstellen einer Neuroprothese auch in den zwei Kategorien zu betrachten, nämlich die anatomische Anpassung und die physiologische Anpassung. Wie Bild 2.3 zeigt, befasst sich die anatomische Anpassung mit der optimalen Positionierung der EMG- und FES-Elektroden, da die Lage der relevanten Muskeln in diesem Fall entscheidend ist. Gegenstand der physiologischen Anpassung ist dagegen eine Methodik, die die Detektion von solchen kritischen Erscheinungen und Zuständen wie Spastik und die muskuläre Ermüdung sicherstellt. Außerdem kann die Erkennung von Bewegungsabsichten ebenso dieser Kategorie zugeordnet werden.

Die Umsetzung des Konzepts wird in den Kapiteln 3 und 4 vorgestellt. Die vorliegende Arbeit konzentriert sich nur auf die Methodik der anatomischen Anpassung, da die Bestimmung der optimalen EMG-Messstellen und Elektroden-Positionen vorrangig ist. Die Kenntnisse darüber werden bereits bei der Entwicklung der Signalverarbeitung und der davon abhängigen Algorithmen benötigt. Auch die physiologische Anpassung hängt stark davon ab, da die Signalqualität bei der Erkennung von kritischen Zuständen von großer Bedeutung ist. Außerdem werden physiologische Phänomene wie Muskelermüdung und Spastik noch weiter erforscht. Allerdings kann bereits jetzt gesagt werden, dass es zwischen den beiden Anpassungsarten prinzipielle Unterschiede bezüglich der praktischen Realisierung geben wird: Die anatomische Anpassung soll in der Vorbereitungsphase, d.h. vor dem Betrieb einer Neuroprothese stattfinden. Der physiologischen Anpassung wird dagegen die Rolle der Überwachung zugeteilt, die während des Betriebs laufend eingesetzt werden soll. Die anatomische Anpassung lässt sich somit völlig unabhängig von der physiologischen Anpassung entwickeln und anwenden.

2.3 OrthoJacket - eine neue Hybridorthese

2.3.1 Ziel des Projekts

Um die geschilderten Probleme in der nichtinvasiven Neuroprothetik zu bewältigen, wurde vom Bundesministerium für Bildung und Forschung (BMBF) das Projekt „OrthoJacket" ins Leben gefördert. Das Ziel des Projekts ist die Entwicklung einer neuartigen Hybridorthese, die in modularer Weise sensorische und motorische Funktionen des Patienten unterstützen und zum Teil vollständig übernehmen kann [194, 202, 204, 206, 205, 231].

Ein besonderes Merkmal der Orthese ist das neuartige textilbasierte Konzept, bei dem meistens Komponenten aus nachgiebigen und adaptiven Materialien entwickelt werden. Bei der Orthese kommen u.a. flexible Fluidaktoren als Muskelunterstützungssystem, die FES zur Wiederherstellung der Handfunktionen, leichte orthetische Komponenten zur mechanischen Stabilisierung der Armsegmente (Unterarm, Oberarm) und eine Reihe von Sensoren der unterschiedlichen Modalitäten zum Einsatz.

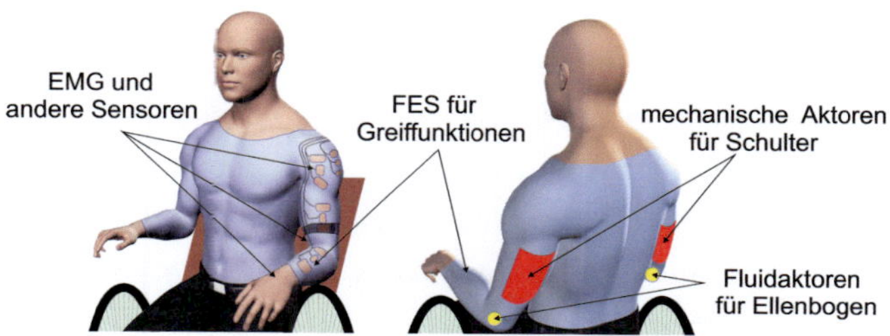

Bild 2.4: Übersicht über Funktionalitäten der neuen „OrthoJacket" - Neuroorthese [202].

Ziel der Entwicklung ist ein Therapie- und Unterstützungssystem, das wesentliche Funktionsmerkmale eines Bekleidungsstücks (OrthoJacket = Orthesen-Jacke) aufweist. Das System soll in der Lage sein, die relevanten Funktionen der oberen Extremität wiederherzustellen, einen hohen Tragekomfort zu besitzen und auch in die Bekleidung integrierbar zu sein (vgl. Bild 2.4).

2.3.2 Modularität und Hybridität

„OrthoJacket" wird für Patienten mit einer Rückenmarksläsion im Halswirbelbereich (C3-C6) entwickelt. Je nach Krankheitsbild leiden diese Patienten entweder an kompletten bzw. inkompletten Lähmungen, sensorischen Störungen und ggf. Spastiken. Aufgrund der Unterschiede in der Form und Komplexität der spinalen Läsionen im querschnittgelähmten Patientenkollektiv unterscheidet sich auch das Ausmaß der Ausfallerscheinungen bei jedem Patienten. Beispielsweise benötigt ein Patient mit der Läsionshöhe C3 Module für die Schulterfunktion, Ellenbogenfunktion und die Greiffunktionen. Dagegen benötigt ein C5-Patient nur ein Modul zur Wiederherstellung der Handfunktion, da die Schulter- und Ellenbogenfunktionen meist fast komplett vorhanden sind.

Die Hybridität rührt daher, dass zur Wiederherstellung der motorischen Funktionen des Arms unterschiedliche Arten der Aktorik miteinander kombiniert werden. So kommt zur Wiederherstellung der feinmotorischen Greif- und Handfunktionen die funktionelle Elektrostimulation zum Einsatz. Hingegen finden mechanische und fluidische Aktoren bei der Wiederherstellung der Schulter- und Ellenbogenfunktion ihre Anwendung.

Die Modularität und die Hybridität ermöglichen die individuelle Anpassung von aktorischen Komponenten an Patienten und leisten daher einen wesentlichen Beitrag zur Individualisierung des gesamten Systems.

2.3.3 Aktorische Komponenten

Die Aktorik des „OrthoJackets" lässt sich in drei Gruppen unterteilen [202, 204, 231, 206]:

- funktionelle Elektrostimulation,
- fluidische Aktorik und
- mechanische Aktorik.

FES stellt die motorische Schnittstelle zum Nervensystem dar. Die Hauptfunktion der FES ist die Wiederherstellung der feinmotorischen Greif- bzw. Handfunktionen. Die Wiederherstellung der Handfunktionen stellt eine äußerst komplizierte Aufgabe dar. Zum Einen soll die feine Motorik bestmöglich wiederhergestellt werden. Zum Anderen setzen die meisten Patienten voraus, dass die eingesetzte Aktorik die Hand nicht bedeckt und möglichst natürlich aussieht. Die Wiederherstellung der Handfunktionen mithilfe von mechanischen Aktoren kann nur in Form eines Exoskeletts umgesetzt werden und daher wenig Akzeptanz bei Patienten finden. Die einzige

Möglichkeit, die Wiederherstellung der Handfunktionen patientengerecht zu realisieren, ist deshalb die FES. Die Elektrostimulation der Unterarmmuskulatur ermöglicht sowohl die Wiederherstellung des Greifens als auch die aktive Stabilisierung des Handgelenks. Da die Stimulationselektroden hauptsächlich auf dem Unterarm platziert werden, bleiben die Handfläche und -rücken in den meisten Fällen unbedeckt. Die kontrollierten Bewegungen von einzelnen Fingern können allerdings durch den nichtinvasiven Ansatz wegen niedriger Selektivität nicht erreicht werden. Eine aktive Stabilisierung des Handgelenks kann dagegen mittels FES realisiert werden. Es wird allerdings vorausgesetzt, dass der Handstrecker M. extensor carpi radialis und der Handbeuger M. flexor carpi radialis innerviert sind. Liegt eine Denervation eines oder mehrerer Handmuskeln vor, so kann das Handgelenk nur mittels einer passiven Funktionsorthese stabilisiert werden [116, 193].

Die Aufgabe der Fluidaktorik besteht in der Stabilisierung und Wiederherstellung der Ellenbogenfunktion. Um eine freie Platzierung der Hand im Raum zu gewährleisten, wird auch die Unterstützung der Schulterfunktion benötigt. Die mechanischen Aktoren finden daher beim Schultergelenk Anwendung, da aufgrund des schweren Gewichts der gesamten Gliedmaßen robustere Technik erforderlich ist.

2.3.4 Bedienbarkeit und Sensorik

Übersicht

Ein wichtiger Aspekt ist die gebrauchstaugliche Bedienbarkeit des Systems. Um die Handhabung der Neuroprothese einfach zu halten, soll im „OrthoJacket" eine natürliche Steuerung umgesetzt werden. Zur Ansteuerung der Neuroprothese soll der Patient keine künstlichen Steuersignale z.B. mit einem Joystick oder einer Signalfolge generieren. Die Idee der intuitiven Steuerung rührt daher, dass die motorischen Restfunktionen bei den meisten Tetraplegikern nachgewiesen werden. Demzufolge können die Informationen über die Bewegungsintentionen des Patienten aus den EMG-

Signalen extrahiert und in Steuersignale umgesetzt werden. Die Extraktion der Bewegungsintentionen kann beliebig komplex realisiert werden. So können z.B. zur Erkennung von komplexeren Zusammenhängen wie die Interpretation der feinmotorischen Handlungsabsichten solche Methoden wie Klassifikatoren eingesetzt werden. Die Umsetzung einer darauf basierenden Steuerung ist schwierig, da eine niedrige Trefferquote zu erwarten ist, so dass Fehlentscheidungen nicht auszuschließen sind. Der Ansatz, der hier verfolgt wird, ist die Umsetzung einer proportionalen Ansteuerung. D.h., die Extraktion der Bewegungsintentionen beschränkt sich auf das Monitoring des Signalpegels, so dass mit einem steigenden bzw. sinkenden EMG-Signalpegel die Stimulation der relevanten Muskeln stärker bzw. schwächer werden soll. Als Nachteil des gewählten Ansatzes ist die mangelnde Selektivität zu nennen. Da allerdings mit den nichtinvasiven Neuroprothesen nur das Schließen und Öffnen der Hand realisiert werden können, spielt der genannte Nachteil beim „OrthoJacket" keine Rolle.

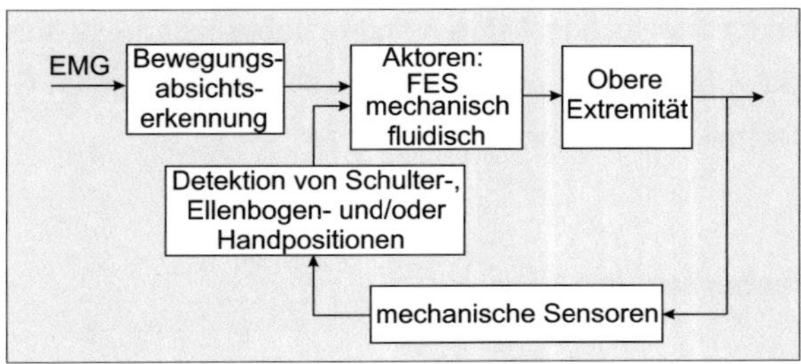

Bild 2.5: Signalfluss der neuen „OrthoJacket" - Neuroprothese.

Bild 2.5 zeigt das Signalflussdiagramm der neuen Neuroprothese. Um die intuitive Steuerung zu realisieren, bedarf es mehrerer EMG-Signale und einer Reihe von mechanischen Sensoren, die die Rückführung der für die Steuerung relevanten Signale bereitstellen. Vom Einsatz her lassen sich die verwendeten Sensoren in zwei Gruppen einteilen - EMG und Gelenkwinkelmesser.

EMG-Ansteuerung

Zur Wiederherstellung der Funktionen der kompletten oberen Extremität werden bis max. vier EMG-Sensoren benötigt: Zwei Sensoren sind am Unterarm zur Steuerung des Greifens und Handgelenk-Funktionen zu platzieren. Die weiteren zwei Sensoren werden am Oberarm zur Steuerung des Ellenbogengelenks eingesetzt. Auf jedem Armsegment sind jeweils zwei EMG-Sensoren zu positionieren, so dass einer die Kontraktionen der Streckermuskulatur und der andere der Biegermuskulatur erfasst. Die Herausforderung bei dem Einsatz der EMG-Sensoren in der Neuroprothese ist die Signalerfassung am mittels der FES zu stimulierenden Muskel. Die starken Stimulationspulse beeinträchtigen die Funktionsweise der konventionellen EMG-Sensoren. Zur Reduktion der FES-Artefakte wird daher eine analoge Filterschaltung benötigt, die in das Signalverarbeitungsschema integriert werden soll [193].

Gelenkwinkelmesser

Die von den Gelenkwinkelmessern erfassten Informationen werden zur Regelung der Aktoren benötigt, da die Rückführung des aktuellen Zustands von Gelenken damit bereitgestellt wird. Zur Wiederherstellung der motorischen Funktionen des kompletten Arms sind die Winkelmessungen von allen drei Armgelenken erforderlich: Schulter-, Ellenbogen- und Handgelenke. Da sich die Gelenke in Form und Funktionalität voneinander unterscheiden, werden nachfolgend die für den Einsatz bei einer Neuroprothese relevanten Gelenkwinkelmesser diskutiert, die auf verschiedenen Messprinzipien aufgebaut sind. Diese sind:

- Biegesensoren,
- Inertialsensoren,
- Erdmagnetfeld-Sensoren und
- Hall-Sensoren.

Für die Sensoren sind folgende Einsatzszenarien zu unterscheiden: Einsatz zur Validierung der entwickelten Methoden und täglicher Routinebetrieb. So kann sich z.B. die Kosmetik je nach eingesetztem Sensor zwischen den Szenarien wesentlich voneinander unterscheiden. In der vorliegenden Arbeit wurden die Inertialsensoren zur Validierung der entwickelten Methoden eingesetzt. Dennoch wurden bei der Ausarbeitung des Sensorkonzepts die kosmetischen Aspekte im gleichen Maße wie die Funktionalität berücksichtigt.

Ein Versuchsaufbau mit den Biegesensoren wird in [201] vorgestellt, wo solche Sensoren zur Messung des Handgelenk-Winkels eingesetzt wurden (siehe Bild 2.6). Der Vorteil der Biegesensoren besteht darin, dass sie problemlos in Textilien integriert werden können. Da der Messaufbau mit

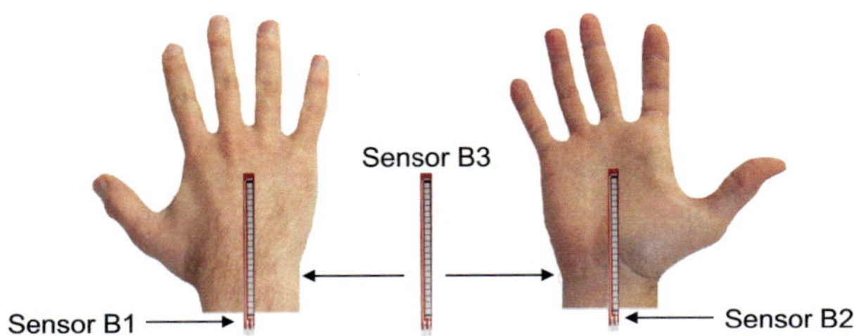

Bild 2.6: Versuchsaufbau mit den Biegesensoren B1, B2 und B3 (Flex-Sensoren, Abrams/Gentile Entertainment, USA) [201].

den Biegesensoren ein mechanisch gekoppeltes System darstellt, können die Gelenkbewegungen in anderen Richtungen eine unerwünschte Deformation des Biegesensors verursachen. Dies kann das aufgezeichnete Signal stark verfälschen. Obwohl jede Bewegung des Handgelenks mit dem Messaufbau erfasst werden kann, entstehen wegen der Kopplung zwischen der Hand und dem Unterarm mehrdeutige Deformationen in den Biegesensoren. Solche Deformationen können zu falschen Schlussfolgerungen führen und somit die Detektion und Klassifikation der Handgelenk-Bewegungen stark beeinträchtigen. Daher gilt für diese Sensoren, dass sie nur für einfache 1 Degree-of-Freedom (DoF) - Gelenkbewegungen eingesetzt werden dürfen.

Die geschilderten Probleme können z.B. durch den Einsatz von Inertialsensoren vermieden werden. Die Gelenkwinkelmessung lässt sich mit zwei Inertialsensoren realisieren. Da zwischen den Sensoren keine mechanische Kopplung besteht, können somit auch die komplexen 3 DoF - Gelenkbewegungen gemessen werden. Allerdings weisen moderne MEMS-Inertialsysteme (MEMS: Micro-Electro-Mechanical Systems) im Dauerbetrieb einige Genauigkeitsprobleme auf. So muss der Nullpunkt z.B. bei Drehratensensoren regelmäßig kalibriert werden, da er prinzipbedingt einer Drift über Temperatur und Lebensdauer unterworfen ist. Solche Sensoren wurden im Rahmen dieser Arbeit getestet und zur Validierung einer der entwickelten Methoden eingesetzt. Der Versuchsaufbau mit den Inertialsensoren wird in Abschnitt 5.2 vorgestellt.

Des Weiteren können die Magnetfeldsensoren zur Winkelmessung herangezogen werden. Allerdings reagieren die magnetischen Systeme empfindlich, wenn das erzeugte Magnetfeld gestört wird, z.B. Fußböden aus Stahlbeton.

Eine Datenfusion von mehreren Informationsquellen, z.B. die Kombination von Beschleunigungssensoren, Gyroskopen und Magnetfeldsensoren, kann die geschilderten Messfehler wesentlich reduzieren. Demzufolge sollen zur Winkelmessung der Hand- und Schultergelenke die genannte Kombination von den Sensoren verwendet werden. Im Unterschied dazu besitzt das Ellenbogengelenk nur einen Bewegungsfreiheitsgrad (ausgenommen Pronation). In diesem Fall können allerdings die Biegesensoren aus folgenden Gründen nicht verwendet werden: Die Arme eines Rollstuhlfahrers befinden sich fast immer auf den Armlehnen, so dass die Ellenbogengelenke einen Winkel von 90° aufweisen. Dabei sind die Biegesensoren einer Deformation dauerhaft ausgesetzt, die zur Verformung der Sensoren und somit zum Verlust der Genauigkeit sowie der

Funktionalität führen kann. Daher kann zur Winkelmessung am Ellenbogengelenk ein Hall-Winkelsensor herangezogen werden. Der Messaufbau besteht dabei aus einem Gebermagnet und einem Hall-Sensor, der das Magnetfeld des Gebermagnets erfasst und in Form einer Spannung ausgibt.

Zum Monitoring der Fingerpositionen werden aus kosmetischen Gründen keine Sensoren verwendet. Befragungen zeigten, dass sich die meisten Patienten gegen den alltäglichen Einsatz eines Sensorhandschuhs äußerten. Zur Steuerung der Fingerbewegungen soll daher die visuelle Wahrnehmung als Feedback herangezogen werden.

2.4 Zusammenfassung

In diesem Kapitel wurde der Bedarf an Modernisierung der aktuellen neuroprothetischen Systeme diskutiert. Daraufhin wurde eine neue Struktur für eine hybride nichtinvasive motorische Neuroprothese vorgestellt. Diese Struktur liegt der neuen Neuroprothese „OrthoJacket" zu Grunde, die im KIT entwickelt wird und in diesem Kapitel präsentiert wurde. „OrthoJacket" besteht aus mehreren aktorischen und sensorischen Komponenten und u.a. neuronalen Schnittstellen, die an jeden Prothesenträger individuell angepasst werden müssen. Zur Systematisierung der Anpassung wurden allgemeine Anforderungen an die Anpassungsprozedur definiert. Außerdem wurden die für die Anpassung der neuronalen Schnittstellen relevanten Aspekte diskutiert und ein darauf basierende Ansatz zur Anpassung formuliert.

3 Neue Methode zum automatisierten Auffinden von EMG-Messstellen bei Querschnittgelähmten

3.1 Übersicht

Kapitel 2 stellte bereits das neue Konzept zur Anpassung neuronaler Schnittstellen vor. Die Grundidee des Konzepts bestand darin, dass sich das gesamte Anpassungsproblem in anatomische und physiologische Anpassungen aufteilen lässt. Da der Gegenstand der Untersuchungen in der vorliegenden Arbeit nur die anatomische Anpassung ist, ist der methodische Ausbau dieser Anpassungsart die Intention der folgenden Kapitel. In diesen werden zwei neue Methoden vorgestellt, die die Problematik der optimalen Positionierung der neuronalen Schnittstellen von nichtinvasiven Neuroprothesen behandeln. Unter optimaler Positionierung einer neuronalen Schnittstelle versteht sich dabei der Kompromiss, bei dem gleichzeitig die maximale Funktionalität der Schnittstelle und minimaler zeitlicher Aufwand beim Auffinden ihrer Positionierung gegeben sind. Da die Entwicklung der neuen Methoden einen direkten Bezug zu „OrthoJacket" hat, lassen sich die neuronalen Schnittstellen aus dem Strukturbild 2.2 somit wie folgt spezifizieren: Zur intuitiven Ansteuerung der „OrthoJacket" -Neuroprothese werden die EMG-Signale herangezogen, so dass die sensorische Schnittstelle NSe durch den Einsatz der EMG-Sensoren präsent ist. Die motorische Schnittstelle zum Nervensystem NSt wird über die FES-Stimulationselektroden realisiert.

3.2 Einführung

Zur Ansteuerung des neuen „OrthoJackets" soll eine EMG-Steuerung realisiert werden. Die Qualität der Steuersignale und somit die Bedienbarkeit einer EMG-gesteuerten Neuroprothese hängen entscheidend von der Position der Sensoren ab. Zur Beurteilung der Signalqualität von EMG-Messstellen müssen grundsätzlich ein Eingangssignal (Ursache) und ein Ausgangssignal (Wirkung) definiert und letzteres geeignet ausgewertet werden.

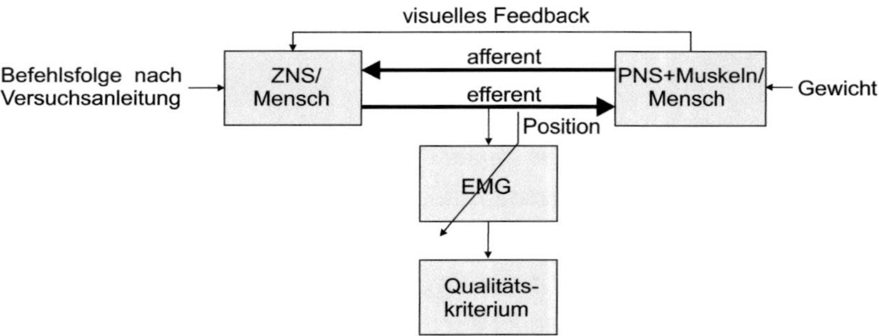

Bild 3.1: Schematische Darstellung eines Konzepts zur Bewertung der EMG-Messstellen bei Gesunden.

Bild 3.1 stellt ein Konzept zur Bewertung der EMG-Messstellen bei Gesunden dar. Die breiten Verbindungen zwischen den Blöcken ZNS/Mensch und PNS+Muskeln/Mensch weisen darauf hin, dass sowohl die afferenten als auch die efferenten Nervenleitungen vollständig intakt sind. Ein EMG-Signal hat seinen Ursprung in einer Muskelkontraktion, die entweder willkürlich oder unwillkürlich hervorgerufen werden kann. Zur Erzeugung des EMG-Signals wird bei gesunden Menschen eine willkürliche Kraftentwicklung z.B. mit einem Gewicht eingesetzt, die eine Muskelkontraktion zur Folge hat. Der Proband soll in einer aufrechten Position sitzend ein Gewicht in der Hand des Armes halten. Dazu bilden Ober- und Unterarm einen rechten Winkel zueinander. Der Oberarm liegt am Körper an und der Unterarm ist parallel zum Boden. Zum Auffinden einer Messstelle mit der besten Signalqualität soll die Position des EMG-Sensors auf dem zu untersuchenden Muskel während des Versuchs variiert werden. Es wird außerdem ein Qualitätskriterium benötigt, das zur Bewertung der einzelnen Messstellen herangezogen werden kann. Die Signalqualität der einzelnen Messstellen, die sich u.a. durch das Signal-Rausch-Verhältnis (SNR: signal-to-noise ratio) ausdrücken lässt, wird quantitativ ermittelt und kann somit mit der Signalqualität der anderen Messstellen verglichen werden.

Angesichts der motorischen Ausfallerscheinungen bei Querschnittgelähmten können die Muskelkontraktionen willkürlich nur bedingt oder gar nicht hervorgerufen werden. Daher besteht Bedarf eines Eingangssignals, das unabhängig von der willkürlichen Muskelsteuerung erzeugt wird und eine Reaktion des Muskels auslösen kann. Das Eingangssignal muss folgende Anforderungen erfüllen:

- *Einheitlichkeit*:

  Das Eingangssignal soll bei beliebigen Muskeln einsetzbar sein.

- *Reproduzierbarkeit*:

  Das Eingangssignal soll beliebig oft mit den gleichen Parametern reproduzierbar sein.

- *Messbarkeit*:

  Es soll möglich sein, die Parameter des Eingangssignals zu variieren und mit einer schlichten Messanordnung das Eingangssignal zu erfassen.

- *Wirkung*:

  Das Eingangssignal soll in der Lage sein, eine Muskelkontraktion hervorzurufen.

Die genannten Anforderungen werden durch die funktionelle Elektrostimulation vollständig erfüllt. Die Elektrostimulation ermöglicht eine gezielte Wirkung auf die Muskeln, bei der keine Mitarbeit des Patienten erforderlich ist. Mittels eines kommerziell erhältlichen Elektrostimulators können einheitliche, reproduzierbare und messbare Stimulationspulse erzeugt werden, die durch das Stimulieren der motorischen Nervenbahnen starke Muskelkontraktionen hervorrufen.

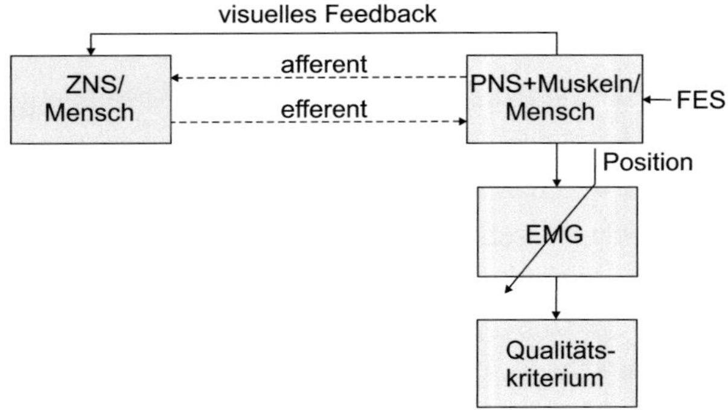

Bild 3.2: Schematische Darstellung der neuen Methode zum Auffinden der EMG-Messstellen mit der besten Signalqualität bei Querschnittgelähmten.

Bild 3.2 stellt schematisch die neue Methode zum Auffinden der EMG-Messstellen mit der besten Signalqualität bei Querschnittgelähmten vor. Das Ziel der neuen Methode besteht darin, die EMG-Sensoren auf den Gliedmaßen so zu positionieren, dass sie qualitativ bestmögliche Signale zur Ansteuerung einer Neuroprothese erfassen. Die schmalen Verbindungen zwischen den Blöcken ZNS/Mensch und PNS+Muskeln/Mensch weisen auf die motorischen und sensorischen Restaktivitäten bei Querschnittgelähmten hin. Die Muskelkontraktionen werden am zu untersuchenden Muskel durch die FES hervorgerufen. Die durch die FES evozierten Muskelantworten (M-Waves) werden mit einem EMG-Sensor an unterschiedlichen Messstellen erfasst und mit einem Qualitätskriterium bewertet. Anatomisch bedingt ist das stärkste Willkür-EMG-Signal bei gesunden Menschen am Muskelbauch zu erwarten. Als Muskelbauch wird die Anschwellung eines Skelettmuskels bezeichnet, die sich meistens mittig zwischen dem Ursprung und dem Ansatz des Muskels befindet [200]. Die Signalqualität soll daher den höchsten Wert am Muskelbauch aufweisen. Somit wird auch erwartet, dass die evozierten M-Waves Vergleichbares wiederspiegeln. D.h. dass die Messstelle mit der stärksten M-Waves Ausprägung das bestmögliche Restwillkürsignal aufweisen soll und somit zur Steuerung einer Neuroprothese herangezogen werden soll. Für die neue Methode soll also im Einzelnen:

- der Zusammenhang zwischen einer durch Elektrostimulation evozierten Muskelantwort (M-Waves) und der Signalqualität von Willkür-EMG untersucht werden,

- die qualitätsrelevanten Merkmale aus den M-Waves extrahiert werden und

- anhand dieser Merkmale ein Bewertungskriterium entworfen werden.

Da die neue Methode für die Querschnittgelähmten entwickelt wurde, werden in dem folgenden Abschnitt zunächst die vielfältigen Ausfall- bzw. Lähmungserscheinungen diskutiert, die in Zusammenhang mit der entwickelten Methode von Bedeutung sind. Daraufhin werden die Besonderheiten der durch die Elektrostimulation evozierten EMG-Signale diskutiert und der Entwurf eines Qualitätskriteriums vorgestellt.

3.3 Fallunterscheidung in den Lähmungserscheinungen des zu untersuchenden Muskels

Zum Entwurf der neuen Methode wird eine Anordnung der EMG-Messstellen und Stimulationselektroden wie im Bild 3.3 vorgeschlagen. Auf einem Muskel werden zwei FES-Elektroden positioniert. Der Bereich zwischen den beiden Stimulationselektroden ist der Gegenstand der Untersuchung. Die EMG-Messstellen sollen sich dann im Bereich zwischen den beiden Stimulationselektroden befinden. Die Anzahl der Messstellen kann nach Bedarf variiert werden.

Wie bereits gezeigt, hängt der Verlust der motorischen Funktionen mit der Lähmung der Muskulatur zusammen, die bei Hochquerschnittgelähmten in allen Gliedmaßen zu beobachten ist. Daher wird eine Fallunterscheidung diskutiert, die die Auswirkungen der Natur und des Umfangs der

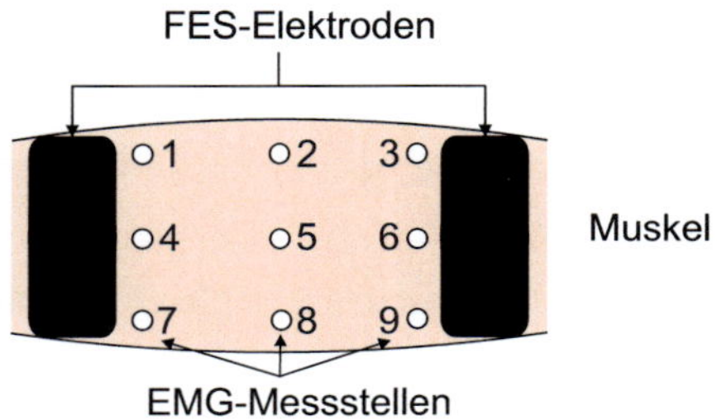

Bild 3.3: Anordnung der FES-Elektroden und EMG-Messstellen auf einem zu untersuchenden Muskel.

Lähmungserscheinungen bei betroffenen Muskeln auf die Willkür-EMG und die M-Waves darstellt. Bild 3.4 fasst folgende Fälle zusammen (vereinfachende Annahme: räumliche Trennung inkomplett gelähmter und nicht gelähmter Regionen (b,d,f)):

a) Der Muskel ist nicht gelähmt (vgl. Bild 3.4a).

   Wenn keine Lähmungserscheinung vorliegt, dann sind die maximalen Werte der durch die FES evozierten M-Waves und Willkür-EMG-Signalen bei der gleichen Messstelle, und zwar am Muskelbauch, zu messen. Das Verhalten ist bei allen nichtgelähmten Muskeln gleich. Dazu zählen nicht nur die gesunden Muskeln, sondern auch z.B. die Muskeln am Stumpf eines amputierten Gliedmaßes.

b) Der Muskel ist inkomplett und zentral gelähmt (vgl. Bild 3.4b).

   Das ist einer der drei Fälle mit den Lähmungserscheinungen, bei denen die restliche Muskelaktivität vorhanden und messbar ist. Diese Muskelaktivität kann anhand der EMG-Sensoren erfasst und zur Steuerung der Neuroprothesen eingesetzt werden. Obwohl die gelähmten Faserbündel des Muskels wegen der zentralen Lähmung willkürlich nicht ansteuerbar sind, können sie mittels der Elektrostimulation angesprochen werden. Dabei werden die höchsten Werte von den M-Waves nach wie vor am Muskelbauch gemessen. Die maximalen Werte der Willkür-EMG liegen bei der gegebenen Konstellation in der Mitte des nichtgelähmten

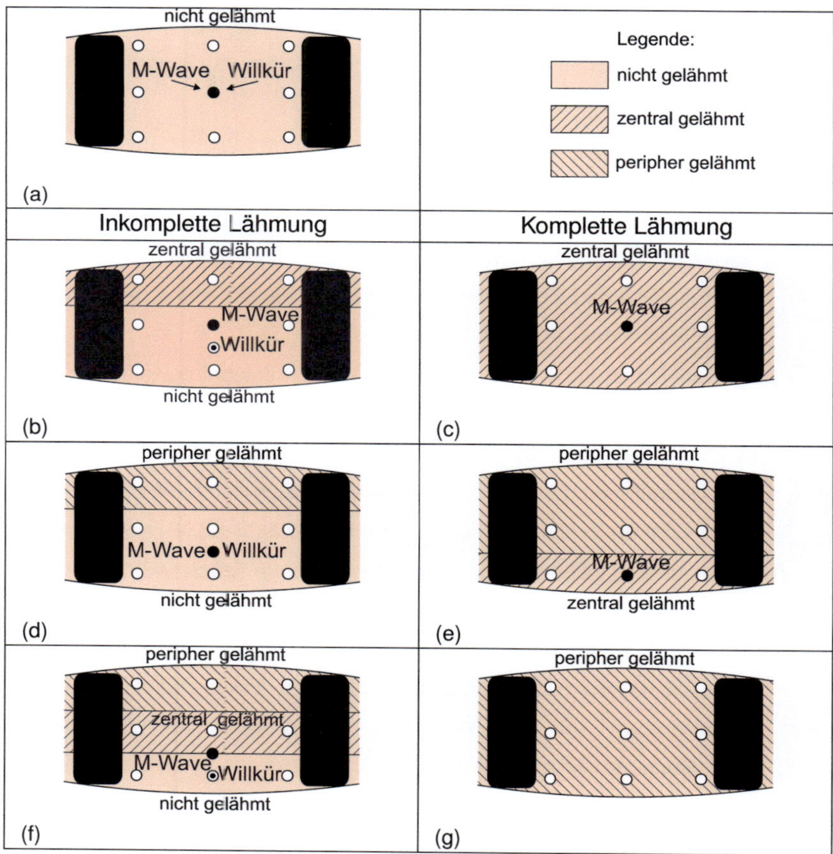

Bild 3.4: Fallunterscheidungen in Abhängigkeit von den Lähmungserscheinungen am betroffenen Muskel. Idealisierte Darstellung:(a) Keine Lähmung; (b), (d), (f) Inkomplette Lähmung; (c), (e), (g) Komplette Lähmung.

Bereiches. Es besteht daher der Bedarf nach einer Methode, die das Auffinden solcher Willkür-EMG-Messstellen ermöglichen soll.

c) Der Muskel ist komplett und zentral gelähmt (vgl. Bild 3.4c).

Hier ist der betroffene Muskel komplett gelähmt. Der Muskel reagiert zwar auf die Elektrostimulation, kann allerdings zur Ansteuerung der Neuroprothesen nicht eingesetzt werden.

d) Der Muskel ist inkomplett und peripher gelähmt (vgl. Bild 3.4d).

In diesem Fall sind die Verhältnisse wie bei dem Fall b) zu beobachten. Der Unterschied besteht nur darin, dass der gelähmte Teil des Muskels wegen der Denervation weder stimulierbar noch willkürlich steuerbar ist. Das resultiert darin, dass die Willkür-EMG-Messstelle und die M-Waves-Messstelle wieder übereinstimmen.

e) Der Muskel ist komplett gelähmt und enthält sowohl peripher als auch zentral gelähmte Anteile (vgl. Bild 3.4e).

In diesem Fall lässt sich der zentral gelähmte Anteil mittels Elektrostimulation stimulieren. Der denervierte Anteil ist auch durch die Elektrostimulation nicht ansprechbar. Die willkürliche Restaktivität fehlt vollständig.

f) Der Muskel ist inkomplett gelähmt. Der gelähmte Teil besteht sowohl aus den peripher als auch zentral gelähmten Anteilen (vgl. Bild 3.4f).

Dieser Fall beinhaltet in sich eine Kombination der bereits besprochenen Fälle b) und d). Die vorhandene restliche Willkür-Aktivität ist bei einer derartigen Lähmungserscheinung sehr schwach, kann allerdings mit EMG-Sensoren erfasst werden. Die M-Waves- und Willkür-Messstellen liegen auseinander.

g) Der Muskel ist komplett und peripher gelähmt (vgl. Bild 3.4g).

Da der gelähmte Muskel mit der funktionellen Elektrostimulation nicht stimulierbar und nur bedingt mit den anderen physiotherapeutischen Mitteln beeinflussbar ist, degeneriert der Muskel mit der Zeit. Der Muskel ist somit zur Ansteuerung einer Neuroprothese unbrauchbar.

Diese Übersicht zeigt, dass unabhängig davon, ob bei dem betroffenen Muskel eine zentrale oder periphere Lähmungserscheinung vorliegt, bei den

Fällen c), e) und g) (komplette Lähmung) keine EMG-Ansteuerung umgesetzt werden kann. Aufgrund der vorhandenen restlichen Willkür-EMG besteht die Möglichkeit bei den Fällen a), b), d) und f) zum Einsatz einer EMG-gesteuerten Neuroprothese. Diese Fälle lassen sich in zwei Gruppen aufteilen, bei denen:

- Positionen der beiden Messstellen übereinstimmen (Fälle a) und d)) und

- Positionen der beiden Messstellen auseinander liegen (Fälle b) und f)).

Auffallend ist bei der gezeigten Aufteilung, dass die Fälle mit peripherer Lähmung nur bei der ersten Gruppe vorkommen. Daraus lässt sich die Schlussfolgerung ableiten, dass die Übereinstimmung der M-Waves- und Willkür-EMG-Messstellen davon abhängt, ob eine zentrale oder periphere Lähmung bei dem betroffenen Muskel vorliegt. Zum Auffinden der optimalen Willkür-EMG-Messstellen bei Querschnittgelähmten sind folglich folgende Vorgehensweisen denkbar:

- *Vorgehensweise 1*:

  Für beide Patientenkollektive, d.h. bei Patienten mit den Lähmungsformen a), b), d) und f), wird eine konventionelle Methode (Kraftentwicklung mit Gewicht) eingesetzt, bei der der Patient die Kraftentwicklung des relevanten Muskels willkürlich ansteuern muss. Die Messungen können mit konventionellen EMG-Sensoren und Datenerfassungsgeräten absolviert werden. Kein zusätzliches Instrumentarium wird benötigt. Je nach Ausmaß der Ausfallerscheinungen kann sich allerdings die von den Patienten benötigte Mitarbeit sehr schwierig gestalten. Die Patienten werden sehr schnell müde und daher weniger kooperativ. Die isometrische Kraftentwicklung kann zustandsbedingt große Schwankungen beinhalten. Das hat zur Folge, dass keine Aussage bezüglich der Signalqualität einer Messstelle getroffen werden kann.

- *Vorgehensweise 2*:

  Für das Patientenkollektiv, das unter den Lähmungserscheinungen in der Form von a) und d) leidet, kann die neue FES-Methode eingesetzt werden. Die zweite Patientengruppe wird allerdings mit den konventionellen Methoden behandelt. Die Patienten mit den Lähmungsformen a) und d) profitieren von der neuen Methode, in dem sie keine Mitarbeit bei der Ermittlung der relevanten Willkür-EMG-Messstellen leisten müssen. Die zweite Gruppe wird allerdings nach wie vor mit den konventionellen Methoden behandelt. Dementsprechend sind die bei der Vorgehensweise 1 geschilderten Nachteile vorhanden. Außerdem ist die Aufteilung des Patientenkollektivs in Patienten mit zentraler und peripherer Lähmung notwendig. Dies kann durch die Aufnahme der Reizzeit-Intensitäts-Kurve realisiert werden, die den Zusammenhang zwischen der Dauer und der Amplitude des Stimulationspulses im elektrisch erregbaren Gewebe darstellt [69, 79, 141, 190]. Das kann allerdings sehr zeitaufwändig sein.

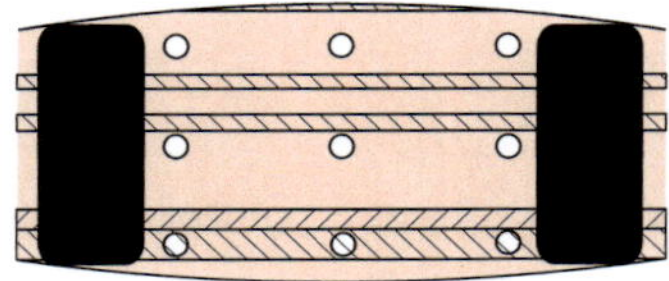

Bild 3.5: Realitätsnahe Verteilung der gelähmten Faserbündel.

- *Vorgehensweise 3*:
  Bei dieser Vorgehensweise wird die neue Methode für beide Patientenkollektive eingesetzt. Der Einsatz kann mit den folgenden Annahmen begründet werden:
  1. Die Lokalisierung der Lähmungsgebiete in Bild 3.4 ist stark idealisiert. Daher kann davon ausgegangen werden, dass die gelähmten Faserbündel in den meisten Fällen über den ganzen Muskel verteilt auftreten (vgl. Bild 3.5). Daher kann die Abweichung zwischen den besten M-Waves- und Willkür-EMG-Messstellen vernachlässigbar klein sein.
  2. Soll eine Gruppierung von gelähmten Faserbündeln wie in den Fällen a), b) und d) vorliegen, kann der Beitrag des gelähmten Teils

während der Elektrostimulation aufgrund der muskulären Schwäche und Atrophieerscheinungen nur in einer vernachlässigbar kleinen Abweichung resultieren.

Der Vorteil der Vorgehensweise 3 besteht darin, dass die beiden Patientengruppen von den bereits bei der Vorgehensweise 2 genannten Vorteilen profitieren können. Als Nachteil ist hier anzumerken, dass aufgrund der genannten Annahmen kleine Abweichungen zwischen den Messstellen beobachtet werden können. Da die Vorteile dieser Vorgehensweise deutlich gegenüber dem genannten Nachteil überwiegen, soll zum automatisierten Auffinden von EMG-Messstellen bei Querschnittgelähmten die Vorgehensweise 3 eingesetzt werden.

3.4 EMG während der Elektrostimulation

Eine Auslösung der Muskelkontraktion mittels der Elektrostimulation unterscheidet sich von der physiologischen unter anderem in dem, dass durch die elektrischen Stimulationspulse alle motorischen Einheiten synchron aktiviert werden. Das hat zur Folge, dass eine sehr ausgeprägte Welle kurz nach dem Abklingen jedes Stimulationspulses auftritt. Diese Welle, die in der Fachliteratur als M-Wave bezeichnet wird [51, 133, 134], ist die EMG-Antwort des elektrisch stimulierten Muskels (vgl. Bild 3.6). Die M-Waves werden in der Neuroprothetik als Muskelartefakt angesehen, das zusammen mit dem Stimulationsartefakt (SA) die Extraktion des willkürlichen EMG-Signals (vEMG: voluntary EMG) erschwert. Ein während der Elektrostimulation aufgezeichnetes EMG-Signal U_{eEMG} (eEMG: evoked EMG) lässt sich folgendermaßen beschreiben:

$$U_{eEMG}(t) = U_{SA}(t) + U_{MWave}(t) + U_{vEMG}(t) + U_{Rauschen}(t), \qquad (3.1)$$

wobei mit U_{SA}, U_{MWave}, U_{vEMG} und $U_{Rauschen}$ die Signalanteile mit einem Stimulationsartefakt, einem M-Wave, einem willkürlichen EMG und dem Rauschen bezeichnet werden.

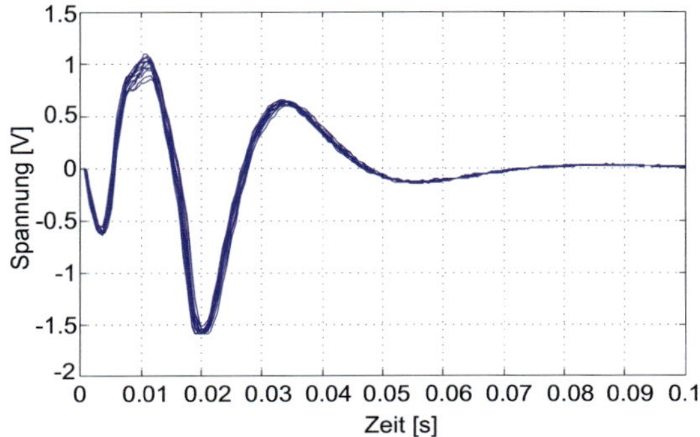

Bild 3.6: Extrahierte M-Waves von einem gesunden Muskel während der Elektrostimulation (Stimulationsstärke 20 mA, Pulsbreite 200 μs, Stimulationsfrequenz $f_{stim} = 2$ Hz).

Bild 3.7 zeigt ein aufgezeichnetes eEMG-Signal. Das Signal ist ein ungefiltertes Rohsignal, das mit einem Messsystem ohne den Einsatz einer Artefakt-Ausblendung (blanking circuit) aufgenommen wurde. Das eEMG-Signal enthält somit alle Signalanteile, die in der Signalbeschreibung (3.1) zu finden sind.

Um den Einfluss der Stimulationsartefakte zu minimieren, sind in der Regel zusätzliche Maßnahmen erforderlich (siehe Abschnitt 5.2.1). Die übliche Technik ist der Einsatz einer analogen Filterschaltung, die die störenden Signalanteile SA und M-Waves des eEMG-Signals ausblendet. Es wurde allerdings auch gezeigt, dass die M-Waves auch nützliche Informationen enthalten. Die Messungen der M-Waves können z.B. zur Überwachung der Muskelermüdung sehr attraktiv sein. Es gibt bisher noch keine Lösung zur Vorhersage bzw. Minimierung der schnellen Muskelermüdung, die durch die Elektrostimulation ausgelöst wird. Mit einem Muskelermüdungs-Index kann zumindest eine Schnittstelle geschaffen werden, die neue Erkenntnisse

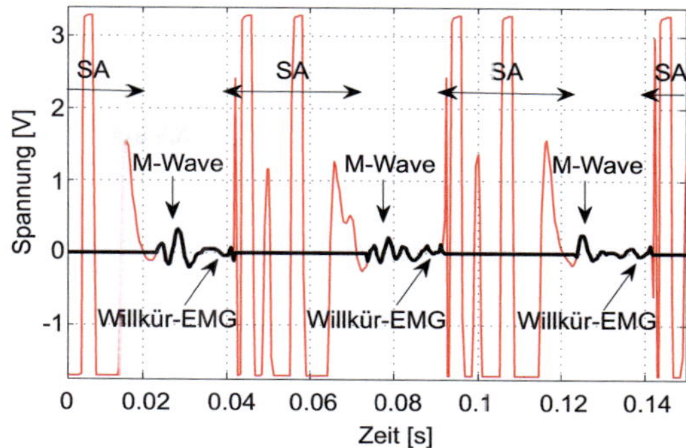

Bild 3.7: Evoziertes EMG-Signal von einem gesunden Muskel. Das eEMG-Signal besteht aus vier Signalanteilen: Stimulationsartefakt (SA), M-wave, Willkür-EMG (vEMG) und Rauschen [192].

über das muskuläre Ermüdungsverhalten während der Elektrostimulation liefern kann [15, 55, 140, 217, 232].

Zum Auffinden der optimalen EMG-Messstellen bei Querschnittgelähmten werden die qualitätsrelevanten Merkmale der M-Waves und der willkürlichen EMG-Signale analysiert. So ist es bekannt, dass die Willkür-EMG bei gesunden Muskeln am Muskelbauch am stärksten ist. Des Weiteren ist das Übersprechen mit dem Antagonisten am Muskelbauch minimal, so dass z.B. das SNR dort die maximalen Werte annehmen kann. Daher lässt sich so eine EMG-Messstelle als optimal definieren. Die Untersuchungen der M-Waves zeigten ebenso, dass die Signalqualität der M-Waves bei gesunden Muskeln am Muskelbauch am stärksten ist und mit der Entfernung vom Muskelbauch abnimmt. Der gezeigte Zusammenhang liegt der neuen Methode zu Grunde.

3.5 Signalverarbeitung

Unter Signalverarbeitung sind alle Bearbeitungsschritte zu verstehen, die die Gewinnung der für die neue Methode relevanten Informationen aus den gemessenen EMG-Signalen ermöglichen. Bild 3.8 zeigt die

Signalverarbeitungsschritte zur Bewertung der EMG-Messstellen. Das evozierte EMG wird am entspannten Muskel aufgenommen, damit keine Überlagerung der Muskelantwort mit dem Willkür-EMG zustande kommt. In den während der Elektrostimulation aufgenommenen EMG-Signalen sind nur diejenige Signalabschnitte von Interesse, die die informationstragenden M-Waves enthalten.

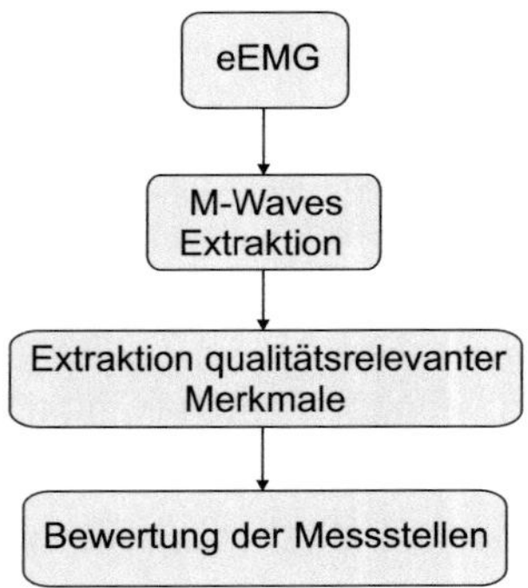

Bild 3.8: Signalverarbeitung zur Bewertung der EMG-Messstellen.

Die Anzahl von M-Waves pro eEMG-Zeitreihe N_{mwaves} lässt sich mit der folgenden Formel berechnen:

$$N_{mwaves} = t_{aufnahme} \cdot f_{stim},\qquad(3.2)$$

wobei $t_{aufnahme}$ die Dauer der Signalaufnahme und f_{stim} die Stimulationsfrequenz sind.

Die Extraktion der M-Waves basiert auf einer konstruktiven Besonderheit der verwendeten analogen Filterschaltung (Ausblendeschaltung). Diese besteht darin, dass jede Filterschaltung außer dem EMG-Signal noch ein Signal zur Verfügung stellt, das die Informationen über die Störimpulsdetektion beinhaltet. Dieses Signal entspricht der durch die Filterschaltung erkannten Wirkung von FES auf den Muskel und lässt sich somit in eine

Triggerzeitreihe mit dem folgenden Gesetz

$$tr(k) = \begin{cases} 1 & \text{bei Impuls zum Zeitpunkt } k = k_i \text{ mit } i = 1,...,N_{mwaves} \\ 0 & \text{sonst} \end{cases} \qquad (3.3)$$

umwandeln, wobei $k = 1,...,L_{eEMG}$ als Laufvariable verwendet wird und L_{eEMG} die Länge der originalen eEMG-Zeitreihe ist.

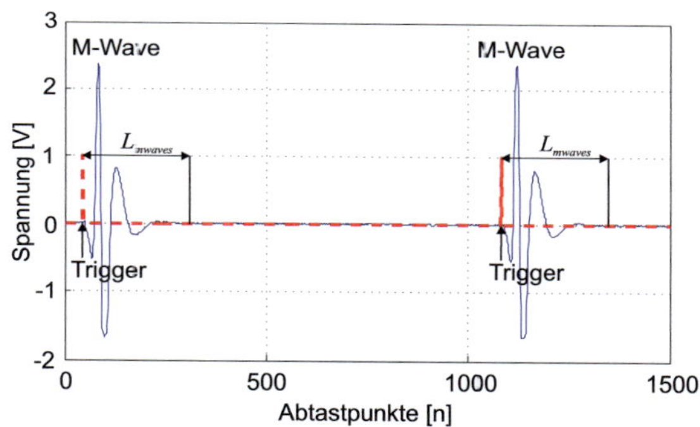

Bild 3.9: EMG-Zeitreihe mit M-Waves und tr- Trigger-Zeitreihe.

Bild 3.9 zeigt zwei Zeitreihen: die originale eEMG-Zeitreihe $eEMG$ mit mehreren M-Waves und die manipulierte Trigger-Zeitreihe tr. Aus der Trigger-Zeitreihe tr lassen sich die Zeitpunkte k_i ermitteln, die die Erkennung der evozierten Stimuli signalisieren. Mit den ermittelten Zeitpunkten k_i und der Angabe der gewünschten M-Waves-Länge L_{mwaves} werden dann die M-Waves m_i aus der originalen eEMG-Zeitreihe folgendermaßen extrahiert:

$$m_i(k) = eEMG(k_i + k), \qquad (3.4)$$

wobei $k = 1,...,L_{mwaves}$ ist.

Zur Beurteilung der Messstellen n_{emg} mit $n_{emg} = 1,...,N_{emg}$ werden im nächsten Schritt die qualitätsrelevanten Merkmale extrahiert. Vorarbeiten zeigen, dass z.B. die Peak-to-Peak Amplitude bei den M-Waves am häufigsten Anwendung findet [68, 72, 103, 125, 211]:

$$M_{n_{emg},i}^{peak} = \max m_{n_{emg},i}(k) - \min m_{n_{emg},i}(k), \text{ mit } k = 1, ..., L_{mwaves}. \tag{3.5}$$

Ein weiteres Merkmal, das auch mit der Peak-to-Peak Amplitude zusammenhängt, ist die Dauer zwischen den negativen und positiven Spitzenwerten einer M-Wave:

$$M_{n_{emg},i}^{duration} = \underset{k}{\mathrm{argmax}}(m_{n_{emg},i}(k)) - \underset{k}{\mathrm{argmin}}(m_{n_{emg},i}(k)). \tag{3.6}$$

Außerdem kann die zwischen der M-Wave und der Nullachse eingeschlossene Fläche auch als qualitätsrelevantes Merkmal interpretiert werden:

$$M_{n_{emg},i}^{area} = \sum_{k=1}^{L_{mwaves}} |m_{n_{emg},i}(k)|. \tag{3.7}$$

Es ist nicht ausgeschlossen, dass ein M-Wave trotzt der erkannten Wirkung (Trigger) fehlen kann. Das kann durch die Mittelwertbildung bestraft werden. Da das eEMG-Signal dank der Ausblendeschaltung keine nennenswerten Restartefakte beinhaltet, soll für jede Messstelle der Mittelwert von jedem qualitätsrelevanten Merkmal wie folgt berechnet werden:

$$\overline{M_{n_{emg}}} = \frac{1}{N_{mwaves}} \sum_{i=1}^{N_{mwaves}} M_{n_{emg},i}. \tag{3.8}$$

Die Messstelle mit der besten Signalqualität lässt sich dann mit den vorgestellten Merkmalen wie folgt bestimmen:

$$n_{emg,max}^{peak} = \underset{n_{emg}}{\mathrm{argmax}} \, \overline{M}_{n_{emg}}^{peak}, \tag{3.9}$$

$$n_{emg,min}^{duration} = \underset{n_{emg}}{\mathrm{argmax}} \, \overline{M}_{n_{emg}}^{duration} \text{ und} \tag{3.10}$$

$$n_{emg,max}^{area} = \operatorname*{argmax}_{n_{emg}} \overline{M}_{n_{emg}}^{area}.$$

(3.11)

Zum Auffinden von EMG-Messstellen soll in der vorgestellten Methode nur ein qualitätsrelevantes Merkmal verwendet werden. Daher wird während der Validierungsphase mit den gesunden und querschnittgelähmten Probanden untersucht, welches von den vorgestellten Merkmalen am besten dazu geeignet ist. Dies ist festgestellt, wenn die größte Übereinstimmung zwischen einem zu untersuchenden Merkmal und dem SNR-Merkmal des Willkür-EMG besteht. Das Letztere stellt ein qualitätsrelevantes Merkmal dar, das als Bewertungsmaß bei der konventionellen Methode zum Auffinden von EMG-Messstellen (Kraftentwicklung) verwendet werden kann. Die Versuchsdurchführung sowie die Ergebnisse der Validierung werden in Kapitel 6 vorgestellt.

3.6 Zusammenfassung

In diesem Kapitel wurde eine neue Methode zur Positionierung der EMG-Sensoren vorgestellt, die eine wichtige Rolle bei der praktischen Umsetzung der anatomischen Anpassung spielt. Der Vorteil der vorgestellten Methode liegt darin, dass keine Mitarbeit der querschnittgelähmten Patienten durch den Einsatz der Elektrostimulation erforderlich ist. Diese Methode ermöglicht ein automatisiertes Auffinden einer optimalen Position für EMG-Sensoren, das auf Basis der Bewertung von qualitätsrelevanten Merkmalen aus den evozierten EMG-Signalen realisiert wird. Dabei werden zur Diskussion folgende qualitätsrelevante Merkmale vorgestellt:

- Peak-to-Peak M^{peak},
- Dauer zwischen den positiven und negativen Spitzenwerten $M^{duration}$ sowie
- Fläche zwischen der M-Wave und der Nulllinie M^{area}.

Die Bewertung und die Auswahl des am besten geeigneten Merkmals finden in der Validierungsphase statt und werden daher in Kapitel 6 diskutiert.

4 Neue Methode zur automatisierten Bestimmung von Positionen für Stimulationselektroden

4.1 Einführung

Bei einer Neuroprothese stellt die Elektrostimulation eine motorische Schnittstelle zum Nervensystem dar, deren Ziel das Wiederherstellen der motorischen Funktionen ist. Die Position der Stimulationselektroden spielt dabei eine entscheidende Rolle. Im Gegensatz zu den implantierbaren Elektroden, die direkt am Nerv angebracht werden, werden die nichtinvasiven Elektroden auf der Haut platziert. Dabei sind folgende Nachteile des nichtinvasiven Ansatzes zu bemängeln: Bei der Elektrostimulation der innervierten Muskulatur werden die Muskeln indirekt über die peripheren Nerven gereizt, deren anatomische Lage nur annähernd bekannt ist und von Patient zu Patient unterschiedlich sein kann. Die Suche nach der tatsächlichen Lage des relevanten Nerves kann sich sehr zeitintensiv gestalten. Des Weiteren sind die Oberfläche-Elektroden relativ groß, so dass mehrere Nerven gleichzeitig stimuliert werden. Dadurch entsteht ein Bewegungsmuster, das von der zu erwartenden Bewegung erheblich abweichen kann. Die genannten Nachteile führen dazu, dass die manuelle Suche nach einer geeigneten Elektroden-Position sehr zeitaufwändig ist und nur von erfahrenem Personal durchgeführt werden kann. Um die besprochenen Mängel zu reduzieren, wird eine neue Methode zur automatisierten Anpassung der Stimulationselektroden vorgestellt. Da die Wiederherstellung der Handfunktion in der Rehabilitation von tetraplegischen Patienten die höchste Priorität hat, wurde diese Methode explizit für die Handfunktion entwickelt. Der Einsatz der neu entwickelten Methode zur Wiederherstellung von anderen motorischen Funktionen wie z.B. Ellenbogen oder gar untere Extremität ist möglich, bedarf aber einer hardwareseitigen Anpassung des Versuchsaufbaus.

Im Folgenden werden anatomische Grundlagen der Handgelenk-Bewegungen behandelt, deren Kenntnisse essentiell für eine zielgerichtete Methodenentwicklung sind.

4.2 Anatomische Grundlagen der Handgelenk-Bewegungen

Bei der Wiederherstellung der Handfunktion mittels FES spielt die restliche innervierte Handgelenk-Muskulatur eine entscheidende Rolle. Die Entwicklung der neuen Methoden in der Neuroprothetik erfordert Kenntnisse über den Muskelaufbau des Handgelenks. Daher sollen in diesem Abschnitt die anatomischen Grundlagen der Handgelenk-Bewegungen besprochen werden.

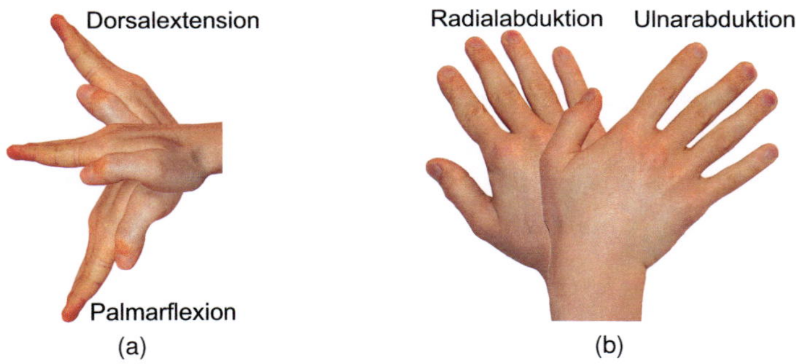

Bild 4.1: Bewegungsfreiheiten des Handgelenks (a) Dorsalextension und Palmarflexion und (b) radiale und ulnare Abduktion.

Als Bewegungen des Handgelenks sind die Dorsalextension (Streckung), Palmarflexion (Beugung), die Ulnar- und Radialabduktion (Abspreizbewegungen zur Elle und zur Speiche) zu nennen (vgl. Bild 4.1). Da die Drehung der Hand nicht in den Handgelenken erfolgt, sondern in den Speichen-Ellen-

Gelenken des Unterarms, wird auf diese Art der Handbewegung hier nicht näher eingegangen.

Die Bewegungen des Handgelenks werden hauptsächlich von Muskeln des Unterarms bewirkt. Die Muskelbäuche der Unterarmmuskeln befinden sich in der proximalen Hälfte des Unterarms, so dass nur die Sehnen die Hand erreichen.

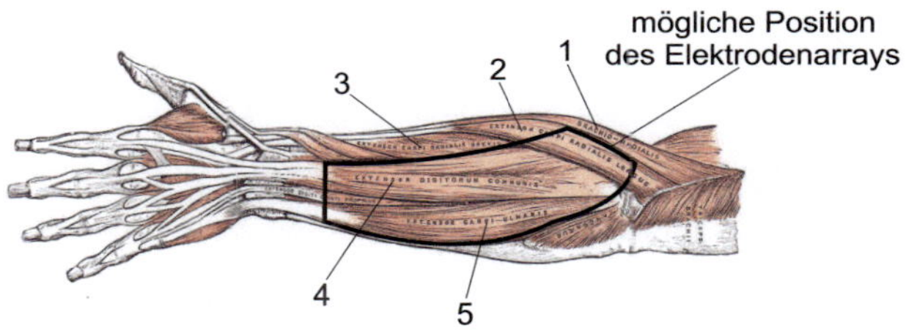

Bild 4.2: Oberflächliche Muskelschicht der Streckerseite (modifiziert von [73]): 1. M.brachioradialis; 2. M.extensor carpi radialis longus; 3. M. extensor carpi; 4. M.extensor digitorum; 5. M.extensor carpi ulnaris.

Die Unterarmmuskeln sind in zwei Gruppen aufzuteilen:

- Extensoren (Strecker) und

- Flexoren (Beuger).

Die Strecker liegen radial und dorsal, die Beuger palmar und ulnar. Dorsal werden die beiden Muskelgruppen durch die Ellenkanten scharf getrennt. Palmar schiebt sich dünnes Bindegewebe zwischen den M.brachioradialis und den M.flexor carpi radialis. Alle Streckermuskeln werden vom N.radialis innerviert. Die Beugemuskeln werden vom N.medianus und vom N.ulnaris versorgt.

Die Muskeln der Streckergruppe werden gewöhnlich in zwei Teilgruppen, die radialen und die dorsalen, gegliedert. Radiale Strecker sind:

- M. extensor carpi radialis longus (langer speichenseitiger Handstrecker) Die Funktion dieses Handstreckers besteht in den Dorsalextension und Radialabduktion des Handgelenks.

- M. extensor carpi radialis brevis (kurzer speichenseitiger Handstrecker)
  Dieser Handstrecker ist für die Dorsalextension und geringe Radialabduktion des Handgelenks zuständig.

Muskeln, die zu der Gruppe der dorsalen Strecker gehören, liegen in zwei Schichten übereinander. Zur oberflächlichen Schicht gehören folgende Strecker (vgl. Bild 4.2):

- M.extensor digitorum (Fingerstrecker)
  Dieser Fingerstrecker ist für die Dorsalextension in den Fingergrundgelenken und die Dorsalextension des Handgelenks zuständig.

- M.extensor digiti minimi (Kleinfingerstrecker)
  Die Funktionen des Kleinfingerstreckers sind die Dorsalextension des Kleinfingers und die Dorsalextension des Handgelenks.

- M.extensor carpi ulnaris (ellenseitiger Handstrecker)
  Die Funktionen des ellenseitigen Handstreckers sind die Ulnarabduktion und die schwache Dorsalextension des Handgelenks.

Die tiefe Schicht der Streckergruppe besteht bis auf M.extensor indicis (Zeigefingerstrecker) hauptsächlich aus den Muskeln, die an der Dorsalextension des Handgelenks nicht beteiligt sind. Insofern ist zu sehen, dass die für die Dorsalextension des Handgelenks relevanten Muskeln oberflächlich platziert sind (vgl. Bild 4.2). Darüber hinaus bilden die Handstrecker und Fingerstrecker dort einen Bereich, der zum Einsatz eines Elektroden-Arrays ausreichend groß ist.

Die Muskeln der Beugergruppe am Unterarm liegen in drei Schichten übereinander. In der oberflächlichen Schicht befinden sich die wichtigsten Handbeuger:

- M.flexor carpi radialis (speichenseitiger Handbeuger)
  Die Funktionen des speichenseitigen Handbeugers sind die Palmarflexion, schwache Radialabduktion des Handgelenks und Pronation.

- M.palmaris longus (langer Hohlhandsehnenspanner)
  Der lange Hohlhandsehnenspanner ist zuständig für den Faustschluss und die Beugung der Hand palmarwärts.

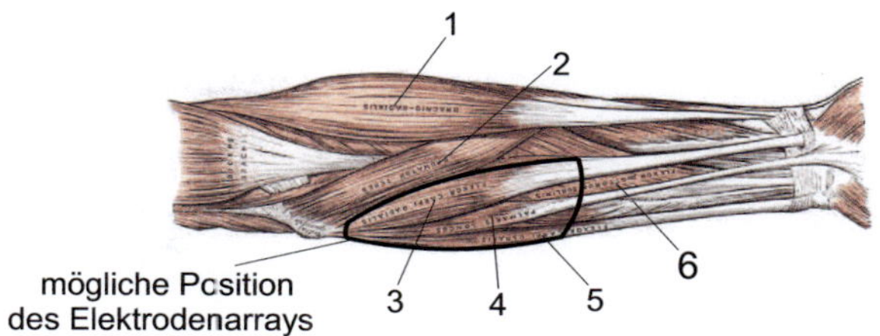

Bild 4.3: Obere und mittlere Muskelschichten der Beugerseite (modifiziert von [73]): 1. M.brachioradialis; 2. M.pronator teres; 3. M.flexor carpi radialis; 4. M.palmaris longus; 5. M.flexor carpi ulnaris; 6. M.flexor digitorum superficialis.

Der mittleren Schicht gehört der oberflächliche Fingerbeuger an (M. flexor digitorum superficialis). Etwas tiefer, in der letzten Schicht, liegen dann der tiefe Fingerbeuger (M.flexor digitorum profundus), der lange Daumenbeuger (M.flexor pollicis longus) und der viereckige Einwärtsdreher (M.pronator quadratus). Um die unterschiedlichen Nebeneffekte, wie Radialabduktion des Handgelenks und Pronation (Einwärtsdrehung) des Unterarms, zu vermeiden, soll das Elektroden-Array ulnarwärts platziert werden (vgl. Bild 4.3).

Zur Erprobung der Wirkung von FES am Unterarm wurden mehrere Experimente mit gesunden Probanden durchgeführt. Dabei wurde die Elektrostimulation am Unterarm beidseitig eingesetzt und das Verhalten des Handgelenks und des Unterarms beobachtet. Die Experimente zeigten beispielsweise, dass die Elektrostimulation der Muskulatur aus der oberflächlichen Schicht für die Handgelenk-Bewegungen von großer Bedeutung ist. Wie bereits erwähnt, wird während der Elektrostimulation die Muskulatur über die Nervenbahnen indirekt stimuliert, da sie eine geringere Reizschwelle als die Muskelfasern haben. Da die genaue Lage der Nervenfasern unbekannt ist, soll darauf geachtet werden, dass die Stimulationselektroden dort platziert werden, wo die meisten Muskeln aus der oberflächlichen Schicht konzentriert sind. Bei Missachtung werden die Fingermuskeln mitstimuliert, was zur Verfälschung des Bewegungsmusters vom Handgelenk führen kann. Bei Experimenten auf der Beugerseite des Unterarms war neben der erwarteten

Palmarflexion (Handbeugung) auch ein leichtes Abheben des Unterarms (Radialabduktion) zu beobachten. Es lässt sich dadurch erklären, dass die obere Reihe der Stimulationselektroden nahe des M. brachioradialis lag. Auf der Streckerseite grenzt der Handstrecker M.extensor carpi radialis longus direkt an M.brachioradialis. Um dort die Unterarmflexion während der Elektrostimulation zu vermeiden, soll die obere Reihe des Elektroden-Arrays etwas tiefer (ulnar) platziert werden. Aus den genannten Experimenten resultierten dann zwei Bereiche, wo das Elektroden-Array zur Wiederherstellung der Handgelenk-Funktion platziert werden soll (vgl. Bilder 4.2- 4.3).

Das Wiederherstellen der funktionellen Bewegungen mittels der FES ist nur dann möglich, wenn die zu stimulierenden Muskeln innerviert sind. Bei den meisten C5-Patienten sind allerdings der Hauptflexor (M.flexor carpi radialis) und die Hauptextensoren (M.extensor carpi radialis brevis, M.extensor carpi radialis longus) des Handgelenks nicht nur gelähmt, sondern durch Schädigung des peripheren Motoneurons (Vorderhornzelle) können auch denerviert sein. Bei der denervierten Muskulatur fehlt jeglicher nervaler Input, da das periphere Motoneuron, das das Rückenmark und die Muskulatur verbindet, durchgetrennt oder stark beschädigt ist. Die konventionelle Elektrostimulation, d.h. indirekte Muskelstimulation, kann die Muskulatur nicht mehr ansprechen. Trotz der geschilderten Problematik kann die denervierte Muskulatur direkt stimuliert werden, in dem die Pulsbreite bzw. Pulsstärke der Stimulationspulse an die Reizschwelle der Muskeln angepasst werden. Da die Reizschwelle der Muskeln wesentlich höher ist als die von den Nervenbahnen und die denervierten Muskeln teilweise degradiert sind, können mit der Pulsbreite von 10 bis 300 ms (200 bis $300\mu s$ bei indirekter Muskelstimulation) Erfolge erzielt werden [26, 94, 207]. Die Stromstärke kann dabei bis auf 250 mA gesteigert werden. Mehrere Studien haben gezeigt, dass durch die direkte Muskelstimulation nicht nur der Zustand der denervierten Muskulatur verbessert werden kann, sondern auch die Wiederherstellung ihrer Funktionalität prinzipiell möglich ist [131]. Da die hohe Gefahr der Schädigung von Haut-, Binde- und Muskelgewebe bei

Daueranwendung besteht, wird diese Art der Muskelstimulation allerdings nur für therapeutische Zwecke eingesetzt [42, 98, 99]. D.h. zur Wiederherstellung der Handfunktion sollen zusätzliche Maßnahmen (technisch, chirurgisch) eingesetzt werden, die das Problem mit denervierter Muskulatur reduzieren können. Als eine technische Lösung kann ein Exoskelett die von der denervierten Muskulatur ausgefallenen Funktionen übernehmen. Diese Lösung fordert keinen chirurgischen Eingriff und ist technisch realisierbar, wird aber von Patienten im alltäglichen Leben wegen mangelnder Kosmetik und einem komplexen Aufbau kaum benutzt werden. Eine andere Lösung besteht in einem chirurgischen Eingriff, einem Muskeltransfer, bei dem die gelähmten denervierten Muskeln durch die gelähmten aber innervierten Muskeln ersetzt werden. So bietet sich z.B. auf der Beugerseite der Transfer des innervierten Handflexors M.flexor carpi ulnaris in den denervierten M.flexor carpi radialis. Auf der Streckerseite wird in der Regel der innervierte M.extensor carpi ulnaris für den denervierten M.carpi radialis brevis eingesetzt [86, 116, 117]. Interessant ist allerdings die Tatsache, dass sich die genannte Problematik mit zunehmender Läsionshöhe entschärft. So treten beispielsweise bei den C4-Patienten wesentlich weniger Fälle auf, wo die Handgelenk-Muskulatur denerviert ist. Da die Mehrheit der Tetraplegiker einer C5-Läsion unterliegen, sollen die beschriebenen Aspekte bei der Entwicklung einer neuen Neuroorthese berücksichtigt werden. Die hier gezeigte Komplexität und Vielfalt der motorischen Ausfallerscheinungen bei Querschnittgelähmten deuten noch einmal darauf hin, dass die Wiederherstellung der Funktionalität der oberen Extremitäten nur mit einem modularen Konzept erfolgen kann.

4.3 Ziele und Prinzip der Methode

Das Ziel der Anpassung von Stimulationselektroden besteht darin, die Elektroden so zu platzieren, dass ein gewünschtes Bewegungsmuster während der Elektrostimulation generiert werden kann. Daher soll die Anpassung mindestens einmal vor dem Betrieb erfolgen, damit die Funktionalität der motorischen Schnittstelle sichergestellt ist. Da in dieser Arbeit die Wiederherstellung der Handgelenk-Funktion im Fokus steht, soll das Vorhaben an folgendem Beispiel erläutert werden.

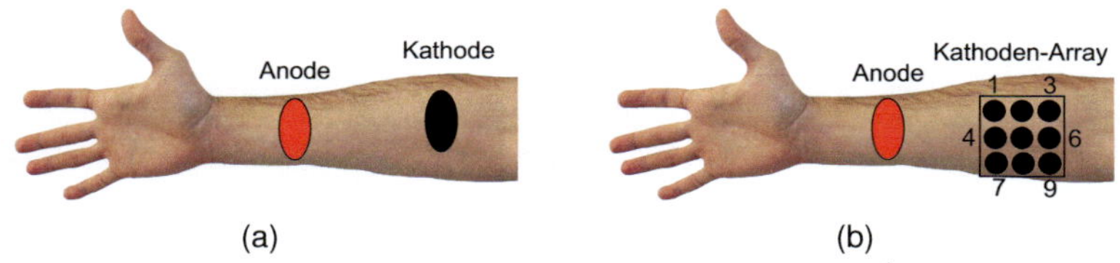

Bild 4.4: FES-Elektroden-Anordnung auf der Beugerseite des Unterarms (a) Einfache Elektroden-Anordnung und (b) Anordnung mit Elektroden-Array.

Bei einer einfachen Elektroden-Anordnung, die nur aus einem Elektroden-Paar besteht (vgl. Bild 4.4a), ist die Anpassung mit viel Aufwand verbunden. Bis die richtige Stelle gefunden ist, muss bei jedem Schritt die Kathode manuell umplatziert werden. Außerdem kann bei der Anordnung keine Anpassung während des Betriebs durchgeführt werden, da dies die Abnahme der kompletten Neuroprothese nach sich zieht. Um die geschilderten Probleme zu bewältigen, soll anstatt der einfachen Elektroden-Anordnung ein Elektroden-Array eingesetzt werden (siehe Bild 4.4b). Da die Kathode die erregende Elektrode ist, soll das Elektroden-Array in den Bereichen platziert werden, wo die relevanten Muskeln konzentriert sind (siehe Abschnitt 4.2). Die Anode (Bezugselektrode) wird in der Regel so platziert, dass die zu stimulierenden Muskeln vom Stromfeld umschlossen werden. Daher ist keine Neuplatzierung für die Anode notwendig.

Zur Anpassung der Stimulationselektroden sind also zwei Ansätze denkbar:

- die einmalige und

- die laufende Anpassung.

Bei der einmaligen Anpassung sollen vor dem Betrieb diejenigen Elektroden des Arrays ausgesucht werden, die das gewünschte Bewegungsmuster während der Stimulation wiedergeben. Danach kann das Array bis auf die ausgesuchten Elektroden entfernt und die Neuroprothese in Betrieb genommen werden. Da die Funktionalität durch die während des Betriebs entstandenen Elektroden-Verschiebungen nachlassen kann, ist es sinnvoll, die Platzierung der Elektroden laufend anzupassen. In diesem Fall bleibt das Elektroden-Array über die gesamte Zeit des Einsatzes der Neuroprothese auf der Haut platziert. Die Umsetzung der laufenden Anpassung erfordert nicht nur hohe Rechenleistung, sondern auch echtzeitfähige Algorithmen zur Erkennung der Elektroden-Verschiebungen. Allerdings sobald eine Elektroden-Verschiebung erkannt ist, unterscheiden sich die Anpassungsroutinen der einmaligen und laufenden Anpassung nicht mehr. Da das Konzept der zu entwickelnden „OrthoJacket" -Neuroprothese diese Option bislang nicht vorsieht, liegt der Fokus dieser Arbeit auf der einmaligen Anpassung.

Beim Einsatz eines Elektroden-Arrays besteht die Möglichkeit, die Stimulation der relevanten Muskulatur nicht nur über die einzelnen Elektroden durchzuführen, sondern auch die Kombinationen von zwei und mehreren Elektroden zu bilden. Das hat den Vorteil, dass die gleichzeitige Stimulation mit mehreren Elektroden ein neues Bewegungsmuster der zu stimulierenden Gliedmaße hervorrufen kann. Daher besteht das Ziel einer Anpassung mithilfe eines Elektroden-Arrays darin, diejenige Kombination aus der gesamten Menge der möglichen Kombinationen auszusuchen, die während der Stimulation das gewünschte Bewegungsmuster hervorrufen kann. Deshalb befasst sich diese Arbeit mit dem Herausarbeiten einer Methode, die eine automatisierte Suche nach einer bestmöglichen Kombination ermöglichen kann. Bild 4.5 stellt schematisch das Prinzip der neuen Methode zur Bestimmung der optimalen Positionen für Stimulationselektroden dar.

Das Prinzip lässt sich am Beispiel mit einer Unterarmbewegung folgendermaßen erklären: Der Unterarm (Block: PNS + Muskeln/Mensch) soll über

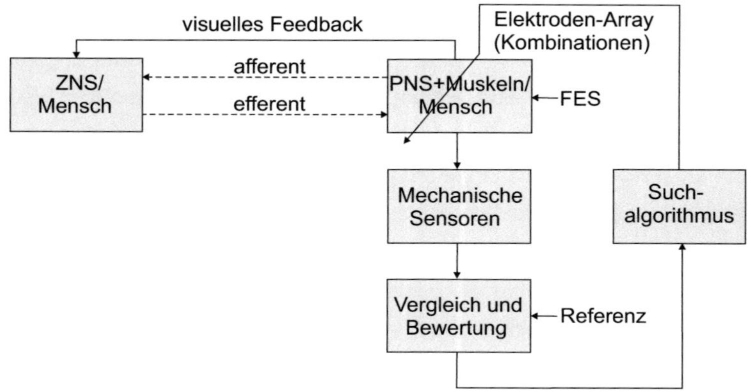

Bild 4.5: Schematische Darstellung der Methode zur Bestimmung der optimalen Positionierung für Stimulationselektroden.

ein Elektroden-Arrays mit FES stimuliert werden, wobei sich eine beliebige Kombination der einzelnen Stimulationselektroden ansteuern lässt. Die durch die FES hervorgerufenen Bewegungen des Handgelenks werden mit mechanischen Sensoren (z.B. inertiale 6 DoF-Sensoren) erfasst. Die erfassten Signale sollen danach mit einem aufgenommenen oder einem künstlich erzeugten Referenz-Signal verglichen werden. Mit einem Bewertungskriterium soll dann eine Kombination ausgesucht werden, die die stärkste Ähnlichkeit mit dem Referenz-Signal aufweist.

Beim Herausarbeiten der neuen Methode soll untersucht werden, ob eine Kombination von zwei und mehreren Elektroden zu besseren Ergebnissen als die Verwendung lediglich der einzelnen Elektroden führen kann. Abgesehen von den Positionen der eingesetzten Elektroden, die eine entscheidende Rolle bei der Bildung des entstehenden Bewegungsmusters spielen, ist auch der Einfluss der Stimulationsstärke von Interesse. Den folgenden Überlegungen liegt die Annahme zugrunde, dass das verwendete Stimulationsgerät eine spannungsgesteuerte Stromquelle darstellt und somit die Stromstärke während der Elektrostimulation unabhängig von dem fluktuierenden Hautwiderstand konstant bleibt.

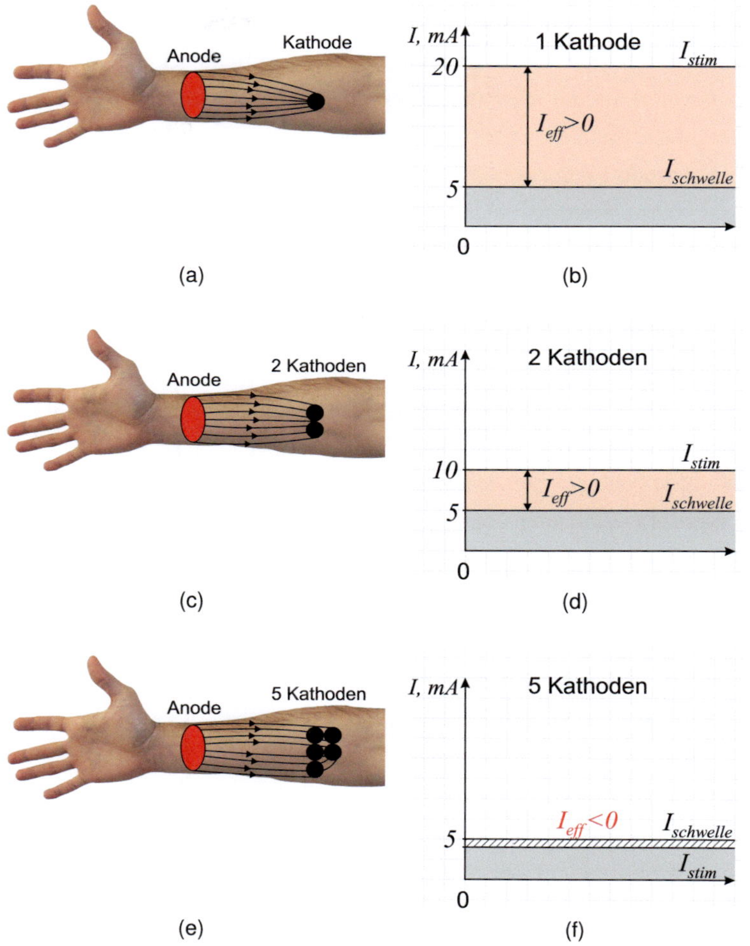

Bild 4.6: Stromfluss und -stärke bei Variation der Anzahl von FES-Stimulationselektroden am Unterarm (a), (c), (e) Anordnung der Elektroden am Unterarm und (b), (d), (f) die entsprechende Stromstärke zwischen der Anode und jeder Elektrode auf der Kathodenseite.

Es wird davon ausgegangen, dass die Elektrostimulation mit der Stromstärke $I_{stim} \leq I_{schwelle}$ keine Kontraktion hervorrufen kann. Der Wert der Schwelle $I_{schwelle}$ variiert stark nach Zustand der Gliedmaßen. So werden z.B. bei fettleibigen Personen deutlich höhere Werte als bei mageren Personen erwartet, da die unter der Oberhaut liegende Fettschicht einen zusätzlichen Widerstand darstellt. Die Schwelle $I_{schwelle}$ soll bei jeder stimulierenden Elektrode berücksichtigt werden. Bild 4.6 zeigt ein Beispiel, das beim Einsatz eines Elektroden-Arrays zu erwarten ist. In diesem Beispiel wird angenommen, dass die Stimulationsstärke $I_{stim} = 20$ mA und die Schwelle $I_{schwelle} = 5$ mA sind. Der Strom, der sich als Differenz zwischen I_{stim} und $I_{schwelle}$ ergibt und bei dem ein sichtbarer Effekt der Elektrostimulation zu beobachten ist, wird als I_{eff} bezeichnet. Wenn der Strom I_{stim} nur durch eine Elektrode fließt, bewirkt der Strom $I_{eff} = 15$ mA eine starke Kontraktion.

Bild 4.6c zeigt die Elektroden-Anordnung mit zwei Elektroden. Da die Elektroden vom gleichen Kanal eingespeist werden, kann diese Anordnung als parallele Schaltung betrachtet werden. Der Stimulationsstrom von 20 mA verzweigt sich, so dass über jede Elektrode nur $I_{stim} = 10$ mA fließt (vgl. Bild 4.6d). Somit reduziert sich der Strom I_{eff} beim Zuschalten der zweiten Elektrode von 15 auf 5 mA pro Elektrode, was auch eine schwächere Kontraktion pro aktiviertem Muskel zu Folge hat. Daraus folgt, dass der Strom I_{eff} ab einer bestimmten Anzahl der zugeschalteten Elektroden unter der Schwelle $I_{schwelle}$ liegt und somit gar keine Kontraktion bewirkt, z.B. $I_{stim} = 4$ mA bei fünf Elektroden (siehe Bilder 4.6e-4.6f). Da sich mit jeder zugeschalteten Elektrode auch die Zusammensetzung auf der anatomischen Ebene ändert, wird angenommen, dass die Einflüsse auf das Bewegungsmuster der genannten Faktoren (Position, Stromstärke) kaum auseinander zu halten sind.

4.4 Methoden der Signalverarbeitung

Wie bereits geschildert, soll zur Anpassung der Stimulationselektroden ein Elektroden-Array eingesetzt werden. Daher wird eine Methode benötigt, die einen automatischen Ablauf bei der Suche nach der optimalen Positionierung ermöglicht. Das Ziel der zu entwickelnden Methode besteht darin, aus einer Menge von mittels FES generierten Bewegungen diejenige zu finden, die die größte Ähnlichkeit mit einer vorgegebenen Bewegung aufweist. Daher sind zwei Gruppen von Bewegungen zu unterscheiden.

Zu der ersten Gruppe gehören die Referenz-Bewegungen. Diese Bewegungen werden auf „natürliche" Weise generiert, d.h. ohne Einsatz der FES. Eine gesunde Person ist in der Lage, eine solche Bewegung selbstständig vorzugeben. Bei querschnittgelähmten Patienten soll eine Referenz-Bewegung mit Unterstützung einer Hilfsperson ausgeführt werden. So kann z.B. die Hilfsperson manuell die Hand des Patienten betätigen und somit die Ausführung der Referenz-Bewegung ermöglichen. Das Signal, das bei der Bewegung mittels der inertialen Sensoren erfasst wird, soll als ein Vorgabe- oder Referenz-Signal bezeichnet werden.

Zu der zweiten Gruppe sind die Bewegungen zuzuordnen, die mittels FES generiert und daher im Weiteren auch als FES-Bewegungen bezeichnet werden. Diese Bewegungen entstehen durch die Elektrostimulation der Unterarmmuskulatur über die einzelnen Elektroden aus dem Array oder ihrer Kombinationen.

Der Entwurf der Methode konzentriert sich im Wesentlichen auf die Umsetzung der Blöcke „Vergleich und Bewertung" und „Suchalgorithmus" aus dem Bild 4.5 und setzt sich somit aus den folgenden Schritten zusammen (vgl. Bild 4.7):

- Auswahl bzw. Entwurf einer Methode zum Zeitreihenvergleich:
  Eine Methode zum Zeitreihenvergleich wird benötigt, um die in der Form von Zeitreihen aufgezeichneten FES- und Referenz-Bewegungen miteinander vergleichen zu können.

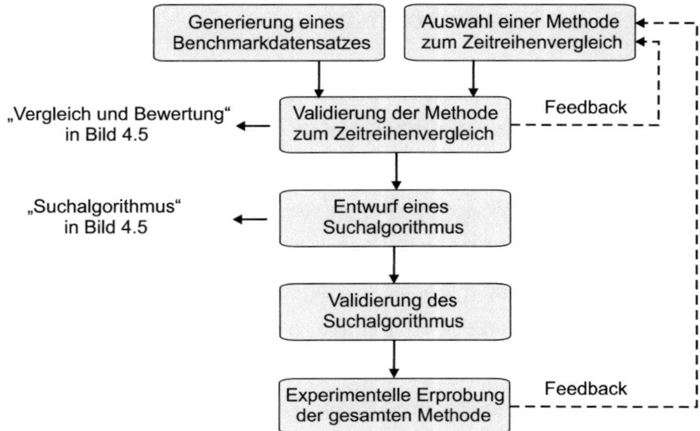

Bild 4.7: Blockschaltbild zum Entwurf der Methode zur automatisierten Bestimmung von Positionen der Stimulationselektroden.

- Generierung eines Benchmarkdatensatzes:

  Benchmarkdaten sind synthetische Datensätze, die zum Zweck der Erprobung von neuen Verfahren sowie zum Vergleich von mehreren Verfahren eingesetzt werden. Die künstlichen Daten können für unterschiedliche Szenarien und einen beliebigen Umfang generiert werden. Mit den Benchmarkdaten soll die Methode zum Zeitreihenvergleich validiert werden.

- Validierung der Methode zum Zeitreihenvergleich mit dem Benchmarkdatensatz.

- Entwurf eines Suchalgorithmus zur schnellen automatischen Suche:

  Um eine optimale Position für die FES-Elektroden zu finden, derer Stimulation ein gewünschtes Bewegungsmuster hervorruft, sollen alle Bewegungen untersucht werden, die durch die Aktivierung der einzelnen Elektroden sowie deren Kombinationen evoziert werden. Bei einer höheren Anzahl der eingesetzten Elektroden (z.B. mehr als 5) steigt die Dauer eines Experiments um ein Vielfaches. Der Patient wird zudem müde und daher weniger kooperativ. In diesem Fall muss dann ein Experiment unterbrochen werden. Es besteht daher Bedarf nach einem Suchalgorithmus, der bereits während des Experiments ausgeführt wird und somit den zeitlichen Aufwand reduzieren kann.

- Validierung des Suchalgorithmus mit realen Datensätzen.
- Validierung der gesamten Methode zur optimalen Positionierung an gesunden Probanden und tetraplegischen Patienten.

Im Weiteren werden die aufgelisteten Entwurfsschritte vorgestellt und diskutiert.

4.4.1 Methodik zum Zeitreihenvergleich

Im Folgenden wird eine methodische Herangehensweise vorgestellt, die zum Vergleich von Zeitreihen der Referenz- und FES-Bewegungen eingesetzt werden soll. An der Stelle werden Signale eingeführt, die für die weitere Betrachtung relevant sind. Die Signale von inertialen Sensoren, die die Profile der rotierenden Handgelenk-Bewegungen wiedergeben, liegen in der Form von Zeitreihen vor:

$$r_{m,R} = (r_{m,R}(1), r_{m,R}(2), ..., r_{m,R}(L_r)), \quad m = 1, ... N_{Ref}, \ m \in \mathbb{N}, \ R \in \{x,y,z\},$$
$$(4.1)$$

$$f_{n,R} = (f_{n,R}(1), f_{n,R}(2), ..., f_{n,R}(L_f)), \quad n = 1, ... N_{FES}, \ n \in \mathbb{N}, \ R \in \{x,y,z\},$$
$$(4.2)$$

wobei mit $r_{m,R}$ die m-te Zeitreihe von Referenz-Bewegungen, $f_{n,R}$ die n-te Zeitreihe von FES-Bewegungen und $R \in \{x,y,z\}$ die relevanten Messrichtungen bezeichnet werden. Dabei stellt x,y,z ein Koordinatensystem des inertialen Sensors dar (siehe Bild 4.8). Mit N_{Ref} bzw. N_{FES} werden die Anzahl und mit L_r bzw. L_f die Länge der Referenz- bzw. FES-Zeitreihen bezeichnet. Da bei jedem Vergleich nur eine Referenz-Bewegung benötigt wird, soll es im Weiteren eine vereinfachte Notation r_R für die Referenz-Bewegungen geben.

In Bezug auf die eingeführten Signale lässt sich das Ziel des Zeitreihenvergleichs folgendermaßen definieren. Aus der Kollektion von mehreren

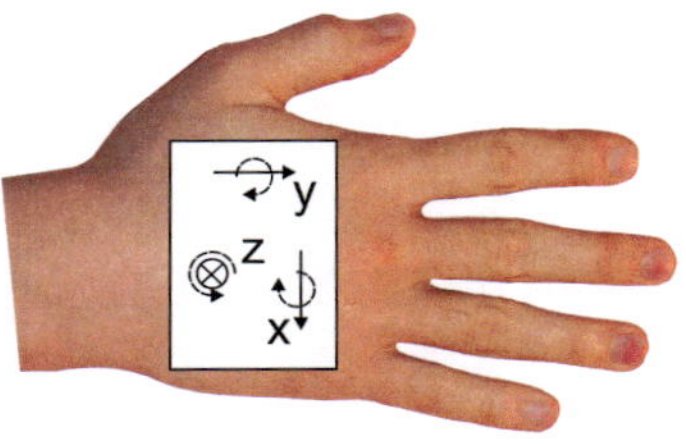

Bild 4.8: Positionierung und Koordinatensystem eines 3 DoF-Drehratensensors.

Zeitreihen der FES-Bewegungen $f_{n,R}$ ist eine oder sind mehrere zu ermitteln, die der Referenz-Zeitreihe r_R ähnlich sind. Das ist ein typisches Time Series Similarity Search Problem (im deutschsprachigen Raum besser bekannt als Ähnlichkeitssuche). Üblicherweise werden die Kollektion der zu vergleichenden Zeitreihen als Datenbank (DB) und die Referenz-Zeitreihe als Anfrage (Template, Query) bezeichnet. Quantitativ lässt sich die Ähnlichkeit zwischen den Zeitreihen durch ein Bewertungsmaß (Distanzmaß, Ähnlichkeitsmaß) ausdrücken. Daher lassen sich zwei Zeitreihen als ähnlich bezeichnen, wenn das Distanzmaß bzw. Ähnlichkeitsmaß zwischen den Zeitreihen gering bzw. groß ist (siehe Bild 4.9).

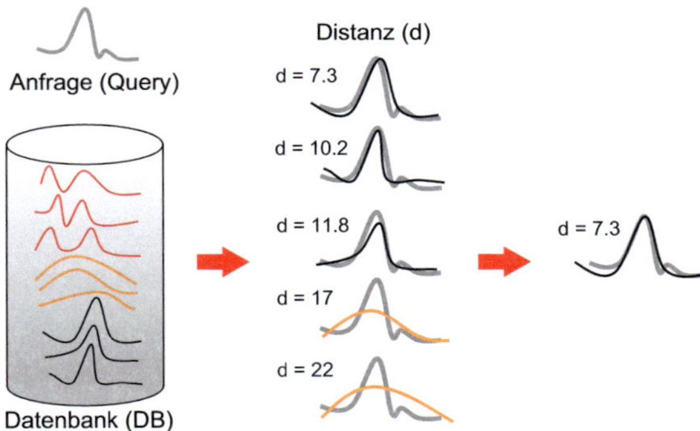

Bild 4.9: Ähnlichkeitssuche in Zeitreihen (nach [221]).

Im Data Mining ist es üblich, dass eine Zeitreihe der Länge L als L-dimensionaler Merkmalsvektor modelliert wird. Da die Zeitreihen in der

Regel sehr lang sind, werden auf die Zeitreihen unterschiedliche Dimensionsreduktionsverfahren (Merkmalsextraktion, Merkmalsaggregation) wie z.B. Sampling, diskrete Fourier-Transformation (DFT), diskrete Wavelet-Transformation (DWT), Hauptkomponentenanalyse (PCA) etc. angewendet, die die L-dimensionalen Zeitreihen in D-dimensionale Zeitreihen transformieren, wobei $D \ll L$ gilt [14, 19, 33, 45, 96, 136, 142, 170, 178, 179, 237, 239]. Da die Länge der in dieser Arbeit zu untersuchenden Zeitreihen 100 Samples beträgt, d.h. sehr klein ist, kann im Weiteren auf die Dimensionsreduktion verzichtet werden.

Bild 4.10 stellt eine Übersicht über die Methodik zur Ähnlichkeitssuche in Zeitreihen dar.

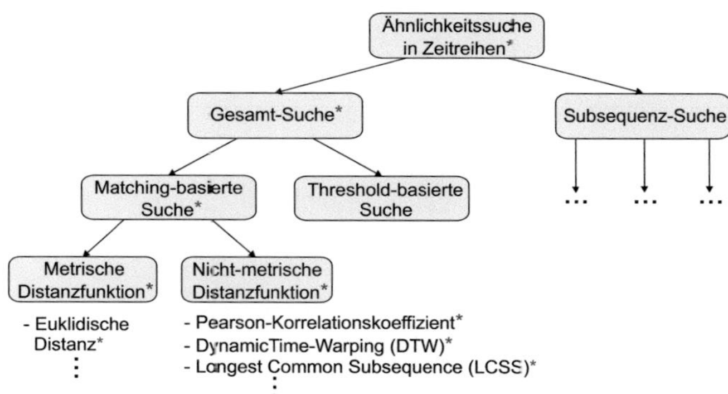

Bild 4.10: Methoden zur Ähnlichkeitssuche in Zeitreihen ($*$: in der Arbeit detailliert untersuchte Ansätze).

Demzufolge lässt sich die Ähnlichkeitssuche je nach Art der vorliegenden Daten und Anwendungsfall in die folgenden Methoden untergliedern [66, 108, 221]:

- Gesamt- vs. Subsequenz-Suche:

  Abhängig davon, ob die Länge der Anfrage gleich bzw. kürzer als die Länge der Zeitreihen aus der Datenbank ist, lässt sich die Ähnlichkeitssuche in Gesamt- bzw. Subsequenz-Suche unterscheiden. Wenn die

Länge der Anfrage bekannt und fix ist, kann die Subsequenz-Suche immer in eine Gesamt-Suche überführt werden. In dieser Arbeit sind die zu vergleichenden Zeitreihen der gleichen Länge, so dass nur die Gesamt-Suche dabei in Frage kommt.

- Matching- vs. Threshold-basierte Suche:
  Bei der Ähnlichkeitssuche ist meistens die Übereinstimmung von Amplituden der Zeitreihen von Interesse. In diesem Fall handelt es sich um die Matching-basierte Suche, bei der die Distanz zwischen den zu vergleichenden Zeitreihen durch das Matching der Amplituden berechnet wird. Am Beispiel mit den Zeitreihen r und f zeigt Bild 4.11 die Anordnung der Zeitreihen, bei der die Matching-basierte Suche möglich ist. Bei dieser Methode ist erforderlich, dass die einzelnen Abtastpunkte der Zeitreihen angeglichen sind. Soll die Ähnlichkeitsanalyse von den Referenz-

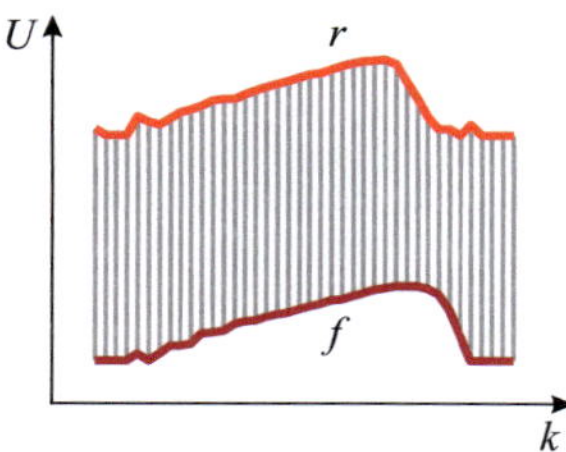

Bild 4.11: Matching-basierte Ähnlichkeitssuche (nach [108]).

und FES-Zeitreihen in Bezug auf einen bestimmten Wert T durchgeführt werden, kann in diesem Fall die Threshold-basierte Ähnlichkeitssuche herangezogen werden [17, 18]. Eine derartige Ähnlichkeitssuche ermöglicht die Aufschlüsselung der temporären Zusammenhänge zwischen den Zeitreihen. Bild 4.12 zeigt das Prinzip dieser Methode. Eine Schwelle T zerlegt sowohl die Anfrage (Referenz)- als auch die Datenbank (FES)-Zeitreihen in Zeitintervalle, wo die Amplitude über der vorgegebenen Schwelle liegt. Danach findet die Ähnlichkeitsanalyse nur für die extrahierten Zeitintervalle statt.

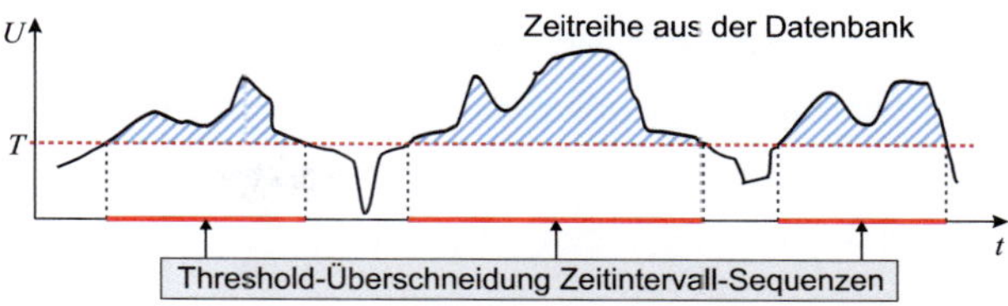

Bild 4.12: Prinzip der Threshold-basierten Suche (nach [17]).

Bei dem in dieser Arbeit bestehenden Problem wird der Matching-basierte Ansatz verfolgt, da die Ähnlichkeit der Amplituden beim Vergleich der aufgenommenen Bewegungssignale von Interesse ist.

- Metrische vs. nichtmetrische Distanzmaße:

Die Ähnlichkeit der Zeitreihen kann durch ein Distanzmaß bzw. ein Ähnlichkeitsmaß ausgedrückt werden. Für ein Distanzmaß lassen sich verschiedene Metriken verwenden. Eine Metrik d für eine beliebige Menge X wird als Abbildung definiert

$$d : X \times X \to [0, \infty), \qquad (4.3)$$

wenn für beliebige Elemente r, f und o von X die folgenden Bedingungen erfüllt sind [36, 163]:

$$d(r,f) \geq 0 \text{ und } d(r,f) = 0 \iff r = f \text{ (Definitheit)}, \qquad (4.4)$$

$$d(r,f) = d(r,f) \text{ (Symmetrie)}, \qquad (4.5)$$

$$d(r,f) \leq d(r,o) + d(o,f) \text{ (Dreiecks-Ungleichung)}. \qquad (4.6)$$

Für die Ähnlichkeitsanalyse von den Referenz- und FES-Zeitreihen soll im Folgenden die Leistungsfähigkeit sowohl der metrischen als auch nichtmetrischen Maße untersucht werden. Daher wird eine vereinfachende Annahme getroffen, dass die Zeitreihen der Referenz- und FES-Bewegungen in der gleichen Länge $L_r = L_f = L$ vorliegen und auf derselben Zeitbasis beruhen. Dadurch wird es ermöglicht, die metrischen

Maße wie z.B. Euklidische Distanz beim Zeitreihenvergleich einzusetzen. Liegt der Fall vor, bei dem die zu vergleichenden Zeitreihen von unterschiedlicher Länge sind oder/und eine unterschiedliche Zeitbasis besitzen, können zum Zeitreihenvergleich nur nichtmetrische Maße herangezogen werden.

a) Distanzmaße auf Basis L_p-Normen [36, 163]

Eine Reihe von metrischen Distanzmaßen wird aus den L_p-Normen abgeleitet und unter dem Namen Minkowski-Metrik verallgemeinert:

$$d_p(r_R, f_{n,R}) = \sqrt[p]{\sum_{k=1}^{L} |r_R(k) - f_{n,R}(k)|^p}, \quad p \geq 1, \qquad (4.7)$$

sowie

$$d_\infty(r_R, f_{n,R}) = \max_k |r_R(k) - f_{n,R}(k)|, \quad 1 \leq k \leq L, \; k \in \mathbb{N}. \qquad (4.8)$$

Die d_1-Metrik entspricht der Manhattan-Distanz, die d_2-Metrik der euklidischen Distanz und die d_∞ der Tschebyscheff-Distanz. Die Distanzen können als Grundlage für Ähnlichkeitsmaße verwendet werden, wobei der metrische Wertebereich $[0, \infty)$ auf das Ähnlichkeitsintervall $[0, 1]$ abgebildet werden muss. Ein Ähnlichkeitsmaß $sim_d(r, f)$ kann aus einer Distanz $d_p(r, f)$ durch die folgende Gleichung bestimmt werden [75, 203]:

$$sim_d(r_R, f_{n,R}) = 1 - \frac{d_p(r_R, f_{n,R})}{d_{p,max}}, \qquad (4.9)$$

wobei $d_p(r_R, f_{n,R})$ die Distanz zwischen den Zeitreihen r_R und $f_{n,R}$ ist und $d_{p,max}$ die maximale Distanz im gesamten Datensatz. Bei der metrischen Ähnlichkeitssuche in Zeitreihen ist die euklidische Distanz am häufigsten vertreten [40, 71, 115].

Obwohl die Ähnlichkeitssuche in Zeitreihen mit den metrischen Distanzmaßen sehr effizient durchgeführt werden kann, gibt es einige

Nachteile von dem metrischen Ansatz. So sind z.B. die Ergebnisse der Ähnlichkeitssuche auf der Basis von metrischen Distanzmaßen fehlerbehaftet, wenn die zu vergleichenden Zeitreihen folgendes aufweisen [221]:

- unterschiedliche Skalierung,
- unterschiedliche Länge,
- zeitliche Verzerrung,
- lückenhafte Daten und
- Ausreißer.

In solchen Fällen können zur Abhilfe die Methoden herangezogen werden, die die nichtmetrischen Distanzmaße einsetzen. Dabei ist eine nichtmetrische Distanz so definiert, dass sie mindestens eine von der genannten Metrik-Bedingungen (4.4)-(4.6) nicht erfüllen kann [208].

b) Pearson-Korrelationskoeffizient ρ [52, 77, 213]

Der Pearson-Korrelationskoeffizient (auch als Produkt-Moment-Korrelation bekannt) stellt ein dimensionsloses Maß für den Grad des linearen Zusammenhangs zwischen zwei intervallskalierten Größen dar. Der lineare Zusammenhang ist dadurch gekennzeichnet, dass beide Variablen sich in gleichem Maß mit einer anderen Größe, z.B. mit der Zeit, ändern. Der Pearson-Korrelationskoeffizient wird oft als Ähnlichkeitsmaß verwendet, obwohl die Bedingung (4.6) verletzt ist und Skalierungen mit konstanten Faktoren ignoriert werden. Dieses Ähnlichkeitsmaß ist weit verbreitet, da die Effizienz der Ähnlichkeitssuche in den Zeitreihen mit metrischen Ansätzen vergleichbar ist. Nachteilig ist allerdings dabei, dass der Pearson-Korrelationskoeffizient gegen Ausreißer empfindlich ist. Der Pearson-Korrelationskoeffizient ρ lässt sich wie folgt berechnen:

$$\rho_{r_R, f_{n,R}} = \frac{\frac{1}{L}\sum_{k=1}^{L}(r_R(k) - \bar{r}_R)(f_{n,R}(k) - \bar{f}_{n,R})}{\sqrt{\sum_{k=1}^{L}(r_R(k) - \bar{r}_R)^2 \cdot \sum_{n=1}^{L}(f_{n,R}(k) - \bar{f}_{n,R})^2}} \qquad (4.10)$$

wobei $\bar{r}_R$ sowie $\overline{f}_{n,R}$ die Mittelwerte und L die Länge der zu vergleichenden Zeitreihen sind. Der Wertebereich des Korrelationskoeffizienten liegt in $[-1,1]$. Um den Pearson-Korrelationskoeffizient als ein Distanzmaß einsetzen zu können, soll folgende Transformation durchgeführt werden [67]:

$$d_P(r_R, f_{n,R}) = 1 - \rho_{r_R, f_{n,R}}, \tag{4.11}$$

wobei $d_P(r_R, f_{n,R})$ die Pearson-Distanz mit dem Wertebereich $[0,2]$ ist.

c) Dynamic Time Warping (DTW)[28, 46, 97, 145, 199]

Die meist benutzte Methode mit nichtmetrischem Distanzmaß ist Dynamic Time Warping, die eine optimale Anordnung zwischen zwei zeitabhängigen Signalen ermöglicht. Obwohl diese Methode ursprünglich zur Entzerrung der Signale in der automatischen Spracherkennung entwickelt wurde, kann sie auch zur Ähnlichkeitssuche in Zeitreihen eingesetzt werden.

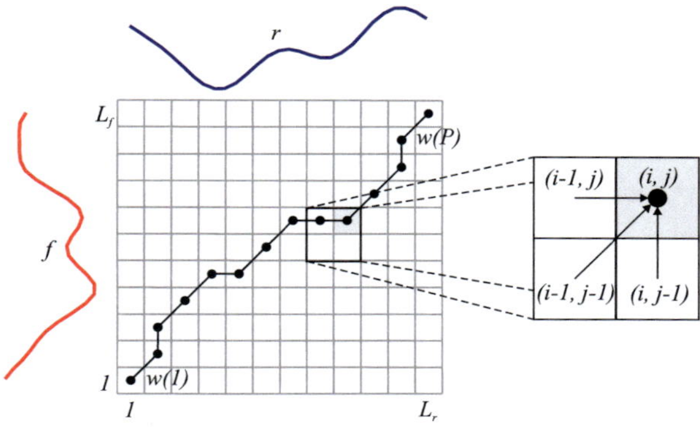

Bild 4.13: Prinzip des Dynamic Time Warping (nach [108, 221]).

Bei der DTW-Methode werden die Zeitreihe r_R und $f_{n,R}$ wie im Bild 4.13 angeordnet. Für jedes Feldelement der Matrix wird eine Distanz

$d(r(i), f(j))$ berechnet. In der berechneten Matrix wird nun ein so-
genannter Warpingpfad W gesucht, für den die folgende Bedingung
gilt:

$$d_{DTW}(r_R, f_{n,R}) = \min \sum_{k=1}^{P} d(w_k), \qquad (4.12)$$

wobei d_{DTW} als DTW-Distanz bezeichnet wird und P die Anzahl aller
möglichen Pfade ist.

Nach [150] ist ein Warpingpfad eine Folge $w = (w_1, ..., w_P)$ von Tu-
peln $w_k = (i_k, j_k) \in [1 : L_r] \times [1 : L_f]$ für $k \in [1 : P]$, so dass die
folgenden Bedingungen eingehalten werden:

(i) Randbedingung: $w_1 = (1,1)$ und $w_P = (L_r, L_f)$,

(ii) Monotoniebedingung: $1 \leq i_1 \leq i_2 \leq ... \leq i_P = L_r$ und

$1 \leq j_1 \leq j_2 \leq ... \leq j_P = L_f$, sowie

(iii) Schrittweitenbedingung: $w_{k+1} - w_k \in \{(1,0),(0,1),(1,1)\}$.

Bild 4.14a zeigt den idealen Warpingpfad, wenn die zu vergleichenden Zeitreihen identisch sind. Unterscheiden sich die Zeitreihen voneinander, weicht auch der ermittelte Warpingpfad vom idealen ab
(vgl. Bild 4.14b). Die Anordnung der Zeitreihen, die durch die ver-
tikalen Linien dargestellt ist, ist in diesem Fall nichtlinear. D.h. ein
Zeitpunkt der Zeitreihe r ist einem oder mehreren Zeitpunkten der
Zeitreihe f zugeordnet, wobei für die Indexe $i \neq j$ gelten soll.

Das Optimierungsproblem lässt sich mithilfe Dynamischer Programmierung elegant lösen [28]. Die optimale DTW-Distanz kann in diesem Fall rekursiv berechnet werden durch:

$$c(i,j) = d(r(i), f(j)) + \min(c(i-1, j-1), c(i-1, j), c(i, j-1))$$

$$(4.13)$$

wobei $c(i,j)$ die kumulative Distanz für das einzelne Feld der Kostenmatrix ist und $d(r(i), f(j))$ das lokale Distanzmaß (meistens
euklidische Distanz) repräsentiert. Wenn noch die richtige Anordnung der Zeitreihen von Interesse ist, dann lässt sich das durch die

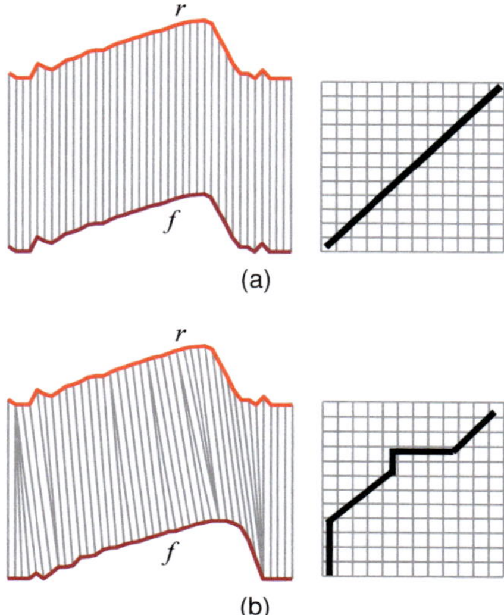

Bild 4.14: Warping-basierte Ähnlichkeitssuche. (a) Ohne zeitliche Verzerrung; (b) Mit zeitlicher Verzerrung (nach [108]).

Rückverfolgung der berechneten DTW-Distanz bestimmen [28]. Es stellte sich allerdings heraus, dass die DTW-Methode sehr empfindlich gegen Ausreißer ist [222]. Dieser Nachteil rührt von der Anordnung der Zeitpunkte her, bei der jeder Zeitpunkt einer Zeitreihe mindestens einem Zeitpunkt der anderen Zeitreihe zugeordnet werden muss. Auch die Ausreißer werden dabei nicht ausgeschlossen, so dass deren Zuordnung in einem fehlerbehafteten Warpingpfad resultiert.

d) Longest Common Subsequence (LCSS) [222, 223, 224, 225]
   Die LCSS-Methode wurde zur Ähnlichkeitsanalyse der mehrdimensionalen Trajektorien von bewegenden Objekten entwickelt. Der Grund zur Entwicklung einer neuen Methode lag darin, dass die bestehenden Methoden (auch DTW) keine zufriedenstellenden Ergebnisse lieferten. Die genannten Probleme der DTW-Methode werden

bei der LCSS-Methode dadurch vermieden, dass die kritischen Intervalle, z.B. Ausreißer, nicht zugeordnet werden müssen.

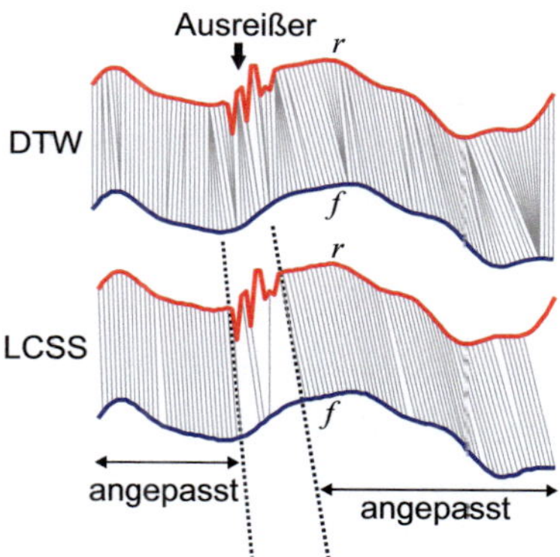

Bild 4.15: DTW- vs. LCSS-Methoden (nach [221]).

Bild 4.15 stellt eine Gegenüberstellung der DTW- und LCSS-Methoden dar, die den Unterschied in der Zuordnung der Zeitpunkte von beiden Methoden verdeutlicht. Dem Bild zufolge sind bei der DTW-Methode ausnahmslos alle Zeitpunkte der r-Zeitreihe den Zeitpunkten der f-Zeitreihe zugeordnet. Dagegen werden bei der LCSS-Methode nur die Zeitpunkte aus den Bereichen angeordnet, die keine Ausreißer beinhalten. Beim LCSS-Problem sind also zwei Zeitreihen r und f gegeben, deren längste gemeinsame Subsequenz zu ermitteln ist. Dabei wird die Länge $L_{LCSS_{\delta,\varepsilon}}(r,f)$ der längsten gemeinsamen Subsequenz zwischen zwei eindimensionalen

Zeitreihen r und f wie folgt definiert [225]:

$$L_{LCSS_{\delta,\varepsilon}}(r(i),f(j)) =$$

$$\begin{cases} 0, & \text{wenn } i = 0 \text{ oder } j = 0, \\ 1 + L_{LCSS_{\delta,\varepsilon}}(r(i-1),f(j-1)), & \text{wenn } |r(i)-f(j)| < \varepsilon \text{ und} \\ & |i-j| \leq \delta, \text{ wobei } \varepsilon, \delta \in \mathbb{N}, \\ \max(L_{LCSS_{\delta,\varepsilon}}(r(i-1),f(j)), L_{LCSS_{\delta,\varepsilon}}(r(i),f(j-1))), & \\ & \text{sonstige,} \end{cases}$$

$$(4.14)$$

wobei δ bzw. ε die zeitlichen bzw. räumlichen Bereiche definieren, wo die gemeinsame Subsequenz $LCSS_{\delta,\varepsilon}$ gesucht werden darf. Bild 4.16 verdeutlicht die Bedeutung der δ- und ε- Parameter. Der grau markierte Korridor ist durch die Angaben von den beiden Parametern definiert und stellt einen Bereich dar, wo die Suche nach einer gemeinsamen Subsequenz stattfinden soll.

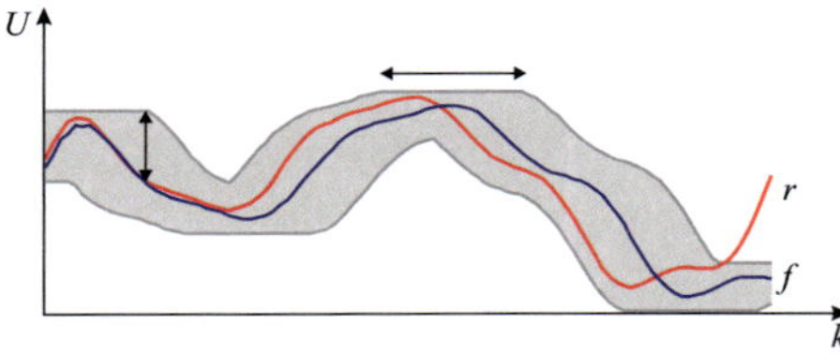

Bild 4.16: Bedeutung der δ- und ε- Parameter (nach [221]).

Ähnlich wie bei der DTW-Methode soll hier mittels Dynamischer Programmierung ein optimaler Warpingpfad in der berechneten Kostenmatrix ermittelt werden. Die Felder der Kostenmatrix beinhalten die $L_{LCSS_{\delta,\varepsilon}}(r(i),f(j))$-Werte. So liefert z.B. der erste Term immer $L_{LCSS_{\delta,\varepsilon}}(r(i),f(j)) = 0$, wenn entweder $i = 0$ oder $j = 0$ gilt. Beim zweiten Term erhöht sich die Länge der gemeinsamen

Subsequenz um 1, wenn die zeitlichen und räumlichen Bedingungen erfüllt sind. Falls die Bedingungen der ersten zwei Terme ungültig sind, liefert der dritte Term die maximale Länge von den benachbarten Knoten $(r(i-1), f(j))$ und $(r(i), f(j-1))$. Der Unterschied zu der DTW-Methode liegt darin, dass hier kein kumulatives Distanzmaß, sondern eine kumulative gemeinsame Länge berechnet wird. Das LCSS-Ähnlichkeitsmaß sim_{LCSS} lässt sich daher aus der Länge $L_{LCSS_{\delta,\varepsilon}}(r,f)$ folgendermaßen bestimmen [225]:

$$sim_{LCSS,1} = \frac{L_{LCSS_{\delta,\varepsilon}}(r,f)}{\max(L_r, L_f)} \qquad (4.15)$$

oder

$$sim_{LCSS,2} = \frac{L_{LCSS_{\delta,\varepsilon}}(r,f)}{\min(L_r, L_f)} \qquad (4.16)$$

wobei $\max(L_r, L_f)$ bzw. $\min(L_r, L_f)$ die längste bzw. die kürzeste Länge der zu vergleichenden Zeitreihen ist. Das LCSS-Distanzmaß lässt sich dann folgendermaßen bestimmen:

$$d_{LCSS} = 1 - sim_{LCSS}. \qquad (4.17)$$

Für das bestehende Problem sind sowohl metrische als auch nichtmetrische Distanz- und Ähnlichkeitsmaße von Interesse. Der Vorteil der Ähnlichkeitsanalyse mit metrischen Distanzmaßen ist die einfache Umsetzung und die Effizienz des Verfahrens. Dafür besitzt das Verfahren die besprochenen Nachteile. Außerdem sind die Referenz- und FES-Zeitreihen zeitlich versetzt, so dass zur Anwendung der euklidischen und Pearson-Distanzen noch der zeitliche Versatz eliminiert werden muss. Da für die nichtmetrischen Distanzmaße der zeitliche Versatz und die Verzerrung unproblematisch sind, werden bei diesen Methoden bessere Ergebnisse erwarten. Dabei ist allerdings mit einer höheren Komplexität des Verfahrens zu rechnen. Um eine Aussage zu treffen, welche Methode für die bestehende

Problematik am besten geeignet ist, werden nachfolgend die vorgestellten Distanz- und Ähnlichkeitsmaße mit dem dafür generierten Benchmarkdatensatz validiert.

4.4.2 Generierung des Benchmarkdatensatzes

Zur Validierung der diskutierten Distanz- und Ähnlichkeitsmaße wird ein Benchmarkdatensatz entworfen. Die Generierung eines Benchmarkdatensatzes ist weniger aufwändig als die Akquisition experimenteller Daten. Außerdem lässt sich dabei eine beliebige Datenmenge mit unterschiedlichsten Anwendungsszenarien generieren, so dass die relevanten Methoden bereits im Vorfeld bezüglich ihrer Funktionalität miteinander verglichen werden können.

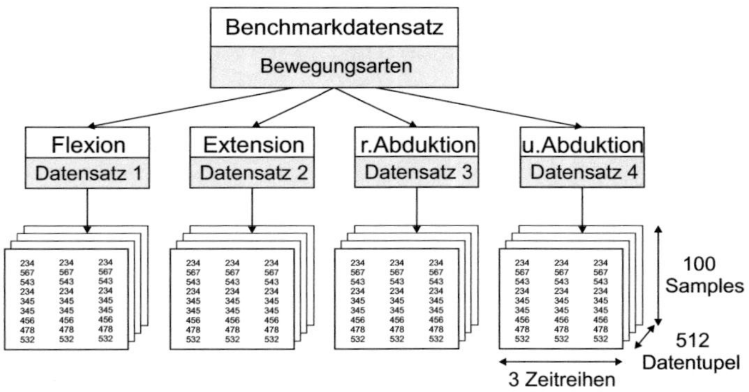

Bild 4.17: Aufbau des Benchmarkdatensatzes.

Bild 4.17 zeigt den Aufbau des entworfenen Benchmarkdatensatzes. Der Benchmarkdatensatz besteht aus 4 synthetischen Datensätzen mit jeweils 512 Datentupeln. Davon sind $N_{Ref} = 1$ für Referenz und $N_{FES} = 511$ für FES-Bewegungen. Jedes Datentupel setzt sich aus den Zeitreihen für drei Messrichtungen $R \in \{x, y, z\}$ zusammen. Die Gesamtzahl der Zeitreihen in einem Datensatz beträgt somit 3x512. Jeder synthetische Datensatz soll eine experimentelle Datenakquisition mit den Drehratensensoren nachahmen, bei der eine bestimmte Handgelenk-Drehbewegung erfasst wird (siehe Abschnitt 4.3). Es wurden Datensätze für die folgenden Handgelenk-Bewegungsarten synthetisiert:

- Flexion,

- Extension,

- radiale Abduktion und

- ulnare Abduktion.

Die genannten Bewegungsarten wurden gewählt, da sie die Basis für alle Handgelenk-Bewegungen bilden.

Beim Entwurf der synthetischen Datensätze wird von einem virtuellen 3-DoF Drehratensensor ausgegangen, der am Handrücken positioniert ist (vgl. Bild 4.8). Für die weitere Betrachtung der Handgelenk-Bewegungen sollen an dieser Stelle die Haupt- und Nebendrehachsen eingeführt werden. Die Hauptdrehachse gibt an, in welcher Richtung die Hand am stärksten ausschlägt. So ist z.B. die x-Achse die Hauptdrehachse für die Flexion- und Extension-Bewegungen der Hand. Im Idealfall, d.h. die Bewegungen werden sehr genau ausgeführt, gibt es keine Ausschläge in den Nebendrehachsen. Um den Benchmark jedoch realistisch zu gestalten, sollen auch die unerwünschten Effekte in den Nebendrehachsen berücksichtigt werden. Durch das Variieren von Parametern wie Amplitude und Vorzeichen (Polarität) können künstliche Zeitreihen für unterschiedliche Bewegungsarten sowie die Effekte in den Nebendrehachsen generiert werden. Beim Entwurf der synthetischen Daten soll beachtet werden, dass ein Vorzeichenwechsel in der Hauptdrehachse in einer neuen Bewegungsart resultiert. So ändert sich z.B. die Bewegungsart von Flexion auf Extension und umgekehrt, wenn ein Vorzeichenwechsel in der x-Achse stattfindet. Tabelle 4.1 zeigt die Vorzeichen in der Achsen je nach Bewegungsart, wobei die Vorzeichen der Hauptdrehachsen hervorgehoben sind. So kann z.B. aus der Tabelle entnommen werden, dass das Vorzeichen der Hauptdrehachse bei jeder Bewegungsart unverändert bleiben soll. Das Vorzeichen in den

Nebendrehachsen darf allerdings frei gewählt werden. Die zu untersuchende Handgelenk-Bewegung kann somit mit beliebigen unerwünschten Bewegungen überlagert werden. Je nach Wahl des Vorzeichens können für jede Bewegungsart maximal 4 unterschiedliche Datensätze generiert werden. In der vorliegenden Arbeit wurde ein Datensatz pro Bewegungsart generiert (siehe Tabelle 4.1).

Bewegungsart	Messrichtung			
	x	y	z	Hauptdrehachse
Flexion	$\boxed{-}$	$-(+)$	$+(-)$	x
Extension	$\boxed{+}$	$+(-)$	$-(+)$	x
ulnare Abduktion	$+(-)$	$-(+)$	$\boxed{-}$	z
radiale Abduktion	$+(+)$	$-(+)$	$\boxed{+}$	z

Tabelle 4.1: Bewegungsarten und entsprechende Vorzeichen in den x-, y- und z-Drehachsen ($\boxed{+}$/$\boxed{-}$: positives/negatives Vorzeichen in der Hauptdrehachse; $+/-$: positives/negatives Vorzeichen in der Nebendrehachse, untersuchte Variante; $(+)/(-)$: positives/negatives Vorzeichen in der Nebendrehachse, mögliche aber nicht untersuchte Variante).

Zur Generierung der Benchmarkdaten wurde das Verfahren von [184] modifiziert, indem die Generierung des synthetischen Signals auf den dreidimensionalen Fall erweitert wurde. Dabei wird zur Modellierung des n-ten FES-Signals ($n = 1,...,N_{FES}$) für eine Messachse R ($R \in \{x,y,z\}$) eine Anzahl $n_B = 11$ von Stützstellen mit den Zeit/Amplituden-Wertepaaren ($t_{n,l,R},A_{n,l,R}$) mit $l = 1,...,n_B$ festgelegt. Die zeitlichen Stützstellen lassen sich folgendermaßen bestimmen [184]:

$$t_{n,l,R} = (l-1) \cdot \frac{T}{n_B - 1} + \frac{T}{n_B - 1} \lambda_{nt,l,R} \cdot \delta_{nl}, \tag{4.18}$$

wobei T die Gesamtdauer des Signals bezeichnet, δ_{nl} eine normalverteilte auf den Zeitwert einwirkende Zufallsgröße darstellt und $\lambda_{nt,l,R} \in [0,1)$ ein frei wählbarer Parameter ist, der die Ausprägung der Zufallsgröße beeinflusst. Die zu den zeitlichen Stützstellen zugeordneten Amplitudenwerte können mit folgendem Ausdruck erzeugt werden [184]:

$$A_{n,l,R} = A_{n\max,l,R} \cdot A_{\max}(1 - \lambda_{nA,l,R} \cdot \gamma_{nl}). \tag{4.19}$$

In Gl. (4.19) bezeichnet $A_{\max}$ die maximal auftretende Amplitude, die mit dem Parameter $A_{n\max,l,R} \in [0,1]$ beeinflusst werden kann. Mit der gleichverteilten Zufallsvariable $\gamma_{nl} \in [0,1]$ wird in den Daten die Amplitudenstreuung realisiert. Die Ausprägung dieser Zufallsvariable lässt sich mit dem frei wählbaren Parameter $\lambda_{nA,l,R} \in [0,1)$ steuern. Die Zeit- bzw. Amplitudenstreuung können durch die Wahl $\lambda_{nt,l,R} = 0$ bzw. $\lambda_{nA,l,R} = 0$ ausgeschaltet werden.

Anschließend werden die Zeit/Amplituden-Werte linear interpoliert und die dadurch gewonnenen kontinuierlichen Werte $u_{int}(t)$ mit der Abtastrate $f_a = 20$ Hz diskretisiert:

$$u_{disk}[k] = u_{int}(T_a \cdot k) \text{ mit } T_a = 0.05s. \tag{4.20}$$

Die Wahl der Abtastrate f_a erklärt sich dadurch, dass die Aufnahme der experimentellen Daten mit derselben Abtastfrequenz durchgeführt werden soll.

Um die Übergänge zwischen den generierten Werten im diskreten Signal $u_{disk}[k]$ zu glätten, wird darauf ein IIR-Filter erster Ordnung angewendet:

$$u[k] = (1 - a_B) \cdot u_{disk}[k] + a_B \cdot u[k-1], \quad a_B = 0.9. \tag{4.21}$$

Das Signal $u[k]$ stellt somit ein künstlich erzeugtes FES-Signal dar.

Bild 4.18 zeigt einen synthetischen Datensatz für die Flexion des Handgelenks, der mit den Gl. (4.18)-(4.21) generiert wurde. Auf dem Bild ist eine Schar mit $N_{FES} = 511$ überlagerten FES-Bewegungen und eine Realisierung der Referenz-Bewegung zu sehen. Bild 4.18a zeigt die generierten FES-Bewegungen und eine Referenz-Bewegung für die Hauptdrehachse x. Zu beachten ist der zeitliche Versatz Δt zwischen den FES- und Referenz-Bewegungen, der in den experimentellen Daten zu erwarten ist. Das hängt

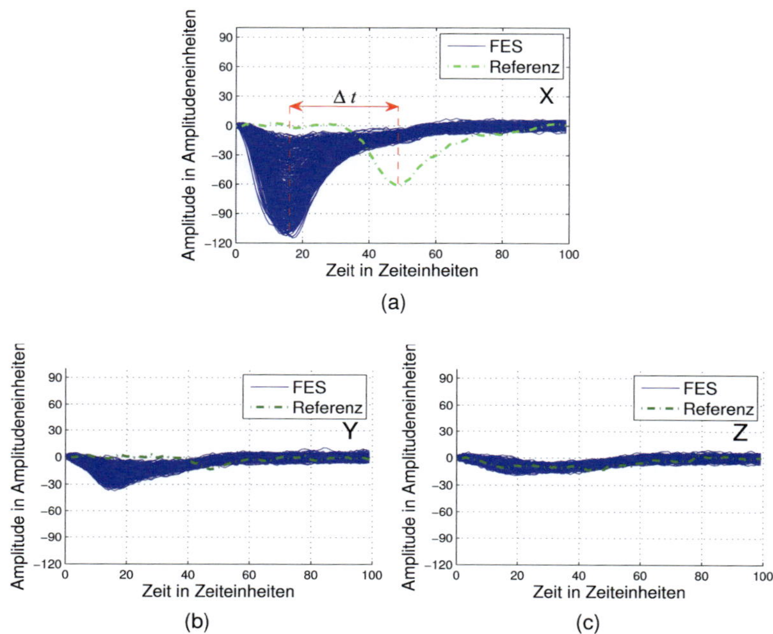

Bild 4.18: Benchmarkdatensatz der Flexion-Bewegung: (a) x-Messrichtung, Hauptdrehachse; (b) y-Messrichtung, Nebendrehachse; (c) z-Messrichtung, Nebendrehachse

mit dem Schema zur Generierung der Bewegungen zusammen. So werden z.B. die FES-Bewegungen hardwaregesteuert generiert und beginnen daher gleich nach dem Einschalten. Dagegen ist die Referenz-Bewegung mittig im Zeitintervall positioniert, da die Referenz-Bewegung manuell ausgeführt werden muss. Die Zeitverschiebung kann als Reaktionszeit der zu untersuchenden Person interpretiert werden, nachdem er/sie den Ausführungsbefehl wahrgenommen hat. Zum Zweck der Anschaulichkeit wird daher im Weiteren die Darstellungsform mit der Zeitverschiebung verwendet.

Das Profil der Referenz-Bewegung wurde ebenso mit Hilfe der Gl. (4.18)-(4.21) generiert. Der zeitliche Versatz wurde durch die Anpassung des Parameters $A_{n,l,R}$ für die Zeitpunkte des mittleren Zeitreihen-Abschnitts realisiert. Bild 4.18b bzw. Bild 4.18c zeigt die generierten FES-Bewegungen und eine Referenz-Bewegung für die Nebendrehachsen in der Messrichtung y bzw. z.

4.4.3 Eliminierung der Zeitverschiebung in den Zeitreihen

Bild 4.18a zeigt, dass zwischen den Zeitreihen von Referenz- und FES-Bewegungen eine Zeitverschiebung vorliegen kann. Um die Zeitreihen von Referenz- und FES-Bewegungen mittels der metrischen Distanzmaße vergleichen zu können, muss die Zeitverschiebung zwischen den Zeitreihen eliminiert werden.

Die Zeitreihen der Referenz-Bewegung weisen in allen drei Messrichtungen unterschiedliche Profile auf. Zur Ermittlung der Zeitverschiebung soll deswegen die Messrichtung herangezogen werden, die am stärksten ausgeprägt ist.

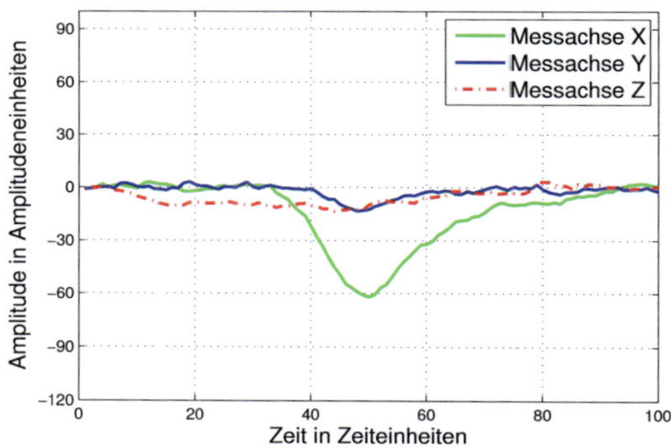

Bild 4.19: Profile einer Referenz-Bewegung in x, y und z- Messrichtungen

Bild 4.19 zeigt das Profil in drei Messrichtungen einer synthetischen Referenz-Bewegung. Das Profil in der x-Achse ist stärker als in den anderen Achsen ausgeprägt. Der größte Ausschlag in den Zeitreihen deutet auch auf die Hauptdrehachse der Referenz-Bewegung hin. Die Messrichtung mit dem stärksten Profil lässt sich folgendermaßen ermitteln:

$$R_{max} = \operatorname*{argmax}_{R} \max_{k} |r_R(k)|, \quad R \in \{x,y,z\}, \ 1 \le k \le L. \tag{4.22}$$

Nachdem die Messrichtung R_{max} und somit die Referenz-Zeitreihe $r_{R_{max}}$ bestimmt wurden, kann der Zeitpunkt in dieser Zeitreihe ermittelt werden, der den maximalen Amplitudenwert aufweist:

$$k_{r_{R_{max}}} = \operatorname*{argmax}_{k} |r_{R_{max}}(k)|, \quad 1 \le k \le L. \tag{4.23}$$

Die Zeitverschiebung soll für jedes Zeitreihenpaar $r_{R_{max}}$ und $f_{n,R_{max}}$ individuell bestimmt werden, da sich die FES-Zeitreihen trotz des gleichen Einschaltzeitpunkts voneinander unterscheiden können. Daher soll für jede FES-Bewegung f_n in der Messrichtung R_{max} der Zeitpunkt $k_{n,f_{R_{max}}}$ mit dem maximalen Amplitudenwert ermittelt werden:

$$k_{n,f_{R_{max}}} = \operatorname*{argmax}_{k} |f_{n,R_{max}}(k)|, \quad 1 \le k \le L. \tag{4.24}$$

Der zeitliche Versatz zwischen der Referenz-Zeitreihe und der n-ten FES-Zeitreihe in der Hauptdrehachse R_{max} lässt sich somit folgendermaßen berechnen:

$$k_n = k_{r_{R_{max}}} - k_{n,f_{R_{max}}}. \tag{4.25}$$

Wenn die Zeitverschiebung k_n bekannt ist, dann kann sie in der Referenz-Zeitreihe für alle Messrichtungen mit folgender Transformation eliminiert werden:

$$r'_R(k) = r_R(k + k_n). \tag{4.26}$$

Dabei ist anzumerken, dass mit der vorgestellten Vorgehensweise nicht der Einschaltzeitpunkt, sondern das Maximum synchronisiert wird. Gleichzeitig wird so die Hauptbewegungsrichtung zugeordnet. Nach der Transformation

(4.26) ist die Zeitverschiebung eliminiert, allerdings unterscheiden sich die Zeitreihen um k_n in der Länge. Da die metrischen Distanzmaße nur auf Zeitreihen der gleichen Länge angewendet werden können, werden auch die FES-Zeitreihen um k_n gekürzt (vgl. Bild 4.20).

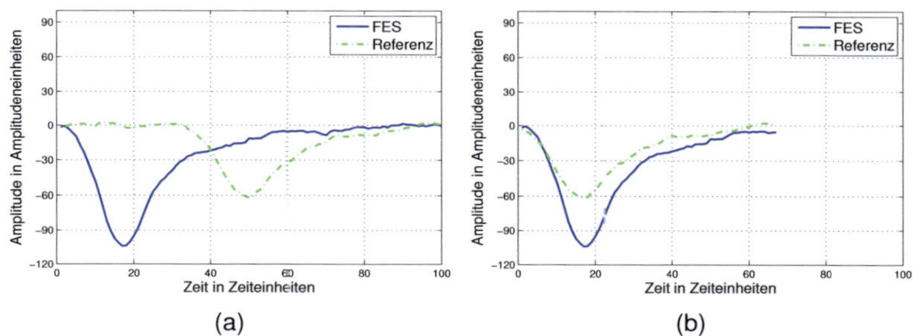

Bild 4.20: Eliminierung der Zeitverschiebung in der Referenz-Zeitreihe einer Flexion-Bewegung. (a) Mit Zeitverschiebung; (b) Ohne Zeitverschiebung.

Als Alternative zu dem Kürzen der FES-Zeitreihen bietet sich ein Verfahren an, bei dem die Referenz-Zeitreihe mit den Median- oder Mittelwerten um k_n-Werte vervollständigt werden kann. Dies kann allerdings je nach Lage der Signalanteile zu größeren Fehlern führen und daher wird nicht weiter verfolgt.

Die Eliminierung der Zeitverschiebungen führt dazu, dass sich die FES-Zeitreihen unterschiedlicher Datentupel in der Länge unterscheiden können. Daher soll das für jede Bewegung berechnete Distanzmaß auf die Länge der Zeitreihen normiert werden:

$$d_{norm}(r, f_n) = \frac{1}{L - k_n} d(r, f_n).$$

(4.27)

4.4.4 Validierung der Methode zum Zeitreihenvergleich

Die vorigen Abschnitte stellten das methodische Instrumentarium vor, das zur Ähnlichkeitssuche in Zeitreihen eingesetzt werden kann. Im Folgenden soll beschrieben werden, wie die vorgestellten Methoden auf die syntheti-schen Daten angewendet werden. Da die Daten dreidimensional sind, stellt sich daher die Frage, ob die Ähnlichkeit gleichzeitig in allen drei Messrich-tungen ermittelt werden soll. In Bezug auf diese Fragestellung sind folgende Vorgehensweisen zu diskutieren:

- Ähnlichkeitssuche nur in einer Messrichtung, z.B. in der Hauptdreh-achse,
- Ähnlichkeit für jede Messrichtung einzeln ermitteln und danach die er-mittelten Werte miteinander verknüpfen sowie
- Ähnlichkeitssuche direkt auf die dreidimensionalen Zeitreihen anwen-den.

Wie im Abschnitt 4.2 gezeigt, sind die Dorsalextension, Palmarflexion sowie die Ulnar- und Radialabduktion als Hauptbewegungen im Handgelenk zu nennen. Es können allerdings mit dem Handgelenk auch die Bewegungen ausgeführt werden, die eine Mischform von den genannten Hauptbewegun-gen darstellen. Die Bewegungsrichtung des Handgelenks kann allein durch die Ermittlung der Hauptdrehachse bestimmt werden. Wird die Ähnlichkeit nur in der Hauptdrehachse ermittelt, dann können nur die genannten Haupt-bewegungen identifiziert werden. Da das Handgelenk ein mechanisch ge-koppeltes System darstellt, sind mit der zunehmenden Ähnlichkeit in den Hauptdrehachsen der zu vergleichenden Zeitreihen kleinere Abweichun-gen in den Nebendrehachsen zu verzeichnen. Daher wird angenommen, dass das Ergebnis der Ähnlichkeitssuche nur anhand der Hauptdrehachse zufriedenstellend sein kann. Die Berücksichtigung der Nebendrehachsen ist in diesem Fall nur dann notwendig, falls zwei oder mehr der zu vergleichen-den Bewegungen in der Hauptdrehachse identisch sind.

Bei der zweiten Vorgehensweise werden die Messrichtungen der drei-dimensionalen Zeitreihen separat voneinander betrachtet. In diesem Fall lassen sich die Distanz- und Ähnlichkeitsmaße in den einzelnen Mess-richtungen mit folgenden Verknüpfungen kombinieren:

- MIN/MAX-Verknüpfung:

$$d_n(r, f_n) = \max_R (d_{n,x}(r, f_n), d_{n,y}(r, f_n), d_{n,z}(r, f_n)), \quad R \in \{x, y, z\} \text{ bzw.} \quad (4.28)$$

$$sim_n(r, f_n) = \min_R (sim_{n,x}(r, f_n), sim_{n,y}(r, f_n), sim_{n,z}(r, f_n)), \quad R \in \{x, y, z\},$$
$$(4.29)$$

- Additive/Multiplikative Verknüpfung:

$$d_n(r, f_n) = d_{n,x}(r, f_n) + d_{n,y}(r, f_n) + d_{n,z}(r, f_n) \text{ bzw.} \quad (4.30)$$

$$sim_n(r, f_n) = sim_{n,x}(r, f_n) \cdot sim_{n,y}(r, f_n) \cdot sim_{n,z}(r, f_n), \quad (4.31)$$

- Gewichtete additive Verknüpfung:

$$d_n(r, f_n) = g_x \cdot d_{n,x}(r, f_n) + g_y \cdot d_{n,y}(r, f_n) + g_z \cdot d_{n,z}(r, f_n) \text{ bzw.} \quad (4.32)$$

$$sim_n(r, f_n) = g_x \cdot sim_{n,x}(r, f_n) + g_y \cdot sim_{n,y}(r, f_n) + g_z \cdot sim_{n,z}(r, f_n). \quad (4.33)$$

Der Vorteil dieser Vorgehensweise gegenüber der vorherigen liegt darin, dass durch das Verknüpfen der Maße von einzelnen Messrichtungen mehr Informationen als im eindimensionalen Fall zur Ähnlichkeitssuche miteinbezogen werden. In Anlehnung an die Diskussion über die Rolle der Hauptdrehachse bei der Ähnlichkeitssuche lässt sich über die Verknüpfungen folgendes zusammenfassen. So kann z.B. die MIN/MAX-Verknüpfung (4.28) bzw. (4.29) nur dann verwendet werden, wenn nur das Profil in der Hauptdrehachse für alle n Bewegungen die größte bzw. kleinste Abweichung aufweist. Liegt der Fall vor, dass die Abweichung in einer von beiden Nebendrehachsen größer bzw. kleiner als in der Hauptdrehachse ist, kann die MIN/MAX-Verknüpfung zu einer fehlerhaften Aussage führen. Die Additive/Multiplikative Verknüpfung ist äußerst empfindlich gegenüber kleinen Werten der einzelnen Faktoren und liefert daher sehr pessimistische Ergebnisse. Für die Fälle mit hoher Übereinstimmung in der Hauptdrehachse und großen Abweichungen in den Nebendrehachsen kann das Probleme bereiten, da die Ähnlichkeit in der Hauptdrehachse und den Nebendrehachsen nicht von gleicher Bedeutung ist. Die gewichtete additive Verknüpfung (4.32-

4.33) weist dagegen keine von den geschilderten Nachteilen auf. Der Nachteil der additiven Verknüpfung ist die Nichteindeutigkeit. Es kann vorkommen, dass das gleiche Ergebnis bei unterschiedlichen Werten von einzelnen Summanden zustande kommen kann. Dieser Effekt kann mit den Gewichten g_x, g_y, g_z minimiert werden, wobei $g_x + g_y + g_z = 1$ gelten soll. Die Bestimmung dieser Gewichte ist allerdings von mehreren Faktoren abhängig und daher nicht eindeutig.

Die dritte Vorgehensweise sieht vor, dass die Distanz- und Ähnlichkeitsmaße direkt auf die dreidimensionalen Bewegungsdaten angewendet werden. Der Vorteil dieser Vorgehensweise liegt darin, dass die Bewegungsdaten als Ganzes betrachtet werden. Allerdings wird auch in diesem Fall erwartet, dass der Beitrag der Hauptdrehachse eine entscheidende Rolle spielt. Die Berücksichtigung der Nebendrehachsen führt offensichtlich dazu, dass sich das Ergebnis verschlechtern kann.

Die Diskussion über die Vorgehensweisen bei der Ähnlichkeitssuche in den mehrdimensionalen Zeitreihen zeigt, dass die Variante mit den Verknüpfungen der für jede Messrichtung separat berechneten Ähnlichkeitsmaßen keine Vorteile mit sich bringt. Daher werden zur Validierung der Methode zum Zeitreihenvergleich nur zwei von den diskutierten Vorgehensweisen herangezogen. Dabei werden die bereits vorgestellten Distanz- bzw. Ähnlichkeitsmaße wie Euklidische Distanz, Pearson-Korrelation, DTW und LCSS zuerst auf den eindimensionalen Fall, d.h. nur auf die Zeitreihe der Hauptdrehachse, bei jedem Datensatz angewendet. Aus allen $N_{FES} = 511$ Datentupeln, die in jedem Datensatz vorhanden sind, soll mithilfe der genannten Maße jeweils ein Datentupel ausgesucht werden, dessen Zeitreihe f_n der Referenz-Zeitreihe r am ähnlichsten ist. Die Nummer des Datentupels lässt sich folgendermaßen bestimmen:

$$n_{min} = \operatorname*{argmin}_{n} d(r, f_n), \quad 1 \leq n \leq N_{FES}, \tag{4.34}$$

für die Distanzmaße und

$$n_{max} = \underset{n}{\operatorname{argmax}}\ sim(r, f_n),\ \ 1 \leq n \leq N_{FES}, \tag{4.35}$$

für die Ähnlichkeitsmaße.

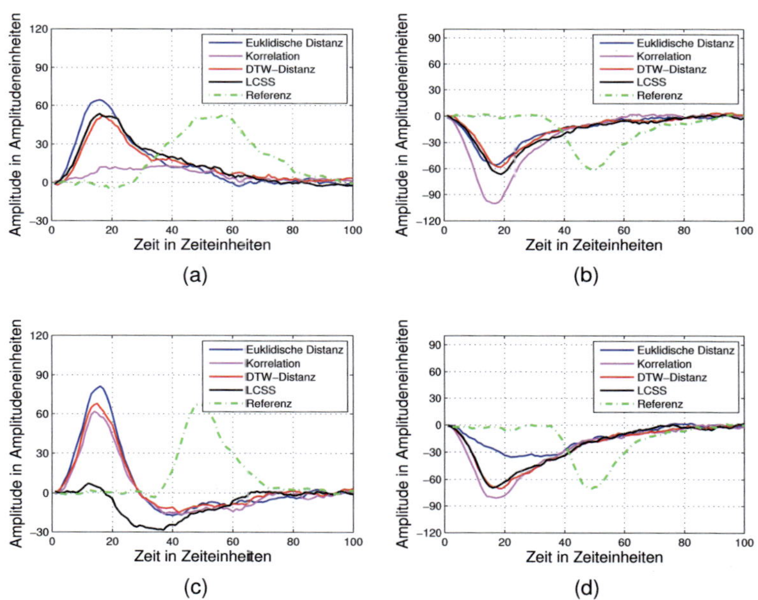

Bild 4.21: Ähnlichste gefundene Datentupel als Ergebnisse der Ähnlichkeitssuche im Benchmarkdatensatz für den eindimensionalen Fall. (a) Extension; (b) Flexion; (c) Radiale Abduktion; (d) Ulnare Abduktion.

Die Ergebnisse der eindimensionalen Ähnlichkeitssuche sind in Bild 4.21 für die unterschiedlichen Datensätze dargestellt. Da im Fokus des Vergleichs die Amplitude und die Form der abgebildeten Zeitreihen liegen, wird die Zeitverschiebung dabei nicht bestraft. Dies gilt ebenso für den dreidimensionalen Fall. So zeigt z.B. Bild 4.21a die Zeitreihen aus dem Extension-Datensatz, die aufgrund der berechneten Ähnlichkeit mit der Referenz-

Zeitreihe r (gestrichelt) nach (4.34)-(4.35) ausgesucht wurden. Für die gegebene Bewegungsart liefert das LCSS-Ähnlichkeitsmaß das beste Ergebnis und die Korrelation das schlechteste Ergebnis. Es ist z.B. daran ersichtlich, dass die Abweichungen in Amplitude und Form zwischen der zu vergleichenden Zeitreihen groß bzw. klein sind. Bei der Flexion schneidet z.B. die DTW-Distanz am besten und die Korrelation am schlechtesten ab (siehe Bild 4.21b). Unerwartet schlecht schneidet das LCSS-Ähnlichkeitsmaß bei der radialen Abduktion ab (siehe Bild 4.21c). Die DTW-Distanz liefert für diese Bewegungsart allerdings das beste Ergebnis. Bild 4.21d zeigt das Ergebnis der Ähnlichkeitssuche für die ulnare Abduktion. Auch hier liefert die DTW-Distanz das beste Ergebnis. Als Verlierer stellt sich diesmal die Euklidische Distanz dar.

Zur Bewertung der zu untersuchenden Maße werden die ermittelten Ergebnisse ordinalskaliert, so dass jedes Ergebnis je nach Abweichungen in Amplitude und Form in einer der folgenden vier Kategorien eingeteilt ist:

- „+“, wenn die Abweichungen im Bereich $\pm 5\%$ liegen,
- „+−“, wenn die Abweichungen im Bereich $\pm 15\%$ liegen,
- „−+“, wenn die Abweichungen im Bereich $\pm 25\%$ liegen sowie
- „−“, für die größeren Abweichungen.

Tabelle 4.2 zeigt die Bewertung der zu vergleichenden Distanz- und Ähnlichkeitsmaße für den eindimensionalen Fall.

Maß	Bewegungsart			
	extension	flexion	ulnar	radial
Euklidische Distanz	−+	+−	−+	−
Korrelation	−	−	+−	+−
DTW	+	+−	+	+
LCSS	+	+−	−	+

Tabelle 4.2: Bewertung der Distanz- und Ähnlichkeitsmaße für den eindimensionalen Fall.

Daraus kann entnommen werden, dass die nichtmetrischen Distanz- und Ähnlichkeitsmaße (DTW, LCSS) wie erwartet bessere Ergebnisse als die metrischen Distanzmaße liefern, wobei die DTW-Distanz eindeutiger Favorit ist. Dagegen zeigt die Korrelation das schlechteste Ergebnis. Das lässt sich dadurch erklären, dass die Amplituden-Information bei der Berechnung der Korrelation durch die Normierung verloren geht und somit nur die Form der zu vergleichenden Zeitreihen berücksichtigt wird. Daher kann die Korrelation für die weiteren Untersuchungen ausgeschlossen werden.

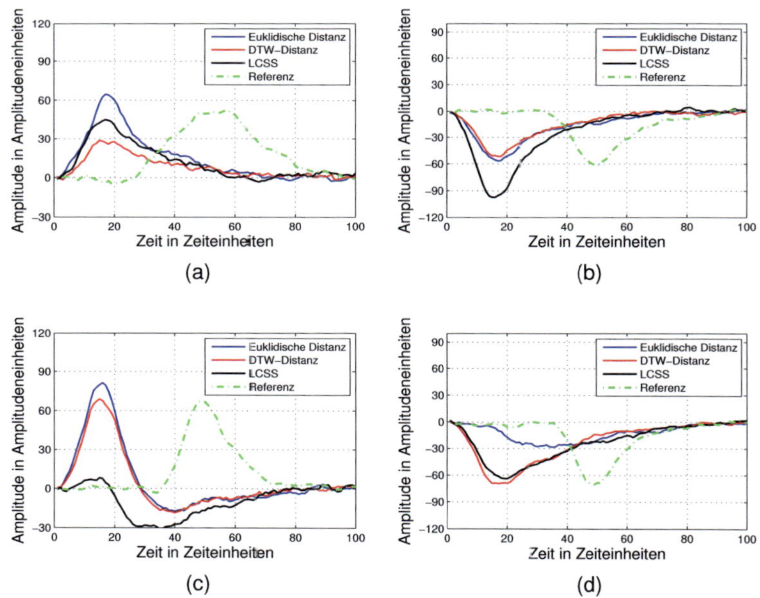

Bild 4.22: Ähnlichste gefundene Datentupel als Ergebnisse der Ähnlichkeitssuche im Benchmarkdatensatz für den dreidimensionalen Fall (dargestellt die Zeitreihen der Hauptdrehachse). (a) Extension; (b) Flexion; (c) Radiale Abduktion; (d) Ulnare Abduktion.

Im nächsten Schritt der Validierung werden die euklidische und DTW-Distanzen sowie das LCSS-Ähnlichkeitsmaß auf die dreidimensionalen Zeitreihen angewendet. Bild 4.22 zeigt die Ergebnisse der mehrdimensionalen Ähnlichkeitssuche. Auch in diesem Fall liefert die DTW-Distanz fast für alle Bewegungsarten bessere Übereinstimmung. Überraschenderweise liefert die DTW-Distanz bei dem Extension-Datensatz das schlechteste Ergebnis (siehe Bild 4.22a). Bei der Flexion schneidet die DTW-Distanz genauso gut wie die Euklidische Distanz ab (siehe Bild 4.22b). Bei den Abduktion-Datensätzen liefert die DTW-Distanz mit Abstand die besten Ergebnisse (vgl. Bilder 4.22c-4.22d). Tabelle 4.3 zeigt die Bewertung der zu untersuchenden Maße für den dreidimensionalen Fall.

Um eine Aussage zu treffen, welche von den vorgestellten Vorgehensweisen für die weitere Arbeit von Bedeutung ist, werden die Ergebnisse der ein- und dreidimensionalen Ähnlichkeitssuchen verglichen. Dabei kann festgestellt werden, dass die Berücksichtigung der Nebendrehachsen wie erwartet keine Verbesserung der Genauigkeit weder für die Haupt- noch für die Nebendrehachsen mit sich bringt. Im Gegenteil wurde in den meisten Fällen eine Verschlechterung der Genauigkeit in der Hauptdrehachse beobachtet (siehe Anhang 8.3). So zeigt z.B. Bild 4.23 die Ergebnisse der ein- und dreidimensionalen Ähnlichkeitssuchen mit DTW-Distanz in allen Messrichtungen am Beispiel der Extension-Bewegung. Es ist dabei festzustellen, dass die Genauigkeit in der Hauptdrehachse x bei der dreidimensionalen Ähnlichkeitssuche im Vergleich zu eindimensionalen Verfahren wesentlich abnimmt (vgl. Bild 4.23a). In der Nebendrehachsen y und z ist keine signifikante Steigerung der Genauigkeit zu beobachten (vgl. Bilder 4.23b-4.23c). Das Ergebnis ist damit zu begründen, dass die Berücksichtigung der Nebendrehachsen bei der Berechnung des lokalen Distanzmaßes $d(r(i), f(j))$ aus der Gl. (4.13) durch

$$d(r(i), f(j)) = \sqrt{(r_x(i) - f_x(j))^2 + (r_y(i) - f_y(j))^2 + (r_z(i) - f_z(j))^2}$$

$$(4.36)$$

zur Verschlechterung der Genauigkeit bei den Haupt- und Nebendrehachsen führen kann [53].

Die Ergebnisse der durchgeführten Untersuchungen zur Validierung der Methode zum Zeitreihenvergleich lassen sich folgendermaßen

Maß	Bewegungsart			
	Extension	Flexion	uln. Abduktion	rad. Abduktion
Euklidische Distanz	$+-$	$+-$	$-+$	$-$
DTW	$-$	$+-$	$+$	$+$
LCSS	$+-$	$-+$	$-$	$+-$

Tabelle 4.3: Bewertung der Distanz- und Ähnlichkeitsmaße für den dreidimensionalen Fall.

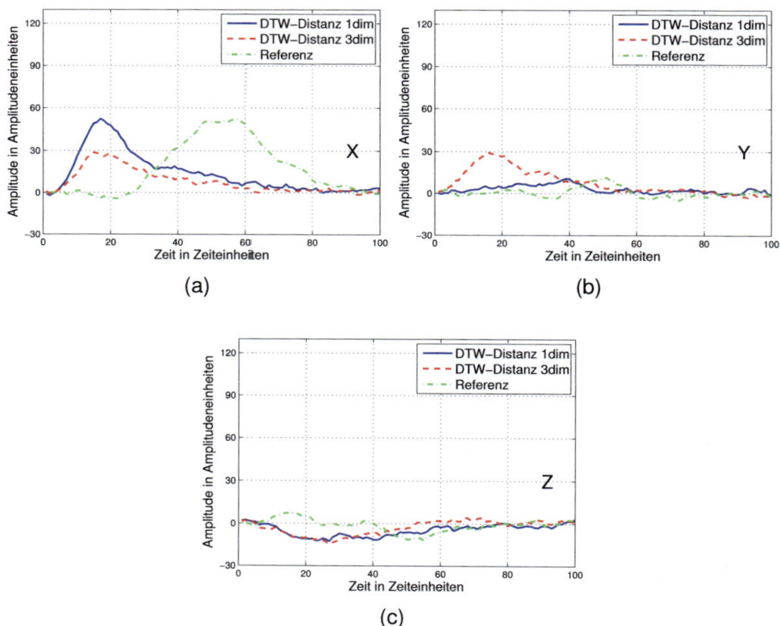

(a)

(b)

(c)

Bild 4.23: Gegenüberstellung der Ergebnisse der ein- und dreidimensionalen Ähnlichkeitssuche mittels DTW-Distanz am Beispiel der Extension-Bewegung. (a) x-Hauptdrehachse; (b) y-Nebendrehachse; (c) z-Nebendrehachse.

zusammenfassen. Die Ähnlichkeitssuche zwischen den Referenz- und FES-Bewegungen kann anhand des eindimensionalen Vergleichs, d.h. nur in den Hauptdrehachsen, auf Basis der DTW-Distanz zufriedenstellend realisiert werden. Demzufolge wird bei der Ähnlichkeitssuche in den realen Daten dieser Ansatz verfolgt.

4.4.5 Neuer Algorithmus zur Zeitoptimierung bei der Bestimmung von Positionen für Stimulationselektroden

Im Folgenden soll ein Algorithmus vorgestellt werden, der bei der Suche nach der optimalen Kombination von FES-Elektroden in einem Elektroden-Array eine Verkürzung der Anpassungszeit ermöglichen kann. Eine optimale Elektroden-Kombination zeichnet sich dadurch aus, dass während der Elektrostimulation mit einer solchen Kombination eine Handgelenk-Bewegung evoziert werden kann, die einer vorgegebenen Bewegung am ähnlichsten ist. Die Suche nach so einer Kombination kann sehr zeitaufwändig sein. Der zeitliche Aufwand t_{gesamt} hängt von der Anzahl der einzelnen FES-Elektroden in dem verwendeten Elektroden-Array ab. Mit gegebener Array-platzierung lässt sich t_{gesamt} pro Extremität folgendermaßen bestimmen:

$$t_{gesamt} = N_{FES} \cdot t_K, \tag{4.37}$$

wobei N_{FES} die Anzahl aller Kombinationen bezeichnet, die aus den N_E Elektroden zusammengestellt wird. Mit t_K wird in der Formel die Zeit bezeichnet, die für Aktivierung einer Kombination benötigt wird. Eine Aktivierung setzt sich aus den zwei Phasen zusammen: aktive Phase (Stimulation) und Erholungspause. In der aktiven Phase wird die Stimulation eingeschaltet und der Muskel mit einer Elektroden-Kombination stimuliert. Nachdem die Zeit der aktiven Phase t_a abgelaufen ist, wird die Elektrostimulation ausgeschaltet, und es tritt die Erholungspause ein, die bis zur Aktivierung der nächsten Kombination eine Zeit t_p dauert. Die Zeiten wurden zweckmäßig zu $t_a = 2$s und $t_p = 3$s gewählt. Somit ergibt sich $t_K = 5$s. Die maximal mögliche Gesamtzahl der Kombinationen N_{FES} lässt sich wie folgt berechnen:

$$N_{FES} = 2^{N_E} - 1, \tag{4.38}$$

wobei 2^{N_E} die Anzahl der Elemente einer Potenzmenge $\mathfrak{P}\{M\}$ mit der Grundmenge $M = \{1, ..., N_E\}$ ist. In der in Abschnitt 4.3 vorgestellten Elektroden-Anordnung werden $N_E = 9$ Elektroden eingesetzt (vgl. Bild 4.4b).

Mit der Gesamtzahl der Kombinationen $N_{FES} = 511$ ergibt sich die Gesamtzeit eines Experiments zu:

$$t_{gesamt} = 511 \cdot 5 \text{ s} = 2555 \text{ s} = 43 \text{ Minuten.} \tag{4.39}$$

Bei der Verwendung eines Elektroden-Arrays mit einer größeren Zahl an Elektroden nimmt die Gesamtzeit exponentiell zu. So besteht z.B. das Elektroden-Array, das in [30] vorgestellt wird, aus 24 einzelnen Elektroden. Das sukzessive Ausprobieren mit den gleichen t_a und t_p kann etwa 2,7 Jahre in Anspruch nehmen. Bei dem Elektroden-Array von [95, 114], das 256 einzelne Elektroden enthält, liegt dann der zeitliche Aufwand bereits bei $1,84 \cdot 10^{70}$ Jahren.

Die Beispiele zeigen, dass die Reduzierung des zeitlichen Aufwandes bei der Suche nach der besten Kombination unabdingbar ist. Der zeitliche Aufwand kann durch die folgenden Maßnahmen reduziert werden:

- hardwaretechnisch durch die Reduzierung der Anzahl der beteiligten Elektroden und

- softwaretechnisch durch den Einsatz eines Algorithmus zur Zeitoptimierung während der Suche.

Die hardwaretechnische Maßnahme wird hier nicht weiter verfolgt, da sie zum Einen kaum Aufwandsreduktion bewirkt und zum Anderen Restriktionen in dem experimentellen Aufbau mit sich bringt. Die softwaretechnische

Maßnahme ist daher von entscheidender Bedeutung. Die Anforderungen an den zu entwickelnden Algorithmus lassen sich folgendermaßen definieren: Zum Einen soll der Algorithmus in der Lage sein, aus der Gesamtmenge von Kombinationen eine Kombination zu finden, die eine bestmögliche Übereinstimmung zwischen den Referenz- und evozierten Bewegungen gewährleisten kann. Zum Anderen soll der zeitliche Aufwand bei der Suche durch den Algorithmus reduziert werden.

Zur Lösung des algorithmischen Problems wird ein neuer Suchalgorithmus herangezogen. Als Suchalgorithmus wird ein Algorithmus bezeichnet, der zum Auffinden eines oder mehrerer Datenelemente in einem Datenbestand eingesetzt wird. Die Menge aller möglichen Lösungen eines Suchproblems wird als Suchraum bezeichnet. Ist der Suchraum endlich, so führt schon das einfachste Suchverfahren, wie z.B. die lineare Suche, zum Ziel. Hierbei wird der gesamte Suchraum vollständig abgesucht. Ist der Suchraum sehr groß oder unendlich, so zwingt der Zeitaufwand dazu, effizientere Suchverfahren zu verwenden. Solche Verfahren durchsuchen den Suchraum nur teilweise, aber gezielt, wozu Wissen oder Annahmen (Heuristiken) über die Struktur des Suchraums erforderlich sind. Für das vorliegende Problem ist der Suchraum endlich und besteht aus 511 Lösungen, derer Erzeugung sehr zeitaufwändig ist. Daher ist eine vollständige Durchsuchung des Suchraums nur zur Validierung des zu entwickelnden Suchalgorithmus durchzuführen. Eine signifikante Verkürzung der Anpassungszeit kann erst dann zustande kommen, wenn der Suchraum durch den Suchalgorithmus reduziert werden kann. Dazu wird der Suchraum in neun Ebenen aufgeteilt, da neun Elektroden vorhanden sind. Der Suchalgorithmus lässt dann die Lösungen (Kombinationen) in den höheren Ebenen auf Basis der Suchergebnisse in den unteren Ebenen erzeugen.

Zum Entwurf des Suchalgorithmus wird an dieser Stelle zum mengentheoretischen Instrumentarium gegriffen. Sei $l \in [1, N_E]$ die Anzahl der Elemente der Grundmenge M. Dann lässt sich die Potenzmenge $\mathfrak{P}\{M\}$ in

Teilmengen E_l aufteilen, so dass für E_l gilt:

$$|E_l| = \binom{N_E}{l}. \tag{4.40}$$

Die Elemente E_l bestehen wiederum aus $\binom{N_E}{l}$ Kombinationen K_q^l, die sich aus l einzelnen Elementen zusammensetzen:

$$|K_q^l| = l. \tag{4.41}$$

wobei q eine l-stellige Kodierung der in der Teilmengen E_l vorhandenen Kombinationen darstellt. Übertragen auf das Problem mit dem Elektroden-Array soll unter jeder Menge E_l eine Menge von Kombinationen K_q^l verstanden werden, die sich aus l einzelnen Elektroden kombinieren lassen. Dieser Sachverhalt lässt sich bequem anhand eines Suchbaumes erläutern. Dabei soll im Weiteren jede Menge E_l bzw. K_q^l als Aktivierungsebene bzw. Kombination bezeichnet werden (vgl. Bild 4.24). Die Aktivierung der einzelnen Ebenen und ihren Kombinationen erfolgt in aufsteigender Reihenfolge von l (beginnend mit $l = 1$).

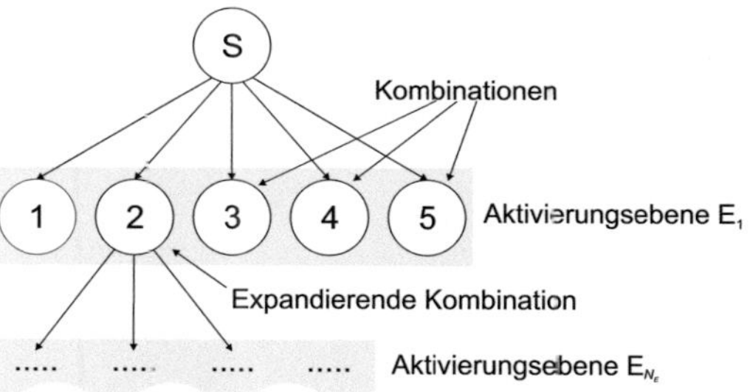

Bild 4.24: Zur Erläuterung der neuen Begriffe Aktivierungsebene, Kombination und expandierende Kombination.

Zur Bewertung jeder Kombination soll die bereits vorgestellte DTW-Distanzfunktion $d_{DTW}(r, f_q)$ berechnet werden, die die Ähnlichkeit zwischen der vorgegebenen Referenz-Bewegung r und den evozierten Bewegungen

f_q wiedergibt. Der berechnete Wert $d_{DTW}(r, f_q)$ soll mit dem globalen Optimum $d_{opt}(r, f_q) = 0$ (vollständige Übereinstimmung) verglichen werden. Wird von keiner der Kombinationen das globale Optimum erreicht, soll dann nach der Aktivierung der letzten Kombination auf jeder Ebene E_l die beste Kombination $K^l_{q_{max}}$ folgendermaßen ermittelt werden:

$$q_{max} = \underset{q}{\operatorname{argmin}} \; d_{DTW}(r, f_q). \tag{4.42}$$

Der Ausdruck (4.42) kann auch als Entscheidungsregel des Suchalgorithmus interpretiert werden, da dadurch die nächste expandierende Kombination $K^l_{q_{max}}$ festgelegt wird. Daraus folgt, dass der Suchalgorithmus bereits ab der Ebene 2 die Bildung der neuen Kombinationen aktiv beeinflusst. So lässt sich dann im nächsten Schritt eine neue Ebene E_{l+1} mit solchen Kombinationen bilden, die aus $l + 1$ Elementen bestehen und alle ein Element q_{max} gemeinsam haben.

Nachfolgend wird ein Beispiel mit 9 Elektroden gezeigt, das zur Verdeutlichung der beschriebenen Vorgehensweise dienen soll. Die Grundmenge M ist in diesem Fall wie folgt definiert:

$$M = \{\, 1\,,\, 2\,,\, 3\,,\, 4\,,\, 5\,,\, 6\,,\, 7\,,\, 8\,,\, 9\,\}. \tag{4.43}$$

Die Aktivierungsebene E_1 enthält dann die Menge der zu aktivierenden Kombinationen K^1_q:

$$E_1 = \{\, K^1_1\,,\, K^1_2\,,\, K^1_3\,,\, K^1_4\,,\, K^1_5\,,\, K^1_6\,,\, K^1_7\,,\, K^1_8\,,\, K^1_9\,\} =$$
$$= \{\,\{1\}\,,\, \{2\}\,,\, \{3\}\,,\, \{4\}\,,\, \{5\}\,,\, \{6\}\,,\, \{7\}\,,\, \{8\}\,,\, \{9\}\,\}. \tag{4.44}$$

Bild 4.25 zeigt den Start des Algorithmus, d.h. die Aktivierung auf der Ebene E_1. Den Pfaden, die die einzelnen Elemente mit dem Startpunkt verbinden, werden die Gewichtungen $g_q = d_{DTW}(r, f_q)$ zugeordnet. In diesem Beispiel wird angenommen, dass die Kombination $K^1_1 = \{\{1\}\}$ die kleinste DTW-Distanz aufweist und somit die optimale Lösung für die Aktivierungsebene

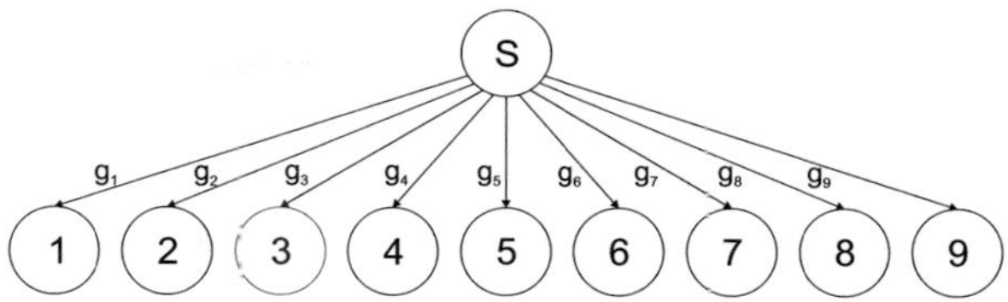

Bild 4.25: Aktivierung des Elektroden-Arrays auf der Aktivierungsebene E_1.

E_1 liefert. Im nächsten Schritt wird der Knoten 1 expandiert, d.h. es wird eine zweite Ebene E_2 gebildet (vgl. Bild 4.26):

$$E_2 = \{\, K_{12}^2 \,,\, K_{13}^2 \,,\, K_{14}^2 \,,\, K_{15}^2 \,,\, K_{16}^2 \,,\, K_{17}^2 \,,\, K_{18}^2 \,,\, K_{19}^2 \,\} =$$
$$= \{\, \{\{1\},\{2\}\} \,,\, \{\{1\},\{3\}\} \,,\, \{\{1\},\{4\}\} \,,\, \{\{1\},\{5\}\} \,, \quad (4.45)$$
$$\{\{1\},\{6\}\} \,,\, \{\{1\},\{7\}\} \,,\, \{\{1\},\{8\}\} \,,\, \{\{1\},\{9\}\} \,\}.$$

Die Elemente der Menge E_2 sind auch Mengen, die jeweils aus zwei Elementen bestehen und das Element 1 gemeinsam haben. Anhand der Gewichtungen g_{12}-g_{19} soll aus der Menge E_2 eine Kombination $K_{q_{max}}^2$ gefunden werden, die ein lokales Optimum liefert und somit die Expansionsrichtung vorgibt.

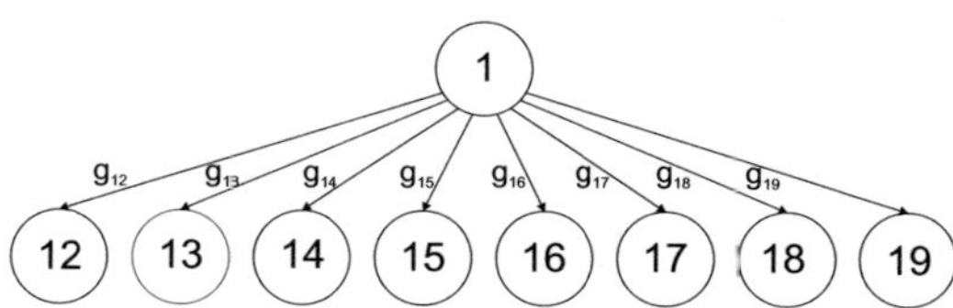

Bild 4.26: Expansion des Knotens 1. Aktivierungsebene E_2, mit allen möglichen 2-er Kombinationen, die aus dem Knoten 1 entstehen können.

Die maximale Anzahl der Kombinationen, die vom Suchalgorithmus aktiviert werden können, berechnet sich dann:

$$N_{FES,red} = \sum_{k=1}^{N_E} (N_E - (k-1)) = \frac{N_E(N_E+1)}{2}. \quad (4.46)$$

Der zeitliche Aufwand eines Experiments ergibt sich somit zu:

$$t_{gesamt} = N_{FES,red} \cdot t_K. \tag{4.47}$$

Wird von einer Aktivierungszeit $t_K = 5$s ausgegangen, dann berechnet sich der zeitliche Aufwand bei einem Elektroden-Array mit N_E Elektroden gemäß Gl. (4.46)-(4.47) wie folgt:

$$N_{FES,red} = \frac{9(9+1)}{2} = 45, \tag{4.48}$$

$$t_{gesamt} = 45 \cdot 5 \text{ s} = 225 \text{ s} = 3,75 \text{ Minuten}. \tag{4.49}$$

Bei einem Elektroden-Array mit $N_E = 24$ Elektroden und derselben Aktivierungszeit liegt der berechnete Aufwand bei 25 Minuten und bei einem Elektroden-Array mit $N_E = 256$ Elektroden bei $45,7$ Stunden.

Als eine weitere Maßnahme zur Reduzierung des zeitlichen Aufwandes ist die Berücksichtigung des Trends vom Ähnlichkeitswert in den benachbarten Ebenen denkbar. So kann z.B. eine Suche vorzeitig abgebrochen werden, wenn sich der Ähnlichkeitswert mit jeder neuen Ebene vom lokalen Optimum $d_{opt}(r, f_q)$ entfernt.

Es ist ersichtlich, dass die Optimierungen auf den einzelnen Ebenen nicht zwangsläufig zu optimalen Ergebnissen im Sinne der Gesamtsuche führen. Für das bestehende Problem lässt sich dann eine Kombination als optimale Kombination bezeichnen, wenn sie bei einem zeitlichen Aufwand, den ein Patient als angemessen für sich empfindet, das bestmögliche Ergebnis liefert. Daher ist die optimale Suche als Kompromiss zwischen dem zeitlichen Aufwand und dem Suchergebnis zu verstehen.

Die Validierung des Suchalgorithmus wird im Rahmen der Validierung der gesamten Methode durchgeführt. Die Beschreibung der Versuchsdurchführung sowie die Diskussion der Ergebnisse sind in Kapitel 6 zu finden.

4.5 Zusammenfassung

In diesem Kapitel wurde eine neue Methode zur automatisierten Bestimmung von Positionen für Stimulationselektroden erarbeitet. Der Vorteil der neuen Methode liegt darin, dass durch den Einsatz eines Elektroden-Arrays und des dafür entwickelten Suchalgorithmus die Reduzierung des zeitlichen Aufwandes bei der Suche nach der besten Elektroden-Position bzw. Elektroden-Kombination ermöglicht werden kann. Der Suchalgorithmus basiert auf dem Vergleich zwischen den Zeitreihen der durch die Elektrostimulation evozierten Bewegungen und den Zeitreihen einer Referenz-Bewegung, wobei die DTW-Distanzfunktion als Bewertungsmaß verwendet wird. Nur die Elektroden bzw. Elektroden-Kombinationen, deren evozierten Bewegungen höhere Ähnlichkeit mit der Referenz-Bewegung aufweisen, werden von dem Suchalgorithmus zur Bildung von weiteren Elektroden-Kombinationen herangezogen.

Der Einsatz der vorgestellten Methode beschränkt sich auf die einmalige Anpassung, da das Konzept der „OrthoJacket" - Neuroprothese eine laufende Anpassung bisher nicht vorsieht. Soll das Elektroden-Array zur Ansteuerung der Neuroprothesen eingesetzt werden, sind neue Algorithmen zur gleichzeitigen Stimulation der beiden Muskelgruppen - Strecker und Beuger, die zueinander im Verhältnis Agonist-Antagonist stehen, erforderlich. Durch die gleichzeitige Elektrostimulation der Beuger- und Strecker-Seiten kann nicht nur eine beliebige Ausrichtung der Hand gefahren werden, sondern auch die Schnelligkeit sowie der Winkel des Öffnens und Schließens der Hand beeinflusst werden.

5 Implementierung

5.1 Konzeption

Das Ziel der Implementierung ist die Umsetzung und anschließend die Validierung der in dem vorherigen Kapitel entwickelten Methoden zur Positionierung der EMG-Sensoren bzw. FES-Elektroden bei Hochquerschnittgelähmten. Hierfür wird das in Bild 5.1 dargestellte Konzept verwendet. Es berücksichtigt die folgenden zwei Szenarien:

- Szenario A: Datenerfassung und Auswertung während des Experiments und

- Szenario B: Auswertung nach Anforderung.

Das Szenario A entspricht der Anpassungsprozedur, die unmittelbar vor dem Einsatz der Neuroprothese durchgeführt werden kann. Dabei findet ein direkter Kontakt mit dem Patienten (Probanden) statt. Die Messwerte werden aufgenommen, in einer Datenbank abgespeichert und anschließend ausgewertet. Die aufgenommenen Daten sowie das Ergebnis der Auswertung werden visualisiert. Mit dem Szenario B sieht das Konzept vor, dass die Auswertung der aufgenommenen Daten zu einem späteren Zeitpunkt stattfinden kann. In diesem Fall ist keine Datenerfassung erforderlich, da die benötigten Daten bereits in der Datenbank vorliegen. Die Auswertung der Daten kann nach dem selben Schema wie bei dem ersten Szenario ablaufen. Die Entscheidung, welches von beiden Schemata ausgeführt werden soll, wird vom Anwender getroffen.

Bild 5.2 zeigt die Struktur der Datenbank, die in dieser Arbeit umgesetzt wurde. Die Datenbank ist so aufgeteilt, dass die Daten für die beiden verschiedenen Aufgabenstellungen getrennt voneinander gespeichert werden.

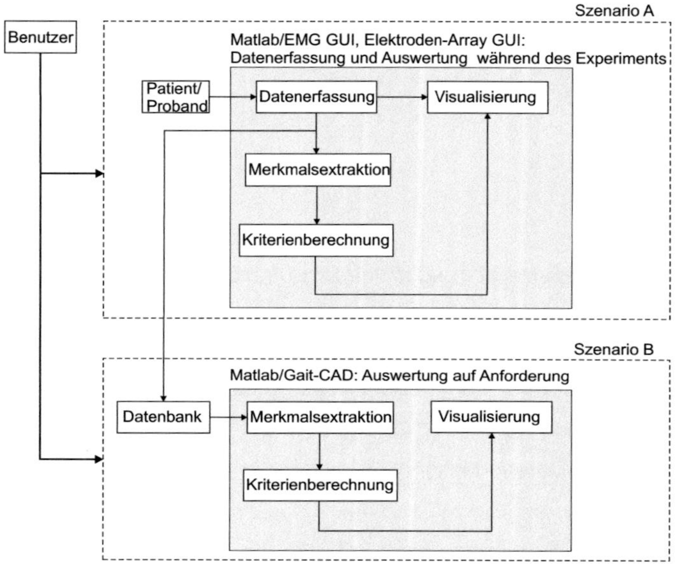

Bild 5.1: Konzept zur Umsetzung der entwickelten Methoden.

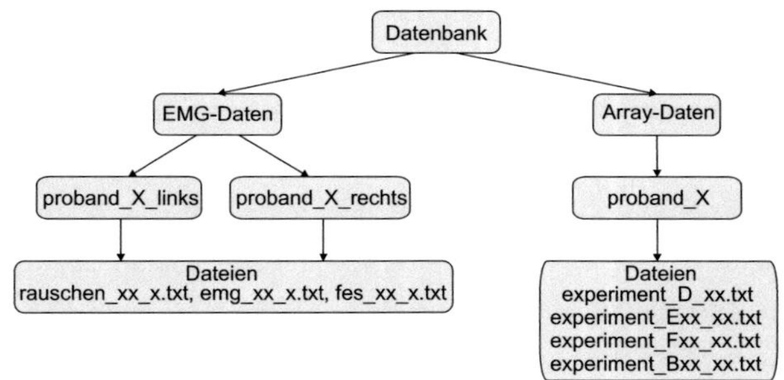

Bild 5.2: Struktur der Datenbank.

Aufgrund der konstruktiven Besonderheiten des experimentellen Aufbaus des Labormusters können Untersuchungen mit dem Elektroden-Array nur an der rechten Extremität durchgeführt werden. Bei den EMG-Sensoren können dagegen beide Extremitäten untersucht werden, so dass die Daten zusätzlich in *Proband_X_links*- und *Proband_X_rechts*-Ordner aufgeteilt werden. Die Datenbank beinhaltet Rohdaten, die im ASCII-Format abgespeichert sind.

5.2 Instrumentarium

Die Umsetzung der vorgestellten Methoden forderte die Entwicklung einer neuen Hard- und Software. Für die Methoden wurden jeweils ein experimenteller Aufbau, eine grafische Benutzeroberfläche sowie die entsprechenden Datenverarbeitungsalgorithmen entwickelt. Im Folgenden werden die entwickelten Werkzeuge vorgestellt und diskutiert. Die komplette Anleitung zur Handhabung der genannten Hard- und Software findet sich in Anhang 8.4.

5.2.1 Hardware

Die Hardware-Entwicklung gliedert sich in zwei Teile:

- Entwicklung eines mobilen EMG-Messsystems zur Signalaufnahme sowie zur Steuerung während der Elektrostimulation und
- Entwicklung eines Steuer- und Messsystems zur automatischen Evaluation von Positionen für Stimulationselektroden.

Mobiles EMG-Messsystem „MyoMesS" zur Signalaufnahme sowie zur Steuerung während der Elektrostimulation

Zur Erfassung der EMG-Daten wurde im Rahmen dieser Arbeit ein tragbares Messsystem „MyoMesS " entwickelt. Das Messsystem ermöglicht die EMG-Ableitung auch bei gleichzeitiger Elektrostimulation. Die EMG-Ableitung während der FES stellt ein großes Problem in der FES-basierten

Neuroprothetik dar. Die durch Elektrostimulation verursachte Störung kann wesentlich größer als das eigentliche EMG-Nutzsignal sein. Das verfälschte EMG-Signal lässt sich auch durch den Einsatz von digitalen Filtern nicht nachbehandeln. Das rührt daher, dass der Operationsverstärker des EMG-Sensors durch die starken elektrischen Stimuli in Sättigung gerät und in diesem Zustand keine Signale durchlässt. Der nachfolgende Einschwingvorgang des Operationsverstärkers kann bis zu 300 ms dauern, was die Extraktion der Willkür-EMG aus dem evozierten EMG-Signal unmöglich macht. Viele Wissenschaftler aus den EMG- und Neuroprothetik-Forschungsgemeinden beschäftigen sich mit der Problematik [76, 87, 94, 132, 160, 162, 182, 193, 215, 218, 230, 238]. Derzeit gibt es allerdings noch kein kommerzielles System, das die Messungen des EMG-Signals während der Elektrostimulation ermöglicht.

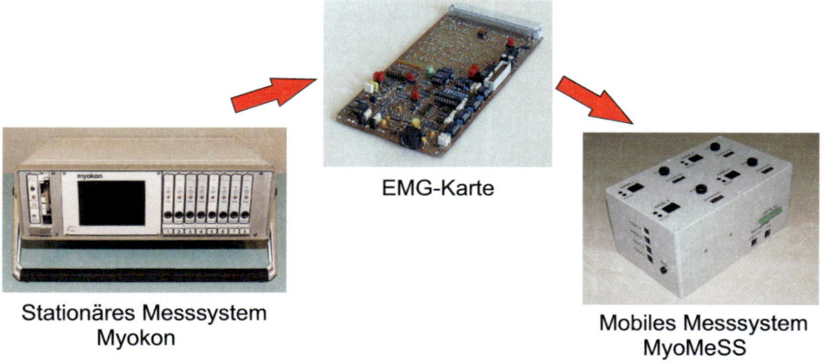

Bild 5.3: „Transfer" der EMG-Karte ins neue Messsystem „MyoMesS" (angepasst von [193]).

In das hier entwickelte „MyoMesS" -System wurde eine analoge Filterschaltung (EMG-Karte) integriert, die in [193] präsentiert ist (siehe Bild 5.3). Die genannte Filterschaltung besteht aus einer Verstärkerstufe, einer Filterkette und einer Endstufe. Das bipolare Ableitsignal wird durch die Verstärkerstufe in ein unipolares Signal umgewandelt und verstärkt. Danach wird das unipolare Signal mit der Filterkette gefiltert, so dass die nieder- und hochfrequenten Störungen außerhalb des wesentlichen Nutzfrequenzgehalts des EMG-Signals mit hoher Dämpfung unterdrückt werden. Zum Schluss verstärkt die Endstufe nochmals das vorverstärkte und gefilterte unipolare Signal. Die Erkennung von Stimulationsartefakten findet durch die Störungserkennungsschaltung statt. Diese Schaltung erkennt nicht nur die FES-Stimuli, sondern auch unabhängig davon ein Abheben der Signal- oder Bezugselektrode von der Hautoberfläche und detektiert damit den Ausfall der Messung. Wird mit der Schaltung ein Stimulationspuls erkannt, dann wird die ausgelöste Sprungantwort des Verstärkers durch Erniedrigung der Eingangsverstärkung und gleichzeitiger Erhöhung der unteren Grenzfrequenz der Filterkette unterdrückt [193].

Das stationäre EMG-Messsystem „Myokon" wurde in der Orthopädischen Uniklinik Heidelberg im Rahmen von [193] entwickelt. Es ermöglicht neben der 8-kanalige Aufnahme von EMG-Signalen auch deren gleichzeitige Visualisierung am LCD-Display. Aus praktischen Gründen bedarf es in dieser Arbeit eines tragbaren Messsystems, das nur die folgenden Funktionalitäten besitzen soll:

- Ausblendung von Stimulationspulsen,
- Übertragung der aufgenommenen EMG-Daten zum PC und
- Bereitstellung der analogen EMG-Signale zur Steuerung der Neuroprothese.

Daher wurde ein tragbares Messsystem entwickelt, das sich aus folgenden Komponenten zusammensetzt:

- Gehäuse,
- Anwenderschnittstellen (Bedienpanel),
- Stromversorgung,
- EMG-Karten und -Sensoren (Eigenbau und Eigentum der Orthopädischen Uniklinik Heidelberg) und
- Datenerfassungsmodul zur Erfassung und Übertragung der Daten zum PC (USB-1208FS, Measurement Computing Co., USA).

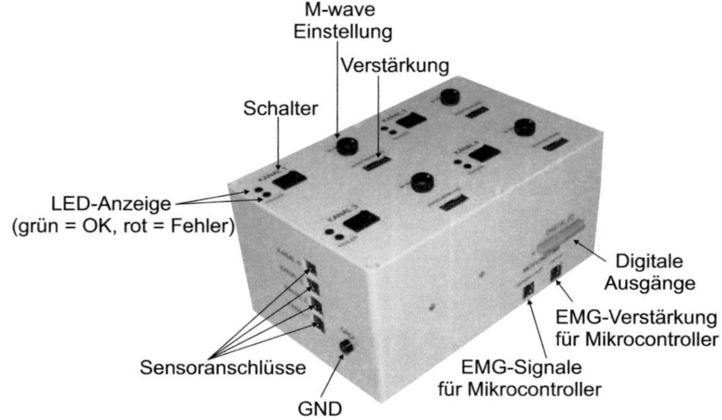

Bild 5.4: „MyoMesS" und Schnittstellen

Bild 5.4 stellt das entwickelte Messsystem dar. Das Messsystem hat vier Kanäle, d.h. vier EMG-Sensoren können gleichzeitig betrieben werden. Jeder Kanal liefert zwei Signale: EMG-Signal und Verstärkung des EMG-Signals. Letzteres entspricht der auf dem Bedienpanel des Messsystems eingestellten Verstärkung. Beide Signale werden mithilfe einer Datenerfassungskarte erfasst und per USB zum PC übertragen. Darüber hinaus sind bei dem Messsystem weitere Schnittstellen vorgesehen, über die z.B. die erfassten Signale von einem Mikrocontroller eingelesen werden können. Das gezeigte Messsystem ist ein funktionsfähiger Prototyp. In Zukunft soll ein miniaturisiertes System zur Erfassung der EMG-Signale für die neue „OrthoJacket" -Neuroprothese eingesetzt werden.

Der komplette Versuchsaufbau besteht aus folgenden Bausteinen (siehe Bild 5.5):

- Elektrostimulator (Motionstim 8, Kraut+Timmerman, Hamburg) mit zwei rechteckigen selbstklebenden Stimulationselektroden (Axelgaard Manufacturing Co. Inc., USA),

- EMG-Karten und -Sensoren (Eigenbau und Eigentum der Orthopädischen Uniklinik Heidelberg [193]),

- „MyoMesS" und
- Laptop (T61, Lenovo Group Limited, China).

Die Anordnung der Stimulations- und der Messelektroden wird in Bild 5.5 am Beispiel des M. biceps brachii gezeigt. Der Bereich zwischen den beiden Stimulationselektroden ist der Gegenstand der Untersuchung. Deshalb wird der EMG-Sensor zwischen den Stimulationselektroden platziert.

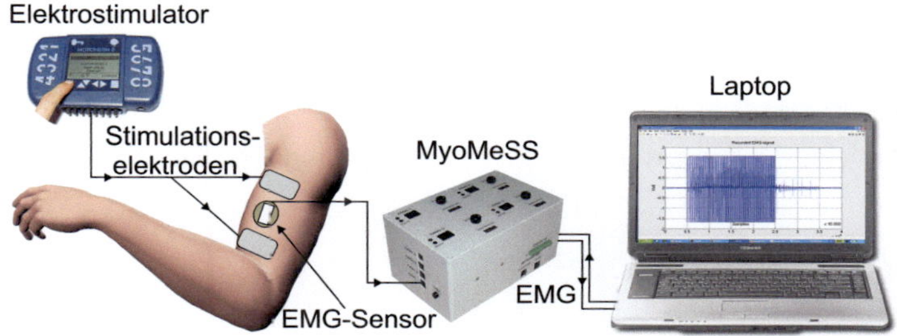

Bild 5.5: Versuchsaufbau zur Validierung der Methode zum automatisierten Auffinden von EMG-Messstellen bei Querschnittgelähmten.

Dabei ist es möglich, dass die EMG-Sensoren während des Betriebs einer Neuroprothese verrutschen und somit verfälschte Steuersignale liefern können. Beim Einsatz von einzelnen EMG-Sensoren kann die Sensorposition nur dann korrigiert werden, wenn die Neuroprothese aus dem Betrieb genommen und vom Prothesenträger abgenommen wird. Die Verbesserung kann hier durch den Einsatz eines EMG-Arrays erfolgen. Um das genannte Problem mit Verrutschen zu minimieren, sind die EMG-Sensoren zusätzlich mit einem doppelseitigen Aufkleber vorgesehen.

Steuer- und Messsystem zur automatischen Evaluation von Positionen für Stimulationselektroden

Im Rahmen des „OrthoJacket" -Projekts wurde ein mikrocontrollerbasiertes Messsystem entworfen, bei dem durch den Einsatz von zwei Elektroden-Arrays und automatisierten Signalanalysemethoden die Suche nach der optimalen Position der Stimulationselektroden effizienter gestaltet werden kann [29]. Das Messsystem besteht also aus folgenden Komponenten:

- runde selbstklebende Stimulationselektroden (Axelgaard Manufacturing Co. Inc., USA),
- Elektrostimulator (Motionstim 8, Fa. Kraut+Timmerman, Hamburg),
- Laptop (T61, Lenovo Group Limited, China),
- Mikrocontroller-Box (Starter Kit PIC32MX360F, I/O Extension Board PIC32, Microchip Technology Inc., USA),
- Relais-Box (Eigenbau) und
- zwei Inertialsensoren (IMU 6 DoF Razor, Sparkfun Electronics, USA).

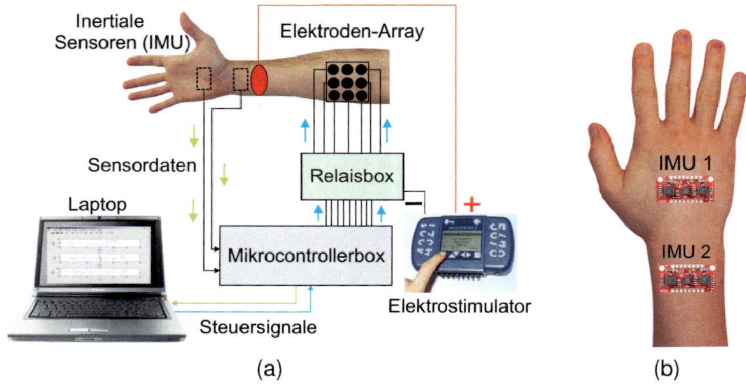

Bild 5.6: Prinzipbild zum Messaufbau und Signalfluss (a) Gesamtsystem und (b) Positionierung inertialer Sensoren.

Bild 5.6a stellt schematisch den experimentellen Aufbau mit dem entwickelten Messsystem dar. Die Steuersignale für den Mikrocontroller werden am Laptop generiert. Diese Signale werden über RS-232 an den Mikrocontroller übertragen. Auf Basis der empfangenen Steuersignale steuert der Mikrocontroller seine digitalen Ausgänge an. Diese sind über bipolare Transistoren mit den Relaisspulen der Relais-Box verbunden. Die Relais-Box beinhaltet zwei Platinen: eine zur Ansteuerung der Beugerseite und die andere für die Streckerseite. Jede Kathodenleitung verbindet die Platinen mit dem Elektrostimulator. Die Kathodenleitung wird auf jeder Platine aufgesplittet, so dass die Schließkontakte von den Relais mit der Kathodenleitung verbunden sind. Am Ausgang der Relaisbox sind zwei Arrays mit selbstklebenden Stimulationselektroden angeschlossen, die auf den beiden Seiten des Unterarms angebracht werden (im Bild 5.6a nur Beugerseite gezeigt). Bei der genannten Anordnung können sowohl das Beugen als auch das Strecken des Handgelenks generiert werden. Außerdem bewirkt die gleichzeitige Elektrostimulation auf den beiden Seiten ein Zusammenspiel, das dem natürlichen Prinzip Agonist-Antagonist ähnlich ist. Die Anzahl der Relais in der Relaisbox entspricht der Anzahl der Stimulationselektroden auf den Arrays, so dass jedes Relais die Weiterschaltung der generierten Signale auf die einzelne Elektrode bewirkt. Zur Elektrostimulation werden außerdem die Anodenleitungen benötigt, die auch auf den Unterarm platziert werden. Die durch die Elektrostimulation evozierten Handgelenk-Bewegungen werden mit inertialen Modulen (IMU) erfasst und über die Mikrocontroller-Box per RS-232 zum Laptop übertragen. Jeder IMU ist ein 6 DoF-Sensor, der aus einem 3 DoF-Drehraten- und einem 3 DoF-Beschleunigungssensor besteht. Die Anordnung der IMU-Module ist so gewählt, dass der IMU 2 als Bezugssignal für den auf dem Handrücken platzierten IMU 1 dienen soll (vgl. Bild 5.6b). Die IMU-Signale werden am Laptop empfangen, abgespeichert und zur Bewegungsanalyse verarbeitet.

Bild 5.7 zeigt das realisierte Messsystem. Der Handschuh und das Armband wurden entwickelt, um das Fixieren der IMU-Module auf dem Handrücken und auf dem Handgelenk zu ermöglichen. Dazu werden die Klettverschlüsse verwendet. Die Mikrocontroller-Box ist in Bild 5.8 zu sehen. Im Inneren dieser Box finden sich die Mikrocontroller-Platine StarterKit PIC32 und eine Erweiterungsplatine, die den Zugang zu den Anschlüssen des Mikrocontrollers ermöglicht. Die LED-Indikatoren zeigen an, ob die Stimulation an (rot) oder aus (grün) ist.

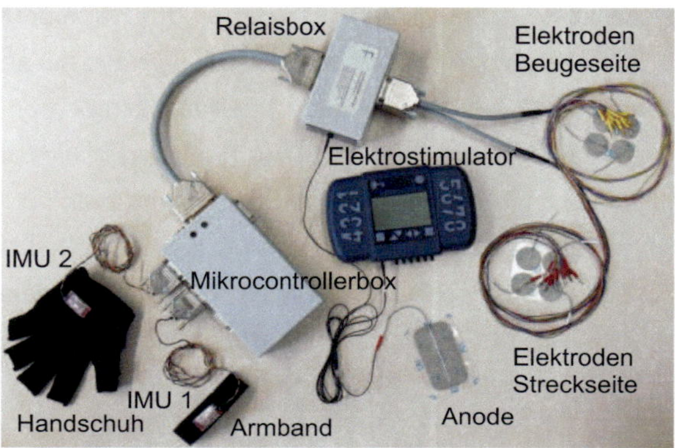

Bild 5.7: Neues Messsystem zum Auffinden der optimalen Position von Stimulations-elektroden.

Bild 5.8: Mikrocontroller-Einheit.

Da die querschnittgelähmten Probanden ihre Gliedmaßen nur begrenzt kontrollieren können, bedarf es einer mechanischen Einrichtung, die den Unterarm während des Experiments stabil fixieren kann. Daher wurde zur Fixierung des Unterarms eine Unterlage aus Plexiglas entwickelt (vgl. Bild 5.9). Die gezeigte Unterlage wird an den Tisch mithilfe der Schraubenzangen befestigt. Der Unterarm wird zwischen den festen und schiebbaren Platten platziert und fixiert. Dabei ist keine Polsterung in der Unterlage notwendig, da der Unterarm während des Versuchs mit einer Unterarm-Manschette wegen der Fixierung von Stimulationselektroden ummantelt ist.

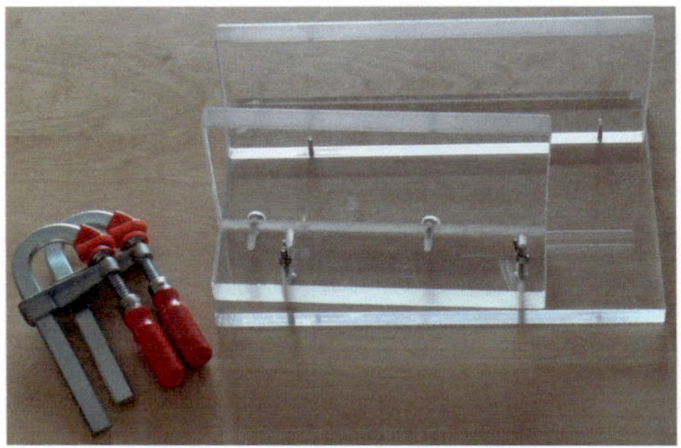

Bild 5.9: Unterlage zur Fixierung des Unterarms.

Der Aufbau hat eine Reihe von Vorteilen. Zum Einen lassen sich alle Elektroden einzeln ansteuern. Dies ermöglicht sowohl die gleichzeitige als auch die zeitverschobene Stimulation einer beliebigen Anzahl an Elektroden. Zum Anderen wird pro Elektroden-Array nur ein Kanal des Elektrostimulators belegt. Für den Aufbau, bei dem der Unterarm beidseitig stimuliert wird, sind insgesamt zwei Kanäle erforderlich. Dieser Aspekt ist von großer Bedeutung, denn der Elektrostimulator verfügt nur über 8 Kanäle, so dass die Durchführung des Experiments ohne den Aufbau nur beschränkt möglich ist. Nachteilig ist allerdings bei dem Aufbau, dass die Änderung von Stimulationsparametern z.B. der Stromstärke nicht für die einzelnen Elektroden, sondern für das komplette Elektroden-Array realisiert werden kann.

Außerdem kann mit dem entwickelten Aufbau die Validierung der Methode nur am rechten Arm durchgeführt werden, da der Mess-Handschuh und die Unterlage zur Fixierung des Unterarms nur für den rechten Arm entwickelt wurden.

5.2.2 Software

Zur Ansteuerung der Hardware, Erfassung und Visualisierung der Messdaten wurde für die beiden Vorgehensweisen eine grafische Benutzeroberfläche (GUI: graphical user interface) erstellt. Die GUIs wurden in MAT-LAB entwickelt, da diese Anwendungssoftware über die Schnittstellen zu einer Vielzahl gängiger Datenerfassungskarten sowie Instrumenten mit unterschiedlichsten Kommunikationsprotokollen verfügt und außerdem für die Umsetzung der Signalverarbeitungsalgorithmen sehr geeignet ist. So ermöglicht z.B. das GUI „EMG-Methode" die Aufnahme und die Analyse der EMG-Signale für alle relevanten Messstellen (siehe Bild 5.10 im Hintergrund). Mit dem GUI „Elektroden-Array" lassen sich folgende Aktionen ausführen (siehe Bild 5.10 im Vordergrund):

- Aufnahme/Generierung der Referenz-Bewegung,
- Aufnahme der Bewegungen, die durch Elektrostimulation entstanden sind (FES-Bewegungen) und
- Suche nach der besten Elektroden-Kombination.

Eine detaillierte Bedienungsanleitung zu den beiden GUIs findet sich im Anhang.

Die Signalverarbeitung beinhaltet die in MATLAB realisierten Algorithmen, derer Entwicklung in den Kapiteln 3-4 bereits vorgestellt wurde. So wurden z.B. für die Methode zum automatisierten Auffinden von optimalen EMG-Messstellen Algorithmen zur Extraktion der M-Waves, Berechnung und Klassifikation der Merkmale umgesetzt (3.2)-(3.11). Die Realisierung der Methode zur automatisierten Bestimmung von Positionen für Stimulationselektroden forderte die Implementierung von folgenden Algorithmen:

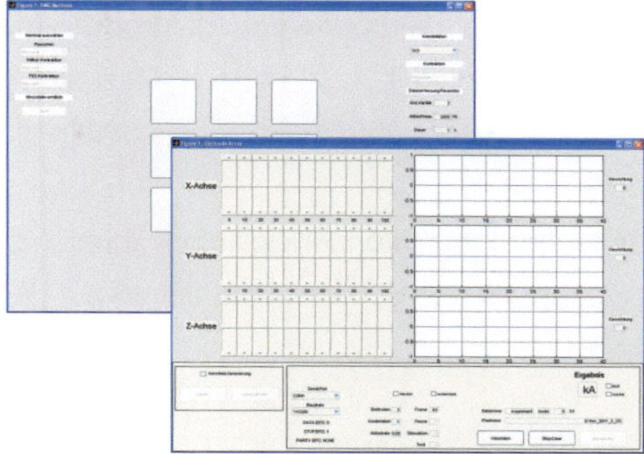

Bild 5.10: Entwickelte GUIs zur Datenerfassung und Visualisierung der Messdaten.

- Algorithmus zur Generierung der Benchmarkdaten (4.18)-(4.21),

- DTW-Algorithmus (4.12)-(4.13),

- LCSS-Algorithmus (4.14)-(4.17) und

- Algorithmus zur Zeitoptimierung (Suchalgorithmus) (4.37)-(4.47).

Außerdem wurde zur Zusammensetzung der Elektroden-Kombinationen ein Algorithmus umgesetzt, der die Kombinationen ohne Wiederholung in der lexikographischen Ordnung generiert. Die lexikographische Ordnung ist eine Vorgehensweise, die die Zusammensetzung neuen Kombinationen aus den Elementen einer linear angeordneten Buchstaben- bzw. Zahlenfolge ermöglicht, wobei die Elemente in der resultierenden Kombinationen ebenso linear angeordnet sind [104]. Für eine Zahlenfolge mit vier Elementen und aufsteigender Anordnung wie $1, 2, 3, 4$ lassen sich beispielsweise folgende Kombinationen in der lexikographischen Ordnung generieren:

1-er Kombinationen (einzelne Elemente): $\{1\}, \{2\}, \{3\}, \{4\},$

2-er Kombinationen: $\{12\}, \{13\}, \{14\}, \{23\}, \{24\}, \{34\},$

3-er Kombinationen: $\{123\}, \{124\}, \{134\}, \{234\},$

4-er Kombinationen: $\{1234\}.$

Da die l durchnummerierten Elektroden des Elektroden-Arrays ebenso eine linear aufsteigende Zahlenfolge $1, 2, ..., l$ bilden, lässt sich die lexikographische Ordnung zur Generierung der Elektroden-Kombinationen darauf anwenden.

Die umgesetzten Algorithmen können sowohl während der Aufnahme aus der Benutzeroberfläche als auch unabhängig davon auf die Messdaten angewendet werden.

5.3 Zusammenfassung

In diesem Kapitel wurden die entwickelte Hard- und Software vorgestellt, die zur Umsetzung des Konzepts zur automatisierten Anpassung von neuronalen Schnittstellen unentbehrlich sind. Mit dem vorgestellten Instrumentarium ist der Anwender in der Lage, die komplette Anpassung der neuronalen Schnittstellen an Querschnittgelähmten durchzuführen. Das vorgestellte Instrumentarium wurde zur Validierung der entwickelten Methoden erfolgreich eingesetzt, was im nachfolgenden Kapitel 6 gezeigt wird.

6 Validierung

6.1 Übersicht

Das vorliegende Kapitel befasst sich mit Fragen der Validierung der in den
Kapiteln 3 und 4 entwickelten Methoden. Zum Nachweis der Funktionalität
sollen die neuen Methoden an gesunden und querschnittgelähmten Probanden validiert werden. Nachfolgend werden für beide Methoden die Aspekte
der Experimentdurchführung sowie die Ergebnisse der Studie diskutiert.

6.2 Validierung der Methode zum automatisierten Auffinden der optimalen EMG-Messstellen bei Querschnittgelähmten

6.2.1 Versuchsdesign

Im Kapitel 3 wurde eine Methode zum automatisierten Auffinden der optimalen EMG-Messstellen bei Querschnittgelähmten vorgestellt. Das Ziel der
Validierung ist es also zu prüfen, ob die genannte Methode das Auffinden
einer EMG-Messstelle mit der besten Signalqualität bei Querschnittgelähmten ermöglichen kann. Zum Zwecke der Validierung wurde daher eine
Kontrollgruppe von Probanden bestehend aus fünf gesunden und einem
querschnittgelähmten Probanden gebildet[1]. Bei jedem Probanden wird an
beiden Armen der Muskel M. bizeps brachii untersucht. Bei querschnittgelähmten Probanden soll die Restaktivität des zu untersuchenden Muskels
messbar sein.

---

[1]Zur Validierung der in der vorliegenden Arbeit entwickelten Methoden stand nur ein querschnittgelähmter Patient zur Verfügung.

Das Experiment zur Validierung dieser Methode besteht aus zwei Teilversuchen: Beim Teilversuch 1 sollen die EMG-Daten aufgenommen werden, die allein durch die Elektrostimulation ohne Mitwirkung des Probanden erzeugt werden. Das Ziel des Teilversuches 2 ist die Aufnahme von Willkür-EMG, die der Proband selbst beim Heben eines Gewichts produzieren kann. Diesbezüglich bieten sich zwei Vorgehensweisen für die Durchführung des gesamten Experiments an.

Bei der ersten Variante werden einzelne Teilversuche separat abgearbeitet. So kann z.B. der Teilversuch 2 erst dann gestartet werden, wenn der Teilversuch 1 komplett abgeschlossen ist. Diese Vorgehensweise hat allerdings mehrere Nachteile. Der erste Nachteil besteht darin, dass die Sensorposition durch die Umpositionierung zwischen den beiden Teilversuchen abweichen kann. D.h. es kann nicht garantiert werden, dass beim Teilversuch 2 dieselbe Sensorposition wie im Teilversuch 1 getroffen wird. Der zweite Nachteil ist der Einsatz der beidseitigen Aufkleber zur Fixierung der EMG-Sensoren. Zum Einen kann dies bei häufigen An- und Abnehmen der EMG-Sensoren zu leichten Hautirritationen führen. Zum Anderen soll bei jeder Umpositionierung ein neuer Aufkleber eingesetzt werden, da der verwendete Aufkleber beim Abnehmen die Hautschuppen mitreißt und dadurch seine Klebeeigenschaften verliert. Dadurch entsteht ein zeitlicher Mehraufwand sowie ein größerer Verbrauch an Aufklebern.

Um die beschriebenen Probleme zu vermeiden, wird eine zweite Vorgehensweise empfohlen. Bei dieser soll die Umpositionierung des EMG-Sensors erst dann stattfinden, wenn alle Teilversuche für eine Messstelle abgeschlossen sind. Daher wurde in der vorliegenden Arbeit die zuletzt beschriebene Vorgehensweise umgesetzt.

Der Teilversuch 1 kann in folgenden Schritten erfolgen:

- *Schritt 1*: Platzierung der FES-Stimulationselektroden
  Bild 6.1 zeigt die Platzierung der Stimulationselektroden am M. bizeps brachii. Die Stimulationselektroden sollen an den Stimulator so an-

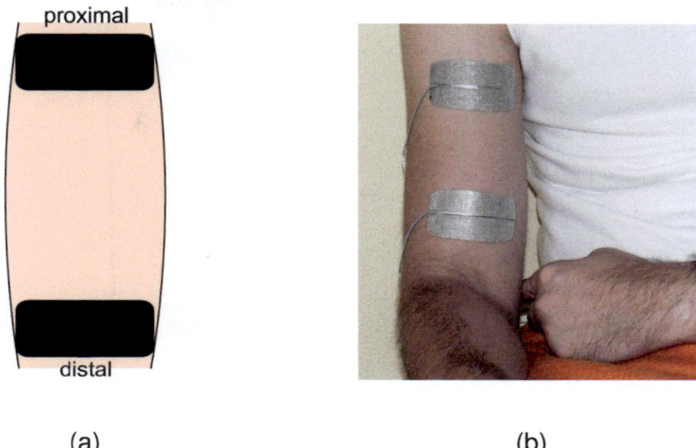

Bild 6.1: Platzierung der FES-Stimulationselektroden am M. bizeps brachii (a) Schematische Darstellung (b) Experimentelle Realisierung.

geschlossen werden, dass die distale Elektrode als Kathode und die proximale Elektrode als Anode agieren.

- *Schritt 2*: Ermittlung und Einstellung der Elektrostimulationsparameter

  Die Stromstärke, Pulsbreite und die Stimulationsfrequenz sind die Parameter der Elektrostimulation. Die genannten Parameter werden einmalig eingestellt und während des Experiments nicht mehr variiert. Dies ist damit zu begründen, dass die Aufnahmen für alle Messstellen unter gleichen Bedingungen stattfinden sollen. Die Pulsbreite bleibt unverändert bei der Standard-Einstellung von $200\mu s$. Die Stimulationsfrequenz soll von der Arbeitsfrequenz, die zwischen 16 und 20 Hz liegt, auf ein Minimum von 1 Hz reduziert werden. Der Vorteil der niedrigen Frequenz liegt darin, dass zum Einen sich die Muskelermüdung langsamer entwickelt und zum Anderen die M-Waves-Extraktion weniger fehleranfällig ist. Die Stromstärke der FES muss bei jedem Patient individuell angepasst werden. Sie soll genau so hoch eingestellt werden, dass die einzelnen Zuckungen des Muskels sichtbar sind.

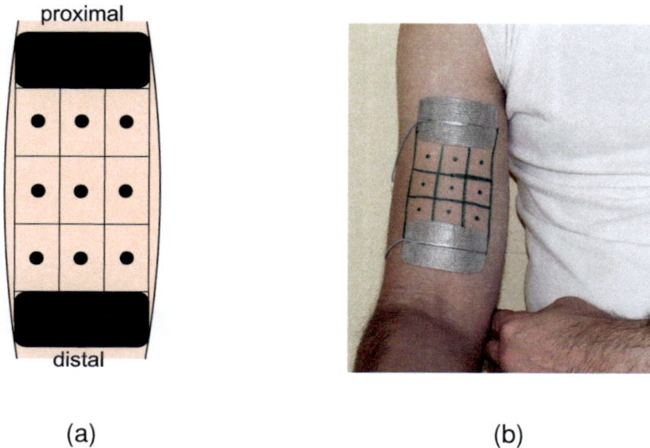

(a)   (b)

Bild 6.2: Platzierung der FES-Stimulationselektroden am M. bizeps brachii: (a) Schematische Darstellung (b) Experimentelle Realisierung.

- *Schritt 3*: Bestimmung der EMG-Messstellen
  Die Bereich zwischen den beiden Stimulationselektroden wird in neun gleiche Rechtecke aufgeteilt. Der Mittelpunkt von jedem Rechteck soll dann als Messstelle markiert werden (vgl. Bild 6.2).

- *Schritt 4*: Kontrolle des Messaufbaus durch die Checkliste „EMG-Aufnahme" (siehe Anhang 8.4.3)

- *Schritt 5*: Aufzeichnung der EMG-Daten während der Elektrostimulation
  Der Proband wird gebeten, eine komfortable (aufrechte) Sitzposition einzunehmen. Der betroffene Arm soll entspannt hängen gelassen werden (vgl. Bild 6.3). In dieser Position soll der Arm während des gesamten Experiments bleiben. Es werden dann alle markierten Stellen durchgegangen. Pro Messstelle werden fünf Messaufnahmen je 10 s aufgezeichnet. Zwischen den Messaufnahmen wird bei Gesunden etwa 10 s und bei Querschnittgelähmten etwa 30 s pausiert. Je nach Kondition der Muskeln kann sich die durch die FES hervorgerufene Muskelermüdung auch bei niedrigen Frequenzen bemerkbar machen. Daher soll der Proband während des Wechsels zwischen den Messstellen mindestens 300s pausieren.

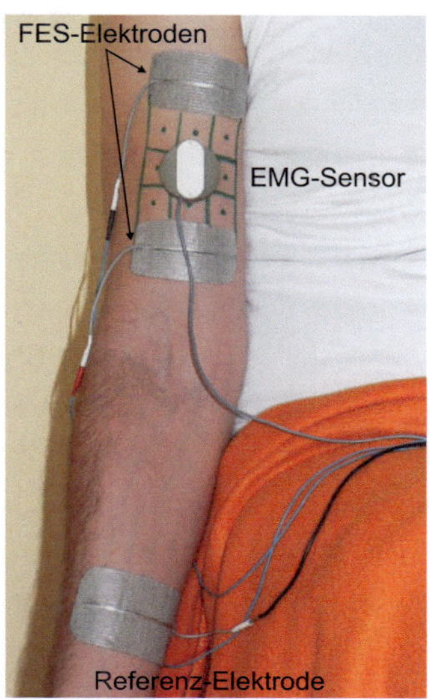

Bild 6.3: Proband während der Aufnahme des durch die FES evozierten EMG-Signals.

Der Teilversuch 2 wird wie folgt durchgeführt:

- *Schritt 1*: Auswahl des Gewichts

  Während des Experiments mit dem Willkür-EMG sind die isometrischen Kontraktionen aufzunehmen. Die Kraftentwicklung soll bei $90°$ gebeugten Ellenbogen mit einem Gewicht realisiert werden. Da in diesem Fall dasselbe Gewicht zur Kraftentwicklung bei allen Messstellen verwendet wird, können die aufgenommenen EMG-Signale miteinander verglichen werden. Die Auswahl des Gewichts hängt von den Faktoren wie gesundheitlicher Zustand, Körperbau sowie Muskelkondition ab. Daher soll ein Gewicht für jeden Probanden individuell ausgesucht werden. Grundsätzlich sind dabei Kriterien zu beachten wie Amplitude des EMG-Signals und die stabile Kraftentwicklung während der Aufnahme. Bei querschnittgelähmten Probanden kann sich die Anpassung des Gewichts etwas schwieriger gestalten, da sich die mit jeder Aufnahme zunehmende Müdigkeit nicht vorhersagen lässt. Trotz anfänglicher guter

Leistung sollen bei Querschnittgelähmten eher kleinere Gewichte verwendet werden, um Erschöpfung der Muskulatur zu vermeiden.

- *Schritt 2*: Kontrolle des Messaufbaus durch die Checkliste „EMG-Aufnahme" (siehe Anhang 8.4.3)

- *Schritt 3*: Aufzeichnung des EMG-Grundrauschens

  Um die Aussage über die Qualität des Willkür-EMGs treffen zu können, soll für jede Messstelle das Signal-to-Noise-Ration (SNR) gemäß Gl. (6.1) berechnet werden. Zu ihrer Berechnung werden außer dem Nutzsignal (Willkür-EMG) auch die Informationen über das EMG-Grundrauschen benötigt. Der Proband soll sich während der Signalaufnahme in der Position wie im Bild 6.3 befinden. Die Aufzeichnung des Grundrauschens findet am entspannten Arm ohne Einsatz der FES statt.

- *Schritt 4*: Aufzeichnung der Willkür-EMG-Daten

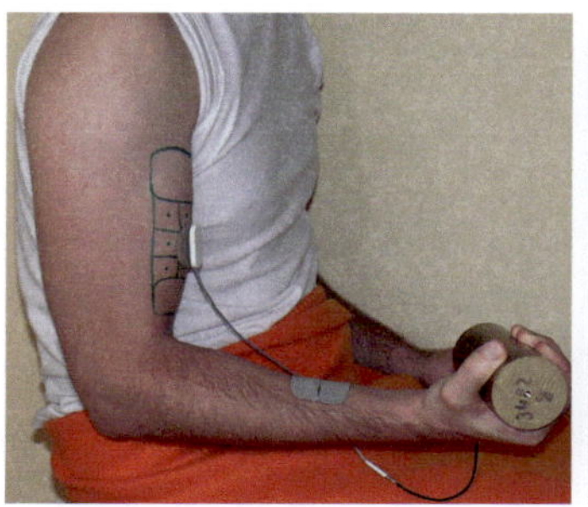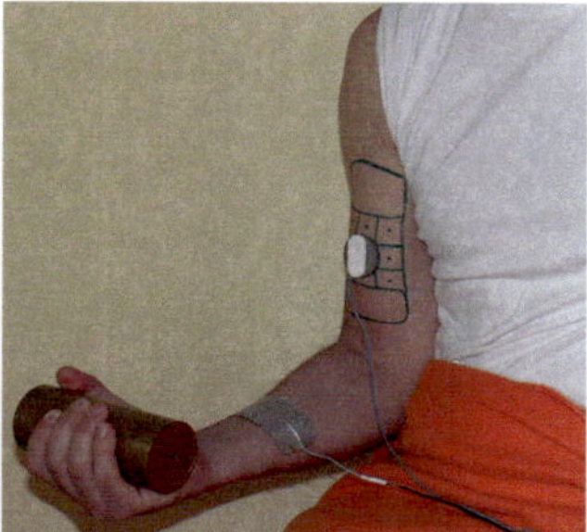

Bild 6.4: Proband während der Aufnahme des willkürlichen EMG-Signals.

Der Proband befindet sich in einer aufrechten Sitzposition. Er wird gebeten den Ellenbogen um einen $90°$ Winkel zu beugen. Dabei ist zu beachten, dass der Unterarm parallel zum Boden und die Hand mit der Handfläche nach oben ausgerichtet sind (vgl. Bild 6.4). Der Proband soll mit gegebenem Gewicht diese Position während der EMG-Aufnahme beibehalten. Die Dauer einer Aufnahme soll 10 s betragen, was die

Aufzeichnung von mindestens neun Stimulationspulse garantiert. Pro Messstelle werden fünf EMG-Aufnahmen gemacht. Um den Einfluss der Ermüdungseffekte zu reduzieren, soll zwischen den Aufnahmen jeweils eine Pause von 30 s bei Gesunden und mindestens 60 s bei Querschnittgelähmten angelegt werden. Während des Wechsels zwischen den Messstellen soll der Proband mindestens 300 s pausieren.

Bild 6.5 stellt schematisch weitere Schritte zur Validierung der Methode dar. Zur Bewertung der Messstellen werden für jede Messstelle drei unterschiedliche EMG-Signale gemessen: Rauschen, Willkür-EMG und eEMG. Wie bereits geschildert, werden die qualitätsrelevanten Merkmale von evozierten EMG-Signalen aus den M-Waves gemäß Gln. (3.5-3.7) extrahiert. Diese sind die Peak-to-Peak Amplitude M^{peak}, die Dauer zwischen den Peaks $M^{duration}$ sowie die zwischen der M-Wave und der Nulllinie eingeschlossene Fläche M^{area}.

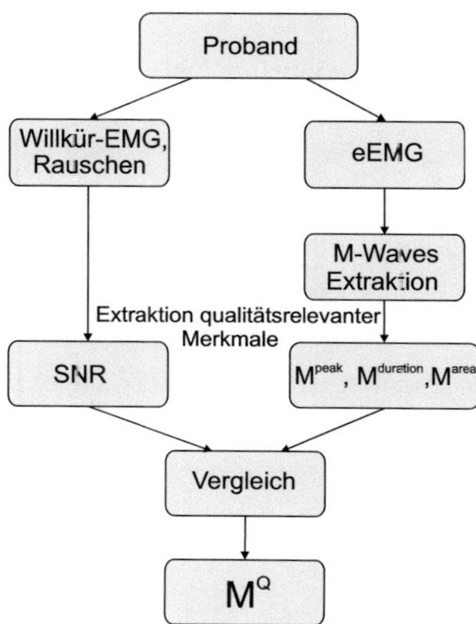

Bild 6.5: Schema zur Bestimmung eines aus den M-Waves extrahierten qualitätsrelevanten Merkmals anhand des Vergleichs mit dem SNR-Merkmal des Willkür-EMG .

Die Merkmale des Willkür-EMG werden direkt aus dem Signal extrahiert. Das Signal-to-Noise-Ration (SNR) stellt ein klassisches Maß zur Signalqualität von EMG-Signalen dar [56, 70, 107]. Das SNR wird durch das Verhältnis der Leistung des Nutzsignals P_{signal} zur Leistung des Rauschens P_{noise} definiert [118]:

$$SNR = 10\log\frac{P_{signal}}{P_{noise}}. \qquad (6.1)$$

Laut der Formel (6.1) sind zur Ermittlung der Signalqualität bzw. des SNR der zu untersuchenden Messstellen zwei unterschiedlichen Signale pro Messstelle erforderlich. Bei dem ersten Signal handelt es sich um das rauschfreie Nutzsignal. Dieses Signal soll durch eine isometrische Kontraktion mit einem Gewicht willkürlich generiert werden. Ein rauschfreies Nutzsignal kann allerdings mit einem EMG-Sensor nicht erfasst werden. Unter der Voraussetzung des additiv überlagerten Rauschens ist das EMG-Signalmodell durch

$$x_{roh}(k) = x_{signal}(k) + n(k), \ k = 1,...,L \qquad (6.2)$$

gegeben. Dabei ist $x_{roh}(k)$ das gemessene Willkür-EMG-Signal und $n(k)$ das gemessene Rauschen. Da zur Berechnung des SNR das wahre Nutzsignal $x_{signal}(k)$ benötigt wird, kann durch die Filterung des Rohsignals $x_{roh}(k)$ ein Schätzwert von $x_{signal}(k)$ ermittelt werden. Es ist bekannt, dass die Signalanteile eines Willkür-EMGs bei einer isometrischen Kontraktion im Bereich bis 300 Hz konzentriert sind [51]. Daher ergibt sich die Schätzung $\widehat{x}_{signal}(k)$ durch die Filterung des Rohsignals $x_{roh}(k)$ mit einem Tiefpassfilter vierter Ordnung mit der Eckfrequenz von 300 Hz. Somit lässt sich das SNR einer Messstelle mit dem folgenden Ausdruck bestimmen [126]:

$$SNR_1 = 10\log\frac{\frac{1}{L}\sum_{k=1}^{L}\widehat{x}_{signal}^{2}(k)}{\frac{1}{L}\sum_{k=1}^{L}n^2(k)} \qquad (6.3)$$

Da das SNR fast ausschließlich von der Elektroden- und Hautimpedanz abhängt [70], kann diese Vorgehensweise bei separaten Aufnahmen der Signalen $x_{roh}(k)$ und $n(k)$ (d.h. die Signale wurde zu unterschiedlichen Zeitpunkten aufgenommen) zu falschen Ergebnissen führen. Als Alternative kann aus dem gemessenen Signal $x_{roh}(k)$ auch der Rauschanteil $\widehat{n}(k)$ durch die Filterung mit einem Hochpassfilter vierter Ordnung mit der Eckfrequenz von 300 Hz geschätzt werden. Dabei werden die niederfrequenten Störsignale wie z.B. die Netzfrequenz und das Vielfache davon als Bestandteil des Nutzsignals betrachtet. Die Formel (6.3) ergibt sich dann zu:

$$SNR_2 = 10\log \frac{\frac{1}{L}\sum_{k=1}^{L}\widehat{x}_{signal}^2(k)}{\frac{1}{L}\sum_{k=1}^{L}\widehat{n}^2(k)} \tag{6.4}$$

Bild 6.6 zeigt die Gegenüberstellung der zur Berechnung der SNR_1- und SNR_2-Merkmale verwendeten Signale $x_{roh}^2(k)$, $\widehat{x}^2(k)$, $n^2(k)$ sowie $\widehat{n}^2(k)$. Zur besseren Darstellung wurden diese Signale zusätzlich mit einem Tiefpassfilter vierter Ordnung mit der Eckfrequenz von 2 Hz geglättet.

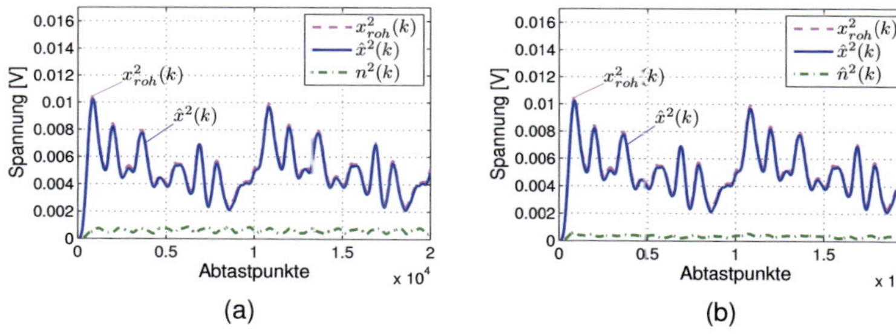

Bild 6.6: Gegenüberstellung der zur Berechnung der SNR-Merkmale verwendeten Rausch- und Nutzsignale (aufgenommen am querschnittgelähmten Probanden mit $f_a = 2000$ Hz, geglättet mit $f_{smooth} = 2$ Hz): (a) Signale für SNR_1-Merkmal (b) Signale für SNR_2-Merkmal.

Bild 6.6a zeigt die Signale, die zur Berechnung des SNR_1-Merkmals verwendet werden. Die Signalkomponenten, die zur Berechnung des SNR_2-Merkmals benötigt werden, sind im Bild 6.6b gezeigt. Dabei ist der Unterschied zwischen dem aufgenommenen Rauschen $n(k)$ und dem aus dem $x_{roh}(k)$-Signal geschätzten Rauschen $\widehat{n}(k)$ zu sehen.

Die Messstelle mit der besten Signalqualität kann mit den SNR-Merkmalen $M^{SNR_1} = SNR_1$ und $M^{SNR_2} = SNR_2$ in gleicher Weise wie in den Gln. (3.9-3.11) bestimmt werden:

$$n^{SNR_1}_{emg,max} = \underset{n_{emg}}{\operatorname{argmax}} \; \overline{M}^{SNR_1}_{n_{emg}} \quad \text{und} \tag{6.5}$$

$$n^{SNR_2}_{emg,max} = \underset{n_{emg}}{\operatorname{argmax}} \; \overline{M}^{SNR_2}_{n_{emg}}. \tag{6.6}$$

Die Messstellen, die die qualitätsrelevanten Merkmale der beiden EMG-Arten, Willkür-EMG und evoziertes EMG (eEMG), als Ergebnisse liefern, werden miteinander verglichen (vgl. Bild 6.5). Zuerst ist es dabei herauszufinden, wie sehr die aus den Merkmale M^{SNR_1} und M^{SNR_2} resultierenden Messstellen miteinander übereinstimmen. Daraus soll eine Aussage abgeleitet werden, ob das Merkmal M^{SNR_2} für weitere Schritte einsetzbar ist. Ist ein qualitätsrelevantes Merkmal des Willkür-EMG festgelegt, so wird es nach Übereinstimmungen zwischen dem letzteren und den eEMG-Merkmalen in den resultierenden Messstellen gesucht. Da das Auffinden der EMG-Messstellen anhand des Willkür-EMG ein Standardverfahren ist und daher als Referenz angesehen werden kann, bedeutet so eine Übereinstimmung, dass das betroffene eEMG-Merkmal als qualitätsrelevantes Merkmal M^Q bei der neuen Methode eingesetzt werden kann.

6.2.2 Ergebnisse

Die Validierung dieser Methode wurde mit sechs Probanden durchgeführt. Bei den Probanden wurde von jedem Arm ein Datensatz aufgenommen, so dass sich insgesamt 12 Datensätze ergaben. Jeder Datensatz beinhaltet 135 Aufnahmen (9 Messstellen x 5 Aufnahmen pro Messstelle x 3 Signalarten). Aus den aufgenommenen Daten wurden die vorgestellten Merkmale mit Gln. (3.5-3.7) sowie mit Gln. (6.3-6.4) extrahiert. Die damit erhaltenen Ergebnisse, die mit den Gln. (3.9-3.11) und Gln. (6.5-6.6) ermittelt wurden, sind in die Tabellen 6.1- 6.4 für die gesunden bzw. den querschnittgelähmten Probanden zusammengetragen. Tabelle 6.1 umfasst die mittels der zu untersuchenden Merkmale ermittelten EMG-Messstellen. Die Anordnung der Messstellen ist ebenso in der Tabelle 6.1 zu finden.

Proband	Merkmale					Nummer.
	Willkür-EMG		M-Waves			
	M^{SNR_1}	M^{SNR_2}	M^{peak}	$M^{duration}$	M^{area}	proximal
Prob. A links	1	7	4	4	4	
Prob. A rechts	9	9	9	5	2	
Prob. B links	1	1	2,5,8	2,5,8	2,5,8	
Prob. B rechts	5	5	2,5,8	2,5,8	2,5,8	
Prob. C links	8	8	8	8	8	
Prob. C rechts	6	6	2	2	2	
Prob. D links	1	1	1	1	1	
Prob. D rechts	5	5	8	1	1	
Prob. E links	5	5	5	9	5	distal
Prob. E rechts	6	6	5	4	5	

Tabelle 6.1: Gefundene Messstellen als Ergebnisse der Validierung an gesunden Probanden.

Auf der Basis der in der Tabelle 6.1 dargestellten Informationen lassen sich folgende Aussagen ableiten. So ist es z.B. ersichtlich, dass die Messstellen bei den Merkmalen M^{SNR_1} und M^{SNR_2} bis auf den Fall „Proband A links" miteinander übereinstimmen. Bei dem Fall „Proband A links" handelt es sich offensichtlich um einen Messfehler. Daher kann angenommen werden, dass der Einfluss der Elektroden- und Hautimpedanz während der kurzen Aufnahmen vernachlässigbar ist. Bei einer Langzeitmessung kann sich allerdings die Änderung der Impedanz wesentlich bemerkbar machen und somit das Merkmal M^{SNR_1} beeinflussen. Daher soll im Weiteren nur das M^{SNR_2}-Merkmal als qualitätsrelevantes Merkmal des Willkür-EMGs betrachtet werden. Die Messstellen, die mit Gl. (6.6) ermittelt wurden, sollen als Referenz-Werte bei der Suche nach dem besten qualitätsrelevanten M-

Waves-Merkmal herangezogen werden. Die meisten vollständigen Überein-stimmungen (blau markiert) mit dem M^{SNR_2}-Merkmal weist, wie erwartet, das Peak-to-Peak Merkmal M^{peak} auf. Außerdem werden in den vier weiteren Fällen (magenta markiert) die benachbarten Stellen getroffen. Proband B stellt dabei einen besonderen Fall dar. Bei dem Probanden konnten bei mehreren Versuchen nur wenige Aufnahmen während der Elektrostimulation erfolgreich absolviert werden, da die Filterschaltung die Stimuli fehlerhaft detektierte und somit die weitere Signalverarbeitung erschwerte. Die danach folgende Ermittlung der relevanten Messstellen lieferte für alle drei M-Waves-Merkmale dasselbe Ergebnis „2, 5, 8 ". Dies ist so zu interpretieren, dass die Messstellen 2, 5 und 8 die beste Signalqualität aufweisen, was physiologisch zweifelhaft ist. Das Ergebnis deutet darauf hin, dass es sich im Falle des Probanden B um den Einfluss der Elektroden- und Hautimpedanz aufgrund einer besonderen Hautbeschaffenheit handelte.

Messstelle	Merkmale				
	Willkür-EMG		M-Waves		
	M^{SNR_1}	M^{SNR_2}	M^{peak}	$M^{duration}$	M^{area}
Messstelle 1	**23,08**	25,47	3,74	15	84,16
Messstelle 2	14,39	19,28	3,31	15	73,96
Messstelle 3	12,25	14,29	1,57	17	35,01
Messstelle 4	22,59	24,87	**4,67**	**65**	**336**
Messstelle 5	18,24	20,31	3,14	15	68
Messstelle 6	14,18	18,41	1,75	18	37,22
Messstelle 7	21,92	**29,52**	4,19	16	92,56
Messstelle 8	16,69	18,79	3,32	24	71,46
Messstelle 9	13,58	16,14	2,26	17	46,02

Tabelle 6.2: Berechnete Bewertungsmaße pro Messstelle am Beispiel des gesunden Probanden A (links).

Tabelle 6.2 umfasst die berechneten Bewertungsmaße am Beispiel des gesunden Probanden A. Hervorgehoben sind dabei die besten Werte, worauf die Entscheidung über die Messstellen beruht. Demnach liefert das SNR_1-Merkmal die Messstelle 1 als bestes Ergebnis und das SNR_2-Merkmal die

Messstelle 7. Die Messstelle 4 wurde einstimmig von allen drei M-Waves-Merkmale zu der besten Messstelle gewählt. Diese Ergebnisse sind dann in der Tabelle 6.1 wieder zu finden.

Etwas schwierig gestaltete sich die Validierung der Methode an einem querschnittgelähmten Probanden. Insbesondere hat die Aufnahme der willkürlichen EMG-Signale Probleme bereitet. Das lag daran, dass obwohl der Proband intakte M.bizeps brachii hatte, er nicht in der Lage war, allein die in dem Teilversuch 2 beschriebene Ellenbogenflexion „sauber" auszuführen (siehe Abschnitt 6.2.1). Diese konventionelle Vorgehensweise ist für die Anwendung der neuen Methode ohne Belang, da die Aufnahme der willkürlichen EMG-Signale nur zur Validierung der Methode notwendig war. Jedoch zeigte die Validierung noch einmal die Grenzen der konventionellen Methode zum Auffinden der EMG-Messstellen bei Querschnittgelähmten.

Tabelle 6.3 präsentiert die Ergebnisse der Validierung an dem querschnittgelähmten Probanden. In diesem Fall lieferten die Merkmale M^{peak} und M^{area} die vollständige Übereinstimmung mit dem Referenz-Merkmal M^{SNR_2}. Darüber hinaus kann aus den Tabellen 6.1 und 6.3 entnommen werden, dass das Merkmal M^{area}, das die Fläche zwischen der M-Wave und der Nulllinie darstellt, in den meisten Fällen mit dem Peak-to-Peak-Merkmal M^{peak} korreliert. Dagegen kann der zeitliche Abstand zwischen den Spitzenwerten einer M-Wave $M^{duration}$ nicht als qualitätsrelevantes Merkmal verwendet werden.

Proband	Merkmale				
	Willkür-EMG		M-Waves		
	M^{SNR_1}	M^{SNR_2}	M^{peak}	$M^{duration}$	M^{area}
Prob. F links	3	3	3	1	3
Prob. F rechts	8	8	8	9	8

Tabelle 6.3: Ergebnisse der Validierung an einem querschnittgelähmten Probanden.

Tabelle 6.4 zeigt die berechneten Bewertungsmaße für jede Messstelle am Beispiel des linken Arms des Probanden F. Dabei ist zu sehen, dass die qualitätsrelevanten Merkmale M^{SNR_1} und M^{SNR_2} für mehrere Messstellen einen Wert von Null lieferten. In diesem Fall ist das Nutzsignal nicht vom Rauschen zu unterscheiden. Es wird also angenommen, dass dieses Verhalten durch die bereits beschriebene Problematik bei der Aufnahme der willkürlichen EMG-Signale zu erklären ist. Bei Querschnittgelähmten kann auch sehr trockene Haut wegen der ausgefallenen Schweißproduktion dazu beitragen, dass die Signalqualität sehr gering ist. Um das zu vermeiden, sollen die betroffenen Hautareale vor dem Aufsetzen der EMG-Sensoren mit etwas Wasser befeuchtet werden.

| Messstelle | Merkmale | | | | |
| | Willkür-EMG | | M-Waves | | |
	M^{SNR_1}	M^{SNR_2}	M^{peak}	$M^{duration}$	M^{area}
Messstelle 1	3,05	4,82	1,55	**21**	36,07
Messstelle 2	0	0	1,88	17	45,15
Messstelle 3	**6,61**	**8,96**	**4,19**	14	**90,78**
Messstelle 4	0	0	1,55	17	34,55
Messstelle 5	0,55	6,98	3,08	14	62,97
Messstelle 6	0	5,07	4,18	13	88,67
Messstelle 7	2,23	8,62	1,41	13	29,88
Messstelle 8	0	7,15	2,95	12	65,39
Messstelle 9	0	7,41	4,18	14	84,35

Tabelle 6.4: Berechnete Bewertungsmaße pro Messstelle am Beispiel des querschnittgelähmten Probanden F (links).

Zur Auswahl eines geeigneten eEMG-Merkmals für die neue Methode lässt sich Folgendes zusammenfassen. Die Validierung bei mehreren gesunden und einem querschnittgelähmten Probanden hat gezeigt, dass das Peak-to-Peak-Merkmal die besten Ergebnisse bei den beiden Probandengruppen lieferte. Demzufolge kann das Auffinden der optimalen EMG-Stellen bei den Querschnittgelähmten anhand des aus den M-Waves extrahierten Peak-to-Peak-Merkmals realisiert werden.

6.3 Validierung der Methode zur automatisierten Bestimmung von Positionen für Stimulationselektroden

6.3.1 Versuchsdesign

Zur Validierung der neuen Methode zur automatisierten Bestimmung von Positionen für Stimulationselektroden wurde ein Experiment ausgearbeitet, das nachfolgend vorgestellt wird. Mit dem Experiment soll nachgewiesen werden, dass der auf der Basis der DTW-Distanzfunktion entwickelte Suchalgorithmus in der Lage ist, eine optimale Elektroden-Kombination zu finden. Die experimentelle Erprobung dieser Methode wurde in einer Gruppe von sechs Probanden durchgeführt – fünf gesunde und ein querschnittgelähmter Proband. Bei jedem Probanden wurden die Handstrecker und -beuger untersucht. Folgende Schritte werden zur Validierung der neuen Methode benötigt:

- *Schritt 1*: Platzierung der Elektroden-Arrays
  Dem Probanden werden auf dem rechten Unterarm zwei Elektroden-Arrays angebracht. Eines davon wird auf die innere Seite platziert, womit die Handbeuger stimuliert werden (vgl. Bild 6.7). Zur Handstreckung wird ein anderes baugleiches Elektroden-Array auf die äußere Seite des Unterarms aufgesetzt. Bei der Platzierung der beiden Elektroden sollen anatomische Aspekte berücksichtigt werden, die im Abschnitt 4.2 angegeben wurden. Zum Fixieren der Inertialsensoren am Handrücken und

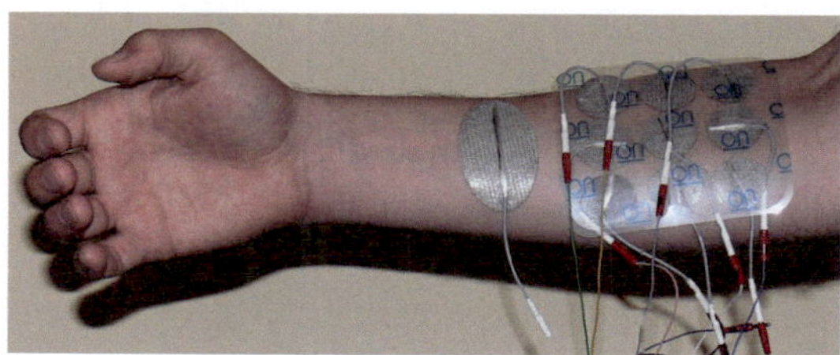

Bild 6.7: Positionierung eines Elektroden-Arrays auf der Beugerseite des rechten Unterarms.

Arm wurden Klettverschlüsse eingesetzt. Dazu wurden ein Handschuh und ein Armband eingesetzt (siehe Bild 6.8a), auf denen die Klettstreifen angebracht sind. Die Inertialsensoren, deren Plastikhüllen mit dem Hakenband versehen sind, lassen sich daher auf dem Handschuh und dem Armband beliebig platzieren (siehe Bild 6.8b).

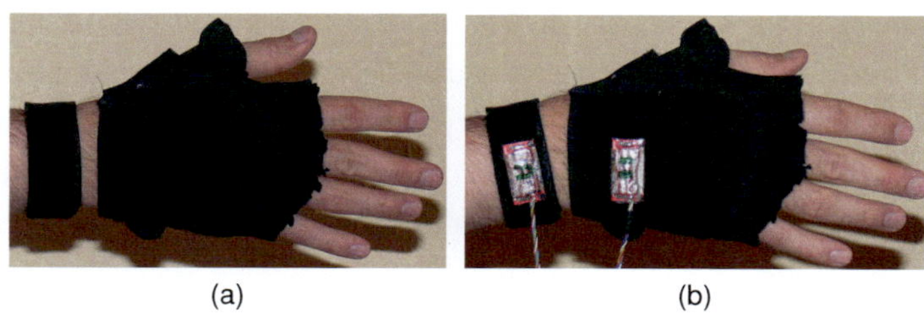

(a)　　　　　　　　　　(b)

Bild 6.8: Handschuhe und Armband zur Positionierung der Inertialsensoren.

- *Schritt 2*: Fixierung des Unterarms
  Der Unterarm soll in die Halterung eingeführt und dort mit dem beweglichen Teil vertikal fixiert werden (siehe Bild 6.9 und Kapitel 5).

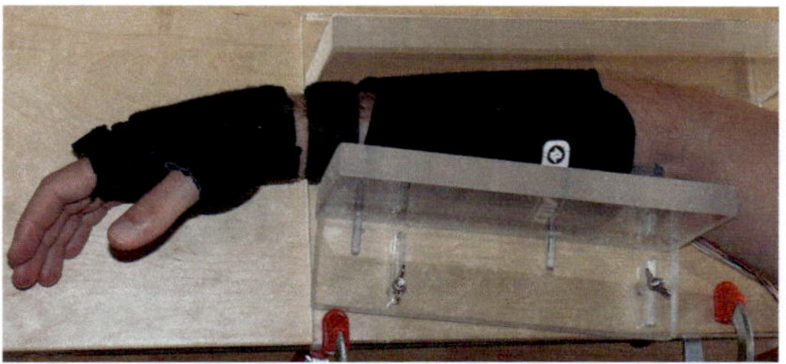

Bild 6.9: Unterarm in der experimentellen Unterlage.

- *Schritt 3*: Anpassung der Stimulationsstärke
  Die Elektrostimulation soll eine starke Kontraktion auslösen und gleichzeitig schmerzfrei sein. Daher wird die Wirkung der Elektrostimulation

vor dem Experiment bei jedem Proband individuell erprobt. Da die Frequenz (16 Hz) bzw. Pulsbreite (200 μs) der Elektrostimulation konstant sind, kann nur anhand der Stromstärke die Stimulationsstärke angepasst werden. Die üblichen Werte der Stromstärke liegen bei 25-35 mA, wobei die Anpassung mit dem Startwert von 20 mA beginnt und der Steigerungsschritt 1 mA beträgt. Dabei werden die Qualität der evozierten Handbewegungen und das Wohlbefinden des Probanden kontrolliert.

- *Schritt 4*: Aufnahme der Vorgabe(Soll)-Bewegung
  Eine Vorgabe-Bewegung kann über das entwickelte GUI entweder experimentell oder per Kennfeld generiert werden. Abhängig davon, ob das Experiment mit einem gesunden oder querschnittgelähmten Probanden durchgeführt wird, unterscheidet sich die Vorgehensweise bei der experimentellen Aufnahme. So benötigt z.B. ein gesunder Proband keine Hilfe beim Ausführen der Vorgabe-Bewegung. Ein querschnittgelähmter Proband ist grundsätzlich nicht in der Lage, eine Handbewegung selbstständig auszuführen. Obwohl in diesem Fall das Profil der Soll-Bewegung über die Kennfelder vorgegeben werden kann, soll der Anwender versuchen, eine experimentelle Aufnahme zu ermöglichen und damit den Querschnittgelähmten in den Prozess einzubinden. Daher hilft der Anwender dem Probanden aktiv mit, d.h. eine gewünschte Soll-Bewegung mit der Hand des Probanden auszuführen.

- *Schritt 5*: Aufnahme der mittels Elektrostimulation evozierten Bewegungen
  In diesem Schritt werden die mit der Elektrostimulation hervorgerufenen Bewegungen aufgenommen. Die Ansteuerung der Hardware findet über das GUI statt. Die Bewegungen werden in der folgenden Reihenfolge generiert. Zuerst werden die einzelnen Elektroden separat angesteuert. Das ergibt dementsprechend neun Datensätze. Als Nächstes werden die Kombinationen angesteuert, die aus zwei Elektroden zusammengestellt werden und danach die aus drei etc.

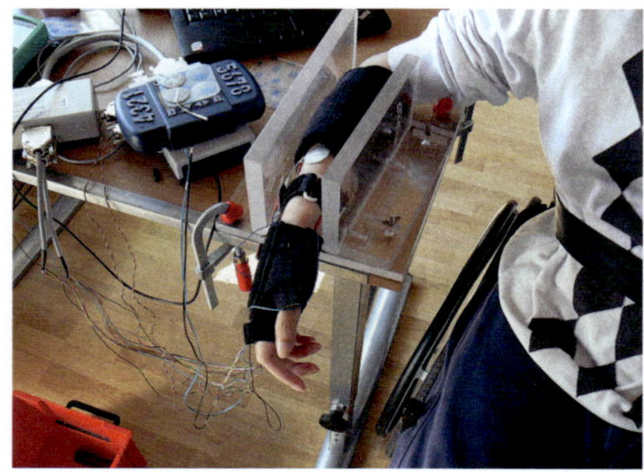

Bild 6.10: Querschnittgelähmter während des Experiments.

6.3.2 Ergebnisse

Mit dem beschriebenen Versuchsaufbau wurden bei den Probanden die Referenz- und die evozierten Bewegungen aufgenommen. Bild 6.11 zeigt das umgesetzte Schema zur Datenakquise und den anschließenden Vergleich der generierten Daten. Als Referenz-Bewegungen wurden die Flexion- und Extension-Bewegungen herangezogen, da sie die wichtigsten Handgelenk-Bewegungen darstellen. Die mit der Elektrostimulation evozierten Bewegungen lassen sich bei jedem Probanden in drei Datensätze aufteilen:

- Datensatz E (Extension): Die Handgelenk-Bewegungen werden durch die Elektrostimulation auf der Streckerseite hervorgerufen.
- Datensatz F (Flexion): Die Handgelenk-Bewegungen werden durch die Elektrostimulation auf der Beugerseite hervorgerufen.
- Datensatz B (Beidseitig): Die Handgelenk-Bewegungen werden durch die gleichzeitige Elektrostimulation der Beuger- und der Streckerseiten hervorgerufen.

Die evozierten Bewegungen wurden allerdings mit max. drei Elektroden generiert. Dies ist damit zu begründen, dass sich der Effekt $I_{stim} < I_{schwelle}$ bei einer höheren Anzahl der stimulierenden Elektroden bemerkbar macht

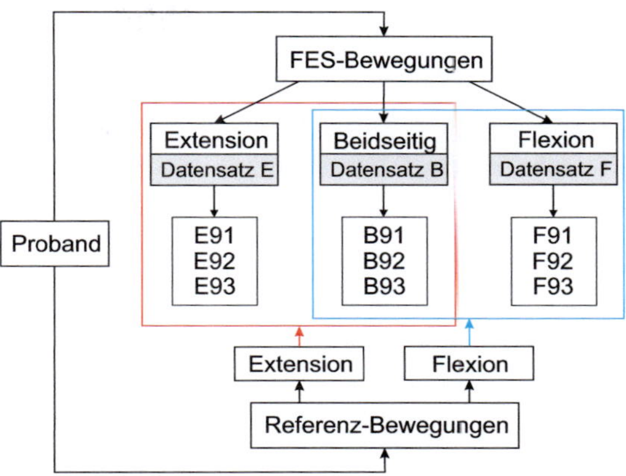

Bild 6.11: Schema zur Generierung und zum Vergleich der FES- und Referenz-Bewegungen.

(siehe Bild 4.6f). Es wird allerdings davon ausgegangen, dass das Verhaltensmuster in den evozierten Bewegungen, das sich bei den Kombinationen mit maximal drei Elektroden zeigt, in den weiteren Kombinationen wiedergefunden werden kann. Außerdem wird erwartet, dass sich die Qualität der evozierten Bewegungen mit der zunehmenden Anzahl der stimulierenden Elektroden auch verschlechtern kann. Das hängt damit zusammen, dass bei der großen Deckungsfläche mit den Stimulationselektroden nicht nur der relevante Nerv, sondern auch die benachbarten Nerven mitstimuliert werden. Die Gesamtzahl der möglichen Kombinationen, die sich aus drei Elektroden zusammenstellen lassen, wird mit dem folgenden Ausdruck bestimmt:

$$N = \sum_{k=1}^{3} \binom{N_E}{k} = \binom{9}{1} + \binom{9}{2} + \binom{9}{3} = 129 \qquad (6.7)$$

Jeder Datensatz beinhaltet somit 129 evozierte Bewegungen, die noch zusätzlich in drei Gruppen aufgeteilt sind. So lassen sich z.B. diese Gruppen bei einem F Datensatz wie folgt bezeichnen: $F91$, $F92$ und $F93$. Die genannten Gruppen stellen die in Kapitel 4 eingeführten Aktivierungsebenen dar. So werden z.B. bei der ersten Gruppe $F91$ nur die einzelnen Elektroden von insgesamt neun angesteuert. Bei der zweiten werden die Kombinationen aus zwei Elektroden gebildet etc. In den akquirierten Datensätzen wurde für jede Kombination die DTW-Distanz d_{DTW} zwischen den Referenz- und evozierten Bewegungen berechnet. Die Datensätze E und B wurden zum Vergleich mit der Extension-Referenz-Bewegung und die Datensätze F und B beim Vergleich mit der Flexion-Referenz-Bewegung herangezogen (rot bzw. blau markiert, vgl. Bild 6.11). Auf jeder Aktivierungsebene 91-93 wurde dann nach einer Kombination gesucht, derer DTW-Distanz d_{DTW} den kleinsten Wert innerhalb der eigenen Aktivierungsebene aufweist. Als gewünschtes Verhalten wird eine verkettete Nummerierung der Kombinationen auf den Aktivierungsebenen bezeichnet. Bei einer verketteten Nummerierung ist die Nummer der Kombination aus der vorherigen Aktivierungsebene ein Bestandteil der Nummerierungen der in der Hierarchie höherliegenden Aktivierungsebenen. Wenn z.B. auf der Aktivierungsebene 91 die Kombination mit der Nummer $\underline{3}$ die kleinste DTW-Distanz d_{DTW} aufweist, werden in der nächsthöheren Aktivierungsebene 92 nur noch die Kombinationen $\underline{3}1...\underline{3}9$ auf den kleinsten DTW-Abstand untersucht.

Die Tabellen 6.5-6.6 stellen die gefundenen besten Ergebnisse des Experiments mit den gesunden Probanden dar. So zeigt z.B. Tabelle 6.5 die Ergebnisse der Suche nach einer optimalen Kombination, deren evozierte Bewegung einer vorgegebenen Extension-Referenz-Bewegung am ähnlichsten ist. Als Ergebnis wurden dann jeweils die beste Kombination und der Wert der dazu gehörigen DTW-Distanz d_{DTW} bei dem entsprechenden Datensatz für jede Aktivierungsebene in die Tabelle zusammengetragen. Da allerdings auf jeder Aktivierungsebene jeweils zwei Datensätze vorhanden sind, wurden bei dem Datensatz mit der besten Kombination die genannten Werte angegeben und die Werte des anderen Datensatzes zum Zweck der besseren Übersichtlichkeit weggelassen. Dabei präsentieren die Spalten $B91$-$E93$ die Ergebnisse der vollen Suche, d.h. dass die B- und E-Datensätze komplett durchgesucht wurden. Denen wird in der letzten Spalte das Ergebnis der durch den Suchalgorithmus reduzierten Suche gegenübergestellt. Tabelle 6.6 stellt die gefundenen besten Ergebnisse der Suche mit einer Flexion-Referenz-Bewegung dar. In diesem Fall wurden die F- und B-Datensätze durchgesucht. Die Bilder 6.12-6.13 stellen die d_{DTW}-Werte aus den Tabellen 6.5-6.6 in graphischer Form dar. Da die einzelnen d_{DTW}-Werte einen großen Bereich umfassen, wird für die Größenachse eine logarithmische Skalierung verwendet.

Aus den Tabellen lassen sich folgende Schlussfolgerungen ableiten. Zum Einen lässt sich erkennen, dass die Elektrode, die in der ersten Aktivierungsebene 91 das beste Ergebnis geliefert hat, bei den weiteren Ebenen 92 und 93 wiederzufinden ist. Die volle Übereinstimmung zwischen den Ergebnissen der vollen und reduzierten Suche findet sich z.B. bei den Probanden A und E bei der Validierung mit einer Extension-Referenz-Bewegung sowie bei den Probanden B und D bei der Validierung mit einer Flexion-Referenz-Bewegung (siehe Tabellen 6.5-6.6). Daher wird es davon ausgegangen, dass die beste einzelne Elektrode auch den entscheidenden Beitrag bei den Kombinationen leistet, die aus zwei und drei Elektroden zusammengestellt werden. Zum Anderen ist es ersichtlich, dass die Suche mit dem entwickelten Suchalgorithmus ab der dritten Aktivierungsebene einen falschen Pfad treffen kann, wenn die Kombinationen auf der Basis der optimalen Kombination aus der vorherigen Ebene generiert werden (siehe z.B. Probanden B und C, Tabelle 6.5). Im Fall Proband B sieht es also folgendermaßen aus: 74 (Aktivierungsebene 2) $\rightarrow$ 728 (Aktivierungsebene 3). Da dem Suchalgorithmus in diesem Fall nur die Kombinationen 741...749 zur Verfügung stehen, liefert die reduzierte Suche die Kombination 743 als Ergebnis. Das Ergebnis der vollen Suche ist allerdings die Kombination 728. Derselbe Sachverhalt lässt sich auch bei den Probanden C und E aus der Tabelle 6.6 feststellen. Ein interessanter Fall stellt der Proband D bei der Validierung mit einer Extension-Referenz-Bewegung dar. Da in diesem Fall die Referenz-Bewegung eine Extension-Bewegung ist, so ist es zu erwarten, dass die beste Kombination aus dem Extension-Datensatz stammen soll.

Proband	Art der Stimulation						reduzierte Suche
	B91	E91	B92	E92	B93	E93	für 3 Elektroden
Proband A							
Kombination	–	4	–	42	–	421	421
d_{DTW}	–	**2**	–	8	–	6,5	6,5
Proband B							
Kombination	–	7	–	74	–	728	743
d_{DTW}	–	95	–	78,6	–	**49,9**	209
Proband C							
Kombination	–	2	–	23	–	241	231
d_{DTW}	–	516	–	**502**	–	1539	2091
Proband D							
Kombination	–	2	–	21	763	–	214
d_{DTW}	–	**47**	–	210	151	–	693
Proband E							
Kombination	–	4	–	47	–	478	478
d_{DTW}	–	28	–	23	–	**5**	5

Tabelle 6.5: Gefundene beste Ergebnisse der Validierung mit einer Extension-Referenz-Bewegung an gesunden Probanden (Nummer der ausgewählten Elektroden, Distanz d_{DTW}).

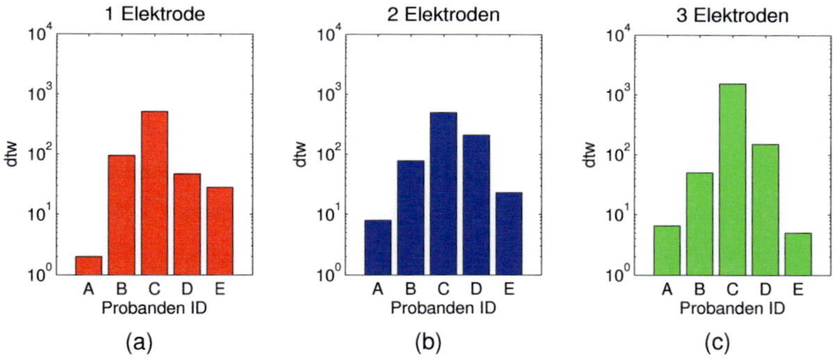

Bild 6.12: Gefundene beste d_{DTW}-Werte bei der Validierung mit einer Extension-Referenz-Bewegung an gesunden Probanden gruppiert nach der Anzahl der eingesetzten Elektroden: (a) mit einer Stimulationselektrode (b) mit zwei Stimulationselektroden (c) mit drei Stimulationselektroden.

| Proband | Art der Stimulation | | | | | | reduzierte Suche |
	B91	F91	B92	F92	B93	F93	für 3 Elektroden
Proband A							
Kombination	—	8	—	81	965	—	815
d_{DTW}	—	26,7	—	25,1	**16,7**	—	617
Proband B							
Kombination	—	9	—	96	—	968	968
d_{DTW}	—	**14,5**	—	25,4	—	48	48
Proband C							
Kombination	—	6	—	68	—	653	685
d_{DTW}	—	321	—	377	—	**131**	1711
Proband D							
Kombination	—	6	—	69	—	698	698
d_{DTW}	—	**57**	—	207	—	1750	1750
Proband E							
Kombination	—	5	—	54	—	589	548
d_{DTW}	—	**42**	—	125	—	581	2331

Tabelle 6.6: Gefundene beste Ergebnisse der Validierung mit einer Flexion-Referenz-Bewegung an gesunden Probanden (Nummer der ausgewählten Elektroden, Distanz d_{DTW}).

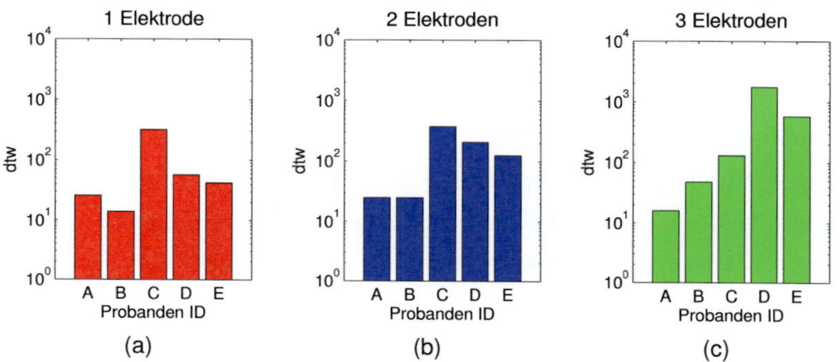

Bild 6.13: Gefundene beste d_{DTW}-Werte bei der Validierung mit einer Flexion-Referenz-Bewegung an gesunden Probanden gruppiert nach der Anzahl der eingesetzten Elektroden: (a) mit einer Stimulationselektrode (b) mit zwei Stimulationselektroden (c) mit drei Stimulationselektroden.

Hier wird allerdings eine Kombination aus dem $B93$-Datensatz als Ergebnis der vollen Suche geliefert. D.h., dass eine durch die beidseitige Stimulation evozierte Bewegung eine größere Ähnlichkeit mit der Referenz-Bewegung aufweist als alle anderen Bewegungen aus dem Extension-Datensatz. Auch bei der Validierung mit einer Flexion-Referenz-Bewegung liegt bei dem Probanden A ein solcher Fall vor (vgl. Tabelle 6.6). Wobei im Gegensatz zu dem vorherigen Fall liefert die beidseitige Stimulation mit 3 Elektroden sogar ein besseres Ergebnis als die Stimulation mit einer einzelnen Elektrode. Das hängt offensichtlich damit zusammen, dass die Referenz-Bewegung keine typische Flexion-Bewegung darstellte. Solche Bewegungen können allein mit einer einseitigen Stimulation nicht reproduziert werden, so dass der Einsatz der beidseitigen Stimulation erforderlich ist.

Tabellen 6.7-6.8 stellen die Ergebnisse des Experiments mit dem querschnittgelähmten Probanden dar. Bild 6.14 zeigt die Profile der besten Bewegungen, die mit einer, zwei und schließlich mit drei Stimulationselektroden evoziert wurden, und der Extension-Referenz-Bewegung am Beispiel des querschnittgelähmten Probanden F. Aus den Tabellen kann entnommen werden, dass sich die Zusammenhänge, die bei gesunden Probanden festgestellt wurden, auch beim querschnittgelähmten Probanden wiederfinden lassen. So zeigt z.B. Tabelle 6.7, dass der Suchalgorithmus bei der Validierung mit einer Extension-Referenz-Bewegung auf der dritten Aktivierungsebene einen falschen Pfad trifft, was ebenso bei den gesunden Probanden B und C aus der Tabelle 6.5 sowie bei den Probanden C und E aus der Tabelle 6.6 festgestellt wurde. Bei der Validierung mit einer Flexion-Referenz-Bewegung liegt eine verkettete Nummerierung der Kombinationen in den Ebenen vor (vgl. Tabelle 6.8).

Das Experiment hat gezeigt, dass die verkettete Nummerierung der besten Kombinationen in den Ebenen nicht immer zu dem besten d_{DTW}-Ergebnis führen kann (siehe z.B. Proband A in Tabelle 6.5, Probanden B und D in Tabelle 6.6 sowie Proband F in Tabelle 6.8). Das kann dadurch erklärt werden, dass die Ähnlichkeit in solchen Fällen wegen der Reduzierung

Proband	Art der Stimulation						reduzierte Suche
	B91	E91	B92	E92	B93	E93	
Proband F							
Kombination	–	2	–	24	–	236	241
d_{DTW}	–	**7,6**	–	12	–	16	60

Tabelle 6.7: Gefundene beste Ergebnisse der Validierung mit einer Extension-Referenz-Bewegung an einem querschnittgelähmten Proband (Nummer der ausgewählten Elektrode, Distanz d_{DTW}).

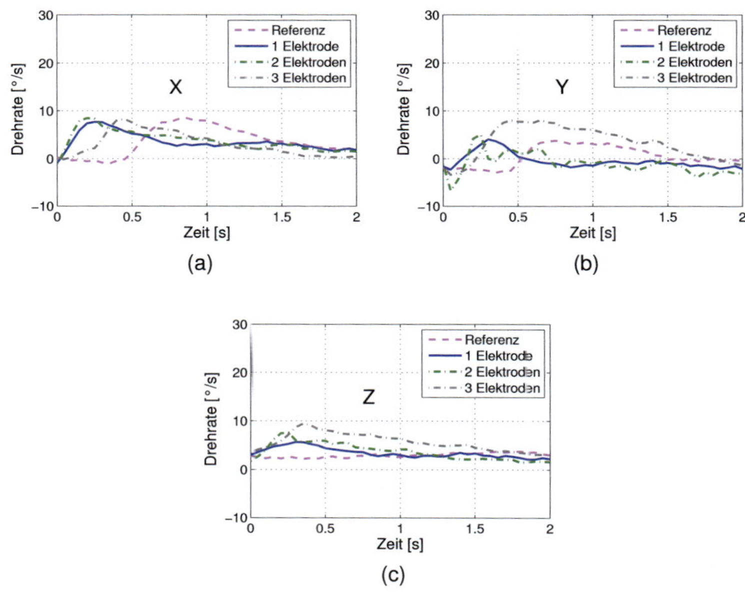

Bild 6.14: Profile der gefundenen besten FES-Bewegungen und der Extension-Referenz-Bewegung am Beispiel des querschnittgelähmten Patienten F: (a) Profile in der x-Achse (Hauptdrehachse) (b) Profile in der y-Achse (Nebendrehachse) (c) Profile in der z-Achse (Nebendrehachse).

Proband	Art der Stimulation						reduzierte Suche
	B91	F91	B92	F92	B93	F93	
Proband F							
Kombination	–	2	–	28	–	287	287
d_{DTW}	–	**57**	–	66	–	58	58

Tabelle 6.8: Gefundene beste Ergebnisse der Validierung mit einer Flexion-Referenz-Bewegung an einem querschnittgelähmten Proband (Nummer der ausgewählten Elektrode, Distanz d_{DTW}).

der Stromstärke abnimmt, die durch das Zuschalten einer neuen Elektrode auf der höherliegenden Ebene hervorgerufen wird. Das kann evtl. durch die Anpassung der Stromstärke verbessert werden. In mehreren Fällen wie z.B. bei den Probanden B und E in Tabelle 6.5 sowie bei dem Probanden A in Tabelle 6.6) konnte der Vorteil der Stimulation mit kombinierten Elektroden gegenüber der Stimulation mit den einzelnen Elektroden festgestellt werden. Das zeigt, dass der Einsatz der Elektroden-Arrays sowohl bei der einmaligen als auch bei der fortlaufenden Anpassung von großem Nutzen sein kann.

Die Analyse der Fälle, wo der Suchalgorithmus auf der dritten Ebene den falschen Pfad trifft (siehe Probanden B und C in Tabelle 6.5, Probanden C und E in Tabelle 6.6 sowie Proband F in Tabelle 6.7), zeigte, dass die reduzierte Suche unzureichend genau ist. Demzufolge kann der entwickelte Suchalgorithmus zur Erhöhung der Genauigkeit dadurch verbessert werden, indem ab der Ebene 3 alle Kombinationen generiert werden, die die optimale Elektrode aus der Ebene 1 beinhalten, z.B. 7(Ebene 1)$\rightarrow$ 74(Ebene 2) $\rightarrow$ 712...789 (Ebene 3, insgesamt 27 Kombinationen). Der Nachteil ist dabei, dass die Dauer des Experiments wesentlich zunimmt. Als Alternative kann z.B. der Trend von d_{DTW} beobachtet werden, so dass die Suche vorzeitig abgebrochen werden kann, wenn die Distanz mit jeder neuen Ebene zunimmt.

Durch die gewonnenen Erkenntnisse kann der Suchalgorithmus um die folgenden Regeln ergänzt werden:

- Liegt eine verkettete Nummerierung mit zunehmenden d_{DTW}-Werten in den höherliegenden Ebenen vor, soll die Anpassung (Erhöhung) der Stromstärke durchgeführt werden,

- Liegt trotz der Anpassung der Stromstärke eine verkettete Nummerierung mit zunehmenden d_{DTW}-Werten in den höherliegenden Ebenen vor, soll die Suche vorzeitig abgebrochen werden.

Die Experimente an dem querschnittgelähmten Probanden zeigten außerdem, dass die Durchführung eines Experiments nur innerhalb einer kürzen Zeit von max. 1 bis 1,5 Stunden möglich ist. Danach wird der Proband müde und weniger kooperativ. Für die klinische Validierung der Methode ist daher eine sorgfältige Versuchsplanung unabdingbar. Außerdem zeigte sich Bedarf an einer zusätzlichen Hilfsperson, die während des Experiments dem Anwender assistieren soll.

6.4 Zusammenfassung

Das Kapitel stellte das Design von Experimenten zur Validierung sowie die Ergebnisse der Validierung der entwickelten Methoden an den ersten sechs Probanden vor. Während die Durchführung der beschriebenen Experimente bei den gesunden Probanden keine Schwierigkeiten bereitete, gestalteten sich die Experimente an dem querschnittgelähmten Probanden allerdings als schwierig. So zeigte z.B. die Beobachtung, dass der Querschnittgelähmte nur kurze Zeit (1 bis 1,5 Stunden) aktiv an einem Versuch teilnehmen konnte.

Das Ergebnis der Validierung der Methode zum automatisierten Auffinden von EMG-Messstellen bei Querschnittgelähmten bestätigte die These: Ein qualitätsrelevantes Merkmal, das sich aus den M-Waves extrahieren lässt, kann als Qualitätskriterium bei der Positionierung der EMG-Sensoren auf den gelähmten Gliedmaßen eingesetzt werden. Anhand von sechs Probanden wurde gezeigt, dass das Peak-to-Peak-Merkmal dafür am besten geeignet ist. Die experimentelle Erprobung der Methode zur automatisierten

Bestimmung von Positionen für Stimulationselektroden zeigte, dass die Suche nach einer optimalen Kombination für die eingesetzten Elektroden-Arrays mit dem auf der Basis der DTW-Distanz entwickelten Suchalgorithmus erfolgreich realisiert werden kann. Außerdem wurden bei dieser Methode zur Erhöhung der Genauigkeit Verbesserungsvorschläge des bestehenden Algorithmus vorgeschlagen, die allerdings zu längeren Wartezeiten bei der Experimentdurchführung führen kann.

7 Zusammenfassung

Unzureichender Funktionsgewinn und mangelnde Kosmetik sind die Beglei-
ter der heutigen nichtinvasiven Neuroprothetik der oberen Extremität, die einer geringen Akzeptanz unter den querschnittgelähmten Patienten zu Grunde liegen. Eine der Maßnahmen, die zur Erhöhung des Funktionsgewinns
beitragen kann, ist die Individualisierung der zukünftigen Neuroprothesen
über die Anpassung der einzelnen Komponenten. Die Anpassung von neuronalen Schnittstellen spielt eine bedeutende Rolle für die Funktionalität der
Neuroprothesen, da diese für die neuronale Ankopplung der Neuroprothese mit dem Nervensystem des Prothesenträgers zuständig sind. Daher bestand das Ziel der vorliegenden Arbeit darin, ein neues Konzept zur Anpassung der neuronalen Schnittstellen von nichtinvasiven Neuroprothesen zu
entwickeln.

In Kapitel 2 wurde die Zusammenstellung der Anforderungen an die modernen nichtinvasiven Neuroprothesen formuliert, die die Erhöhung der Akzeptanz von Prothesenträgern ermöglichen können. Daraufhin wurde eine
neue Struktur für eine nichtinvasive Hybridprothese eingeführt, die bei der
neuen „OrthoJacket" Neuroprothese umgesetzt wird. Anschließend wurde
die Anpassung der neuronalen Schnittstellen als Teil des Konzepts zur Modernisierung der nichtinvasiven Neuroprothese präsentiert. Die formulierten
Anforderungen an die Anpassung sollen dem Zweck der Standardisierbar-
keit der zu entwickelnden Methoden dienen. Daraufhin wurde zur Erhöhung
der Überschaubarkeit und Systematisierung des Anpassungsproblems ein
Ansatz zur Aufteilung der Anpassungsebenen vorgestellt.

Die Kapitel 3 und 4 beschäftigten sich mit den Fragen der Entwicklung
von Methoden zur optimalen Positionierung der EMG-Sensoren bzw. FES-

Elektroden, die bei einer nichtinvasiven Neuroprothese die sensorischen bzw. motorischen neuronalen Schnittstellen darstellen. Bei der Positionierung der EMG-Sensoren wurde erstmals der Nutzen der M-Waves für diese Problemstellung präsentiert. Die hierfür entwickelte Vorgehensweise ermöglicht die optimale Positionierung der EMG-Sensoren ohne Aufnahmen der bei den Querschnittgelähmten problematischen Willkür-EMG. Zur Positionierung der FES-Elektroden wurde der Einsatz eines Elektroden-Arrays vorgeschlagen. Dazu wurde ein Suchalgorithmus entwickelt, der den zeitlichen Aufwand bei der Suche nach einer optimalen Kombination im Vergleich zu einer sequentiellen Suche deutlich reduziert.

Kapitel 5 präsentierte die Implementierung der neuen Methoden. Diese forderte die Entwicklung einer neuen Hard- und Software. Sowohl für die Positionierung der EMG-Sensoren als auch für den Einsatz der FES-Elektroden wurden jeweils ein experimenteller Aufbau, eine grafische Benutzeroberfläche sowie Datenverarbeitungsalgorithmen entwickelt, deren Funktionalität bei der Validierung mit den Probanden nachgewiesen wurde.

Kapitel 6 beschäftigte sich mit der praktischen Erprobung der entwickelten Methoden. Insgesamt wurden die Methoden an sechs Probanden validiert. Mit den ersten Ergebnissen konnte die Funktionalität der entwickelten Methoden zur Anpassung bzw. Positionierung der EMG- und FES-Elektroden nachgewiesen werden.

Die wichtigsten Ergebnisse der Arbeit sind:

1. Formulierung der Anforderungen an moderne nichtinvasive Neuroprothesen zur Erhöhung der Patientenakzeptanz

2. Zusammenstellung der Anforderungen an die Anpassung der neuronalen Schnittstellen von nichtinvasiven Neuroprothesen

3. Herausarbeitung eines allgemeinen Konzepts zur Anpassung der neuronalen Schnittstellen von nichtinvasiven Neuroprothesen an Hochquerschnittgelähmten

4. Entwicklung einer Methode zur Anpassung einer EMG-basierten sensorischen Ankopplung von nichtinvasiven Neuroprothesen

5. Entwicklung einer Methode zur Anpassung einer FES-basierten motorischen Ankopplung von nichtinvasiven Neuroprothesen

6. Studiendesign zur experimentellen Erprobung der entwickelten Methoden an einer Kontrollgruppe gesunder Probanden und an einem querschnittgelähmten Probanden

7. Aufbau eines mobilen 4-kanaligen EMG-Messsystems zur Signalaufnahme während der Elektrostimulation

8. Entwicklung und Aufbau eines mikrocontrollerbasierten Steuer- und Messsystems zur automatischen Evaluation von Positionen für Stimulationselektroden

9. Erstellung grafischer Benutzerschnittstellen zur Erfassung sowie Visualisierung der Messdaten (MATLAB)

10. Entwicklung der Software zur Ansteuerung des mikrocontrollerbasierten Messsystems (in C)

11. Nachweis der Leistungsfähigkeit des vorgeschlagenen Konzepts.

In weiterführenden Arbeiten soll die vorgestellte Anpassung um echtzeitfähige Algorithmen erweitert werden, die die Anpassungsprozedur auch während des Betriebs einer Neuroprothese ermöglichen. Das kann z.B. bei der Methode zur Anpassung der EMG-Sensoren mit nur einem EMG-Sensor-Array umgesetzt werden. Die Entwicklung eines solchen Arrays befindet sich noch im Forschungsstadium.

Der Fokus der zukünftigen Methodenentwicklung soll im Bereich der physiologischen Anpassung liegen. Dies kann die Ausarbeitung der fortgeschrittenen Methoden zur Erkennung der kritischen Zustände (Muskelermüdung, Spastik) und der Bewegungsintention beinhalten. Außerdem müssen sich zukünftige Arbeiten auch mit der Umsetzung der weiteren Maßnahmen zur Erhöhung der Patientenakzeptanz von nichtinvasiven neuroprothetischen Rehabilitationssystemen befassen.

8 Anhang

8.1 ASIA-Protokoll

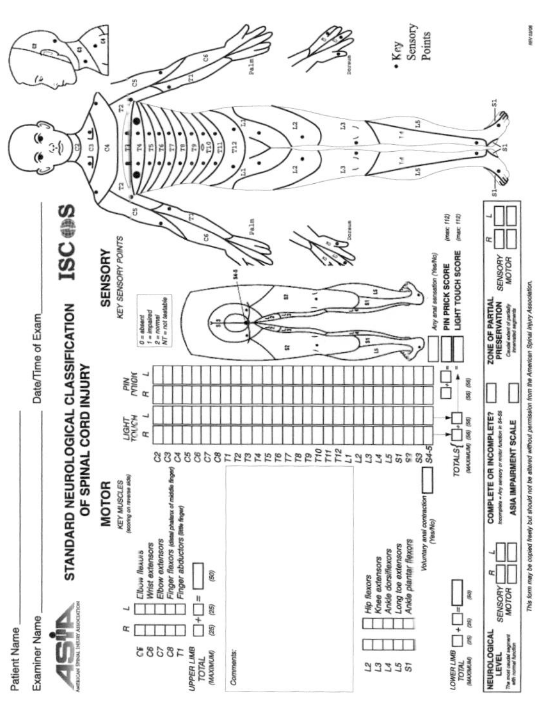

Bild 8.1: ASIA-Protokoll Blatt 1 [1].

MUSCLE GRADING

0   total paralysis

1   palpable or visible contraction

2   active movement, full range of motion, gravity eliminated

3   active movement, full range of motion, against gravity

4   active movement, full range of motion, against gravity and provides some resistance

5   active movement, full range of motion, against gravity and provides normal resistance

5* muscle able to exert, in examiner's judgement, sufficient resistance to be considered normal if identifiable inhibiting factors were not present

NT not testable. Patient unable to reliably exert effort or muscle unavailable for testing due to factors such as immobilization, pain on effort or contracture.

ASIA IMPAIRMENT SCALE

☐ **A = Complete**: No motor or sensory function is preserved in the sacral segments S4-S5.

☐ **B = Incomplete:** Sensory but not motor function is preserved below the neurological level and includes the sacral segments S4-S5.

☐ **C = Incomplete:** Motor function is preserved below the neurological level, and more than half of key muscles below the neurological level have a muscle grade less than 3.

☐ **D = Incomplete:** Motor function is preserved below the neurological level, and at least half of key muscles below the neurological level have a muscle grade of 3 or more.

☐ **E = Normal:** Motor and sensory function are normal.

CLINICAL SYNDROMES (OPTIONAL)

☐ Central Cord
☐ Brown-Sequard
☐ Anterior Cord
☐ Conus Medullaris
☐ Cauda Equina

STEPS IN CLASSIFICATION

The following order is recommended in determining the classification of individuals with SCI.

1. Determine sensory levels for right and left sides.

2. Determine motor levels for right and left sides.
   Note: in regions where there is no myotome to test, the motor level is presumed to be the same as the sensory level.

3. Determine the single neurological level.
   This is the lowest segment where motor and sensory function is normal on both sides, and is the most cephalad of the sensory and motor levels determined in steps 1 and 2.

4. Determine whether the injury is Complete or Incomplete (sacral sparing).
   *If voluntary anal contraction = **No** AND all S4-5 sensory scores = **0** AND any anal sensation = **No**, then injury is COMPLETE. Otherwise injury is incomplete.*

5. Determine ASIA Impairment Scale (AIS) Grade:

Is injury Complete?   If **YES**, AIS=A Record ZPP
                          (For ZPP record lowest dermatome or myotome on each side with some (non-zero score) preservation)

NO ↓

Is injury motor incomplete?   If **NO**, AIS=B
                                  (Yes=voluntary anal contraction OR motor function more than three levels below the motor level on a given side.)

YES ↓

Are at least half of the key muscles below the (single) neurological level graded 3 or better?

NO ↓   YES ↓

AIS=C   AIS=D

If sensation and motor function is normal in all segments, AIS=E
Note: AIS E is used in follow up testing when an individual with a documented SCI has recovered normal function. If at initial testing no deficits are found, the individual is neurologically intact; the ASIA Impairment Scale does not apply.

Bild 8.2: ASIA-Protokoll Blatt 2 [1].

8.2 Patientengeschichte

Patient A, 28 Jahre alt (Stand 2011) ist seit 2002 aufgrund eines Autounfalls querschnittgelähmt. Die Querschnittlähmung trat in Folge eines Rückenmarktraumas in Höhe C5 ein.

8.2.1 Allgemeiner Zustand und subjektives Befinden des Patienten

Der Patient befindet sich in einem stabilen psychischen Zustand, der sich in einem stabilen Selbstbewusstsein äußert. Er kommt mit seinem Alltag zurecht und plant seinen Ausbildungsgang demnächst fortzusetzen. Körperlich zeigen sich außer orthopädischen Ausfällen auch andere gesundheitliche Probleme, die durch die Querschnittlähmung ausgelöst wurden.

8.2.2 Bewegungsapparat

Beim Patient A liegt eine inkomplette Lähmung als Folge eines Querschnitttraumas vor. Die Einschätzung der Läsionshöhe wurde durch eine Untersuchung von Kennmuskeln und Dermatomen durchgeführt. Die Läsionshöhe ist nach dem ASIA-Score C5, was heißt, dass das zervikale Segment C5 noch intakt ist. Die sensorischen sowie motorischen Funktionen der Rückenmarkssegmente unterhalb der Läsionshöhe sind größtenteils ausgefallen. Die Tabelle 8.1 spiegelt den funktionellen Zustand der wichtigsten Muskelgruppen der oberen Extremität wider. Darüber hinaus sind beim Patient A Kontrakturen vorhanden. Die Kontrakturen zeigen sich als Beugekontraktur (Kontraktur durch Verkürzung der Muskeln an der Beugeseite) in den betroffenen Ellenbogengelenken und machen sich bemerkbar, wenn der Patient seine Arme vollständig zu strecken versucht.

8.2.3 Spastische Aktivitäten

Laut Patient A tritt im Sitzen bei ihm ausschließlich die Beugespastik mit anschließendem Myoklonus auf. Von der genannten Spastik ist hauptsächlich

Obere Extremität	Funktion
Trizeps links	−
Trizeps rechts	−
Bizeps links	+
Bizeps rechts	+
Fingerbeuger links	−
Fingerbeuger rechts	−
Fingerstrecker links	−
Fingerstrecker rechts	−
Daumenstrecker links	+
Daumenstrecker rechts	−

Tabelle 8.1: Funktioneller Zustand der wichtigsten Muskelgruppen der oberen Extremität beim Patient A

der Unterarm betroffen. Die Streckspastik kommt selten im Liegen vor. Ebenso können unwillkürliche Reflexe wie Niesen und Husten krampfartige Erscheinungen auslösen.

8.2.4 Aufbau-Training mit Elektrostimulation

Beim Patienten wurden einige Muskelgruppen mittels Elektrostimulation auftrainiert, die für den Einsatz der FES-Neuroprothese von Bedeutung sind. Tabelle 8.2 stellt die trainierten Armmuskeln und ihre Funktionen dar. Nach 2-3 Monaten des regelmäßigen Trainings wurde vom behandelten Physiologen eine Verbesserung des Zustands der trainierten Muskeln festgestellt.

Tabelle 8.2: Zusammenstellung der zu trainierenden Muskeln [57]

Gruppe	Muskeln	Funktion	Innerviert von
Streckseite Unterarm	M.extensor digitorum communis	Streckung in den Grundgelenken des 2.-5. Fingers	N.radialis C5, 6, 7, 8
	M.extensor carpi radialis	Streckung im Handgelenk radial	N.radialis C5, 6, 7, 8

Tabelle 8.2: Zusammenstellung der zu trainierenden Muskeln [57]

Gruppe	Muskeln	Funktion	Inneviert von
	M.extensor pollicis longus	Streckung des Daumenendgelenks	N.radialis C6, 7, 8
	M.extensor pollicis brevis	Streckung im Daumengrundgelenk, Streckung und Abspreizung im Daumensattelgelenk	N.radialis C6, 7, 8
	M.abductor pollicis lingus	Radiale Abspreizung und Streckung im Daumensattelgelenk und Handgelenk	N.radialis C6, 7, 8
Beugeseite Unterarm	M.flexor digitorum profundus	Beugung der Endgelenke des 2.-5.- Fingers	N.ulnaris C7,8, Th1 für Finger 4, 5; N.median C5, 6, 7, 8, Th1 für Finger 2,3
	M.flexor digitorum superficialis	Beugung in den Mittelgelenken des 2.-5. Fingers, hilft mit bei der Beugung im Grund- und Handgelenk	N. medianus C5, 6, 7, 8
	M.flexor carpi radialis	Beugung und radiale Abspreizung, kann bei der Einwärtsdrehung und Ellenbogenbeugung beteiligt sein	N. medianus C6, 7, 8
	M.flexor pollicis longus	Daumenendgliedbeugung zum Stifthalten oder Halten winziger Gegenstände zwischen Daumen und Fingern	N.medianus C5, 6, 7, 8

Tabelle 8.2: Zusammenstellung der zu trainierenden Muskeln [57]

Gruppe	Muskeln	Funktion	Inerviert von
Streckseite Oberarm	M.trizeps brachii	Streckung im Ellenbogengelenk, hilft mit bei der Adduktion und Streckung im Schultergelenk	N.radialis C5, 6, 7, 8, Th1
	Mittlerer und hinterer Anteil des M. deltoideus	Abspreizung und Streckung im Schultergelenk	Innerviert vom N.axillaris C5, 6
Rücken	Mittlerer M.trapezius	Heranziehen und Stabilisieren des Schulterblatts	Innerviert vom N.accessorius, Plexus cervicalis, C2, 3, 4
	M.rhomboideus minor und major	Heranziehen und Heben des Schulterblatts	N.dorsalis scap. C4, 5

8.3 Ergebnisse der Validierung mit dem Benchmarkdatensatz

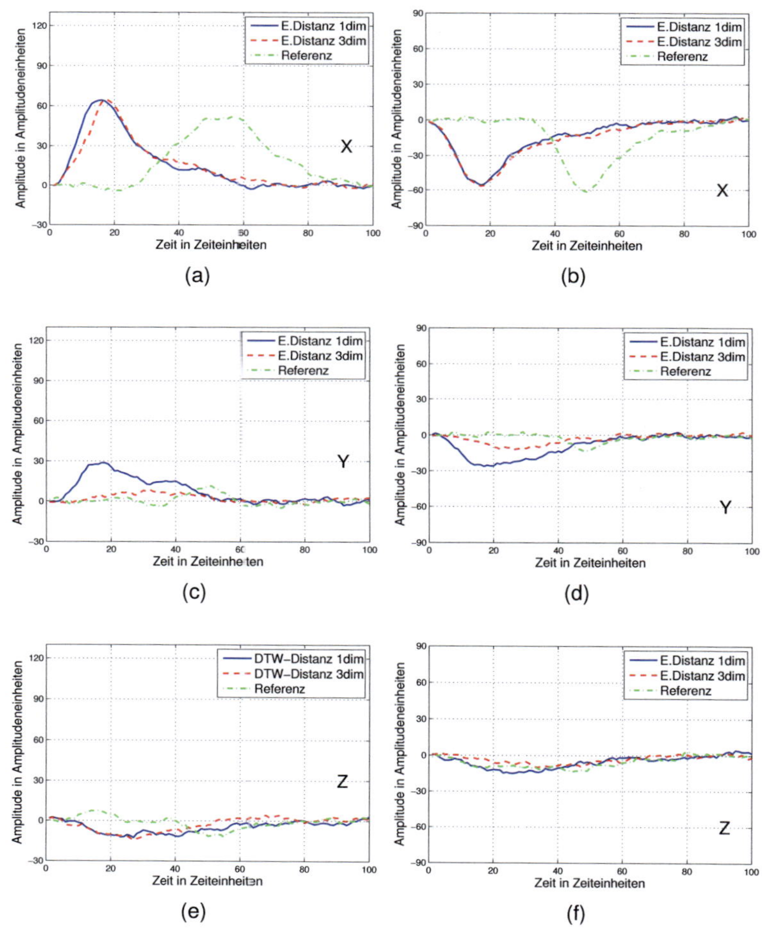

Bild 8.3: Validierung der Euklidischen-Distanz mit Extension- und Flexion-Zeitreihen: (a),(c),(e) Extension; (b),(d),(f) Flexion

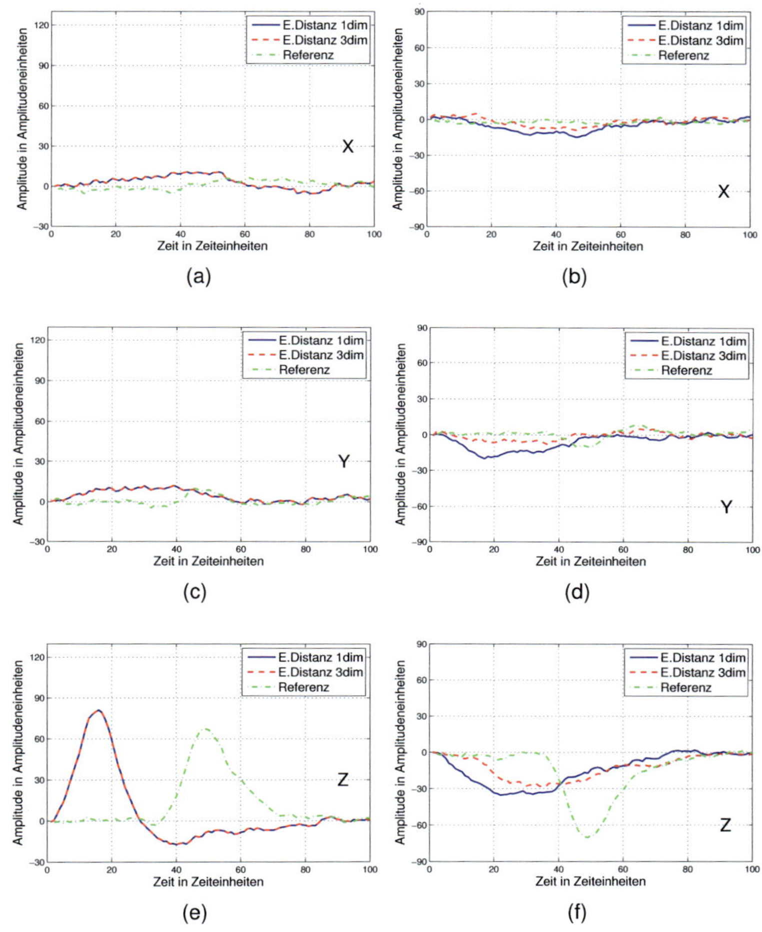

Bild 8.4: Validierung der Euklidischen-Distanz mit den Zeitreihen der radialen und ulnaren Abduktionen: (a),(c),(e) Radiale Abduktion; (b),(d),(f) Ulnare Abduktion

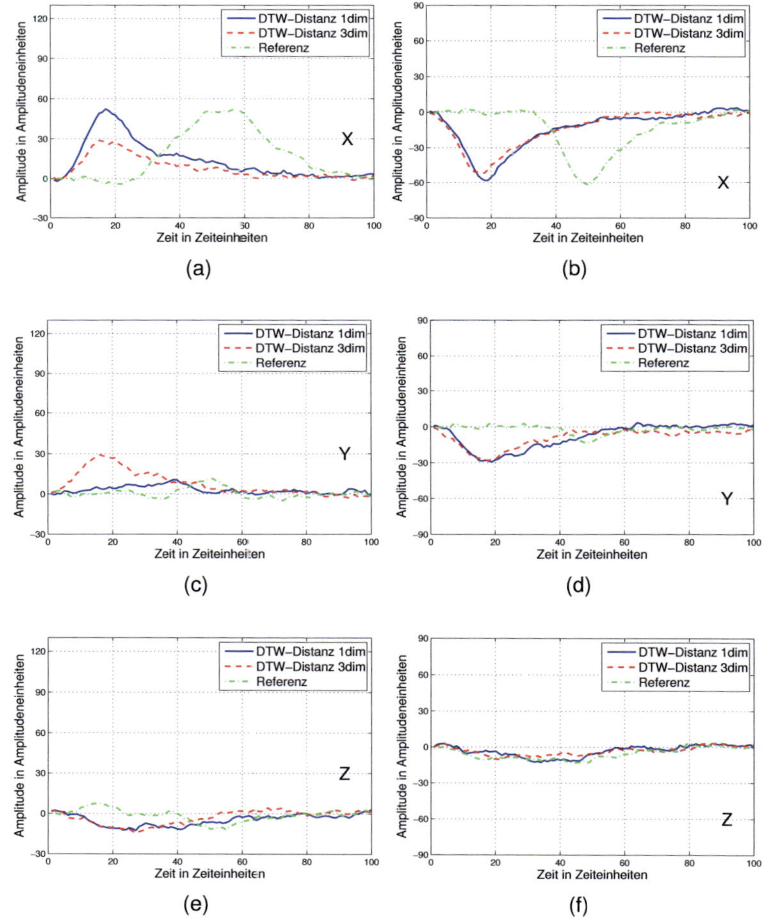

Bild 8.5: Validierung der DTW-Distanz mit Extension- und Flexion-Zeitreihen: (a),(c),(e) Extension; (b),(d), (f) Flexion

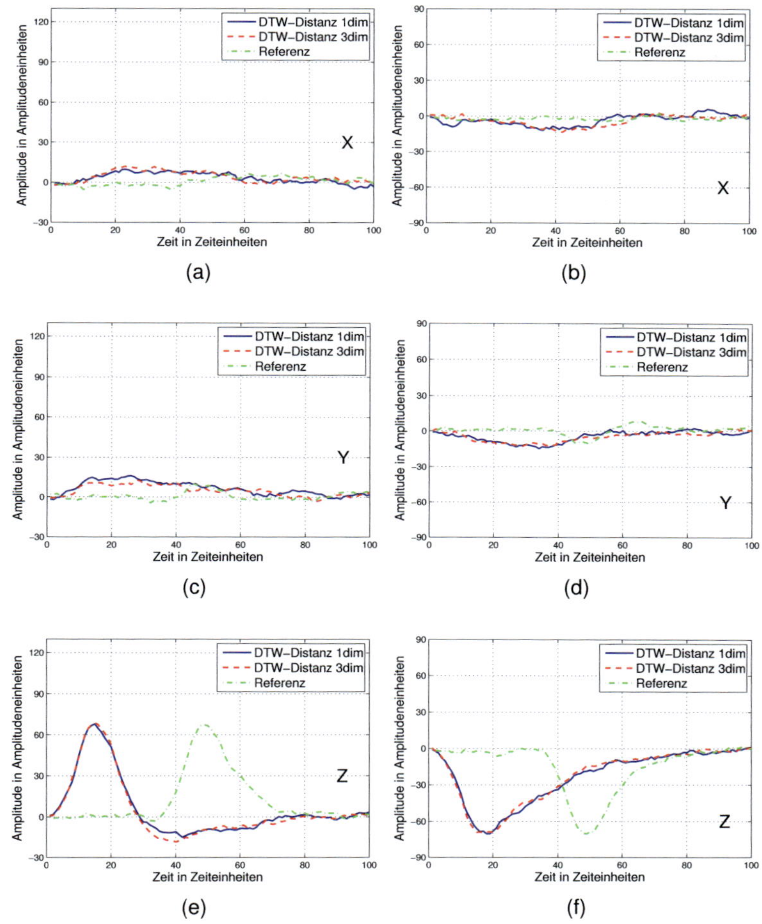

Bild 8.6: Validierung der DTW-Distanz mit den Zeitreihen der radialen und ulnaren Abduktionen: (a),(c),(e) Extension; (b),(d),(f) Flexion

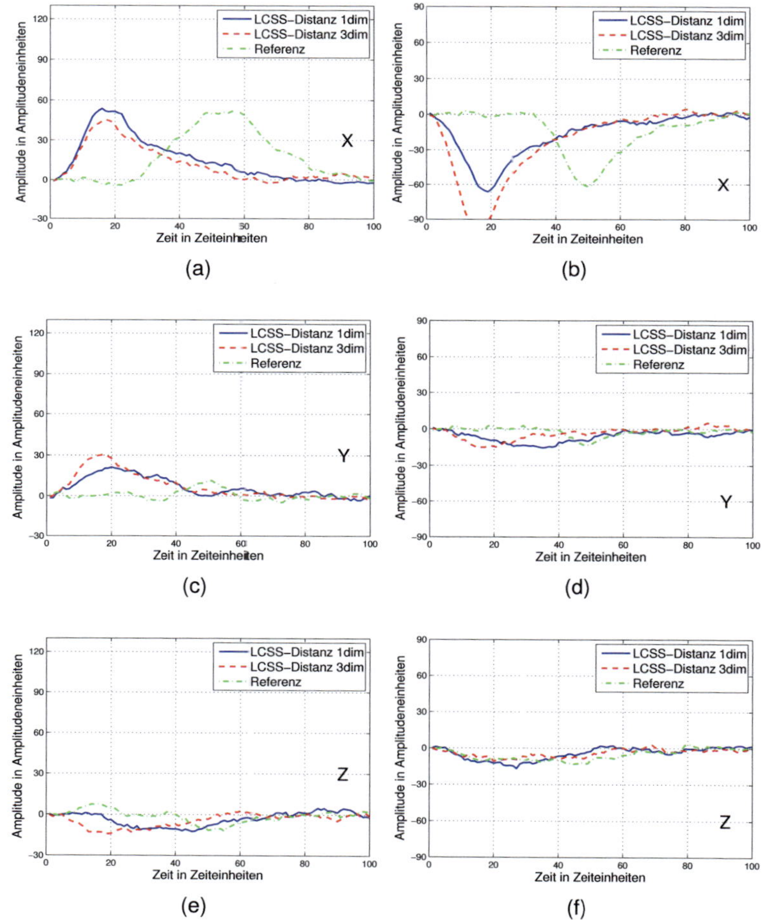

Bild 8.7: Validierung der LCSS-Distanz mit Extension- und Flexion-Zeitreihen: (a),(c),(e) Extension; (b),(d),(f) Flexion

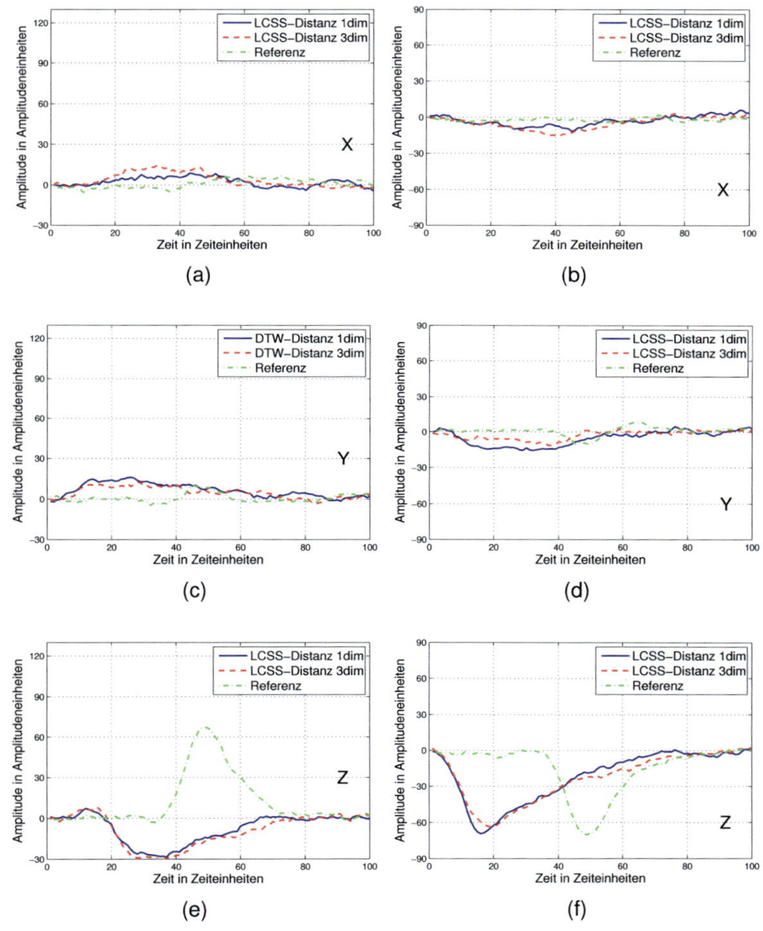

Bild 8.8: Validierung der LCSS-Distanz mit den Zeitreihen der radialen und ulnaren Abduktionen: (a),(c),(e) Radiale Abduktion; (b),(d),(f) Ulnare Abduktion

8.4 Anleitung zur Handhabung der entwickelten Hard- und Software für die Bestimmung der Positionen von EMG-Sensoren

8.4.1 Vorbereitung zur Signalaufnahme

1. Um die Datenerfassungskarte USB-1208FS unter Windows betreiben zu können, müssen auf dem Ziel-PC entsprechende Treiber installiert sein. In der Regel finden sich die Treiber für alle wichtigen Betriebssysteme auf der mitgelieferten CD. Eine Sammlung solcher Treiber und Beispiele bei Measurement Computing unter den Namen Universal Library bekannt. Die aktuelle Bibliothek lässt sich unter

   ```
   http://www.mccdaq.com/daq-software/universal-
   library.aspx
   ```
   herunterladen. Zum Konfigurieren von USB-1208FS wird außerdem noch ein Programm InstaCal benötigt. Das Programm findet sich ebenfalls in der genannten Bibliothek.

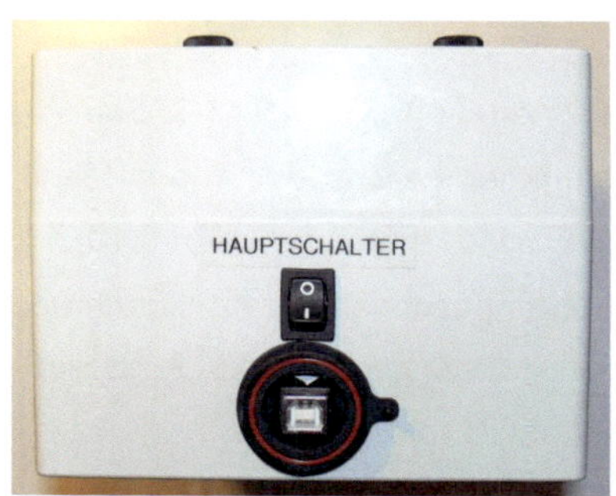

Bild 8.9: USB-Anschluss und Hauptschalter

2. Wenn die benötigten Programme installiert sind, kann das Messsystem an den PC angeschlossen werden. Das findet über den USB-Anschluss statt (vgl. Bild 8.9).

3. Im nächsten Schritt soll die Datenerfassungskarte mit dem Tool InstaCal konfiguriert werden. Dazu sind folgende Schritte erforderlich:
   - InstaCal starten,

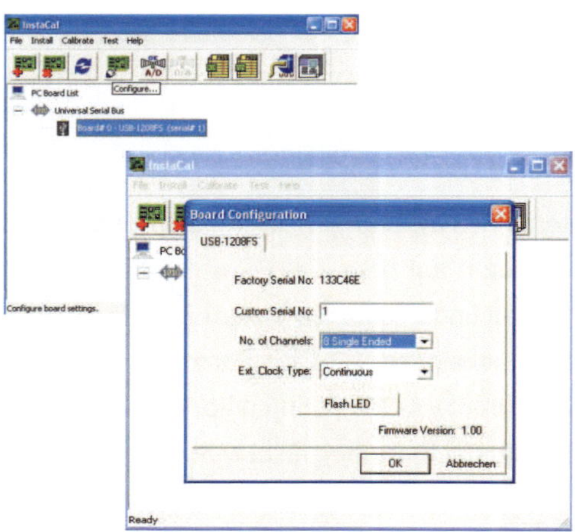

Bild 8.10: Konfigurierung der Datenerfassungskarte mit InstaCal-Tool

- neue Karte hinzufügen (falls die Karte automatisch nicht erkannt wurde),

- Karte auswählen und auf „Configure" klicken (vgl. Bild 8.10),

- in dem erschienenen Fenster das Popup-Menü „Board Configuration" auf „SingleEnded" setzen (vgl. Bild 8.10).

ACHTUNG! Die oben beschriebene Konfigurierung mit dem InstaCal-Programm soll unbedingt nach jedem Anschließen der Datenerfassungskarte durchgeführt werden.

4. Als Nächstes sind die EMG- und Referenz-Elektroden (GND) auf dem Körper zu positionieren und an das Messsystem anzuschließen.

5. Nachdem die Konfigurierung der Karte und die Positionierung der EMG- sowie Referenz-Elektroden erfolgten, kann das Messsystem einge- schaltet werden. Dazu wird zunächst der Hauptschalter und danach der Schalter auf dem Kontrollpanel des Gehäuses betätigt (siehe Bilder 8.9 und 8.11).

Wenn alle Elemente des beschriebenen Versuchsaufbaus richtig an- geschlossen sind, leuchtet die grüne LED dauerhaft und die rote LED

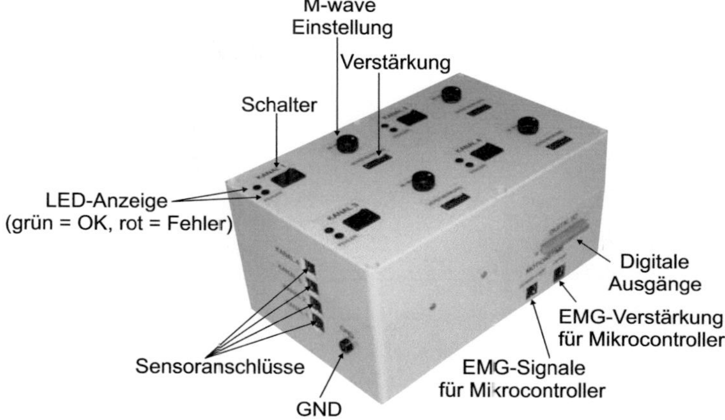

Bild 8.11: Gehäuse und Anschlüsse des Messsystems

erlischt nach einem Blinken. Dauerhaftes Leuchten der roten LED weist einen Fehler auf und kann durch folgende Ursachen entstehen:

- keine oder schlechte (LED blinkt) Kontaktierung des EMG-Sensors mit der Haut,

- Referenz-Elektrode nicht angeschlossen oder nicht angelegt,

- Spannungsversorgung (Batterie/Akku leer) oder

- Wackelkontakt.

Die Stärke der aufgenommenen EMG-Signale kann mit dem Verstärkung-Schalter variiert werden (siehe Bild 8.11). Dies kann bei sehr schwachen Signalen besonders behilflich sein. Bei gesunden Probanden soll in der Regel die Stufe 2 und bei querschnittgelähmten mit restlicher Muskelaktivität die Stufe 3 bis 5 eingestellt werden. Der nächste ebenfalls über das Kontroll-panel einstellbare Parameter ist die Länge der M-Waves. Dieser Parameter spielt nur bei EMG-Aufnahmen während der Elektrostimulation eine Rolle. Experimentell wurde ermittelt, dass mit der Einstellung 50% (rote Markie-rung) die Form der M-Waves weniger fehleranfällig ist.

8.4.2 Grafische Benutzeroberfläche „EMG-Methode"

ACHTUNG!

Die folgende Reihenfolge ist zu beachten:

1. Messsystem anschließen,

2. InstaCal starten und Karte konfigurieren,

3. MATLAB starten.

Das GUI „EMG Methode" wird mit „gui_emg_aufnahme.m" gestartet. In dem vorgestellten GUI sind drei Modi realisiert: (1.) Echtzeit-Anzeige, (2.) Aufnahme- und (3.) Analyse-Modus:

1. Die Echtzeit-Anzeige ist nur zum Testen gedacht, d.h. sie soll (nach Bedarf) vor dem eigentlichen Experiment stattfinden. Der Sinn der Echtzeit-Anzeige ist die Überprüfung der angeschlossenen Hardware.

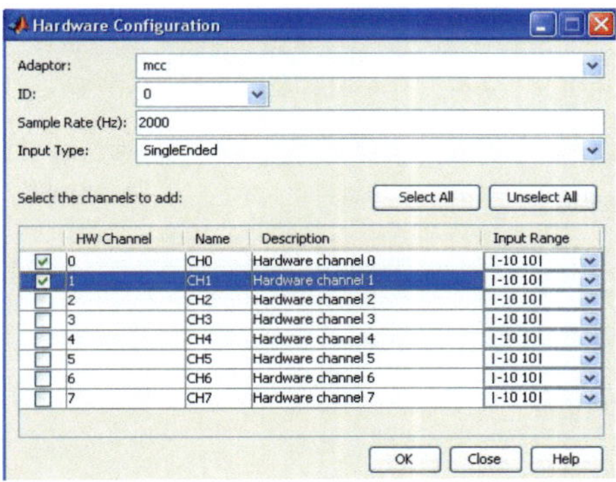

Bild 8.12: Einstellungen für die Echtzeit-Visualisierung

Zum Starten der Echtzeit-Anzeige sind folgende Schritte erforderlich:

a. Im Feld „Echtzeit Visualisierung" den Button „Start" betätigen

b. Im geöffneten Fenster „Hardware Configuration" (vgl. Bild 8.12):

   - Im Feld „Sample Rate (Hz)" auf 2000 setzen

   - Im Feld „Input Type" auf „SingleEnded" setzen

- Im Feld „Select Channel to Add" den Button „Unselect All" betätigen und anschließen nur die Kanäle „CH0" und „CH1" mit dem Haken markieren
- Button „OK" klicken

c. Im geöffneten Fenster „Oscilloscope" den Button „Trigger" betätigen

2. Der Aufnahme-Modus ist das wichtigste Teil des GUIs. In diesem Modus lassen sich sowohl die Willkür- als auch die durch die Elektrostimulation evozierten EMG-Signale aufnehmen, anzeigen und vergleichen. Dazu sind folgende Schritte durchzuführen:

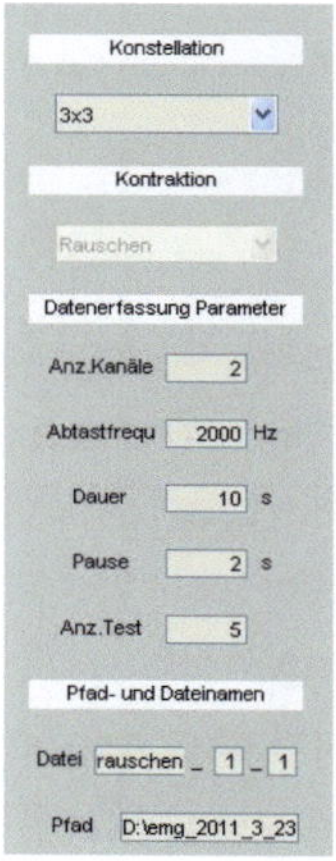

Bild 8.13: Einstellungen für den Aufnahme-Modus

a. Im Feld „Konstellation" eine „3x3" Konstellation wählen
b. Im Feld „Datenerfassung Parameter" folgende Optionen beachten:
   - Feld „Anzahl Kanäle" auf 2
   - Feld „Abtastfrequenz" auf 2000 Hz (Hardwarebedingt (EMG-Platinen) darf die Abtastfrequenz nicht niedriger als 2000 Hz eingestellt werden)
   - Feld „Dauer" (Aufnahmedauer) beliebig

- Feld „Pause" (Zeit zwischen den zwei aufeinander folgenden Aufnahmen) beliebig

- Feld „Anz.Test" (Anzahl der Wiederholungen pro Messstelle) beliebig

Die Pfad- und Dateiname werden automatisch erstellt. So lassen sich die Bestandteile eines Dateinamens „rauschen_11_1.txt" folgendermaßen interpretieren:

- „rauschen" - Art des EMG-Signals,

- „11" - Nummer der aktuellen Messstelle in der Matrixschreibweise und

- „1" - steigende Ordnungszahl, die der Anzahl der Wiederholungen entspricht.

Die Willkür-EMG-Daten aus der dritten Wiederholung, die auf der Messstelle 5 aufgenommen wurden, werden nach diesem Prinzip in einer Datei mit dem Namen „emg_22_3.txt" gespeichert. Selbst wenn am selben Tag mehrere Experimente gemacht werden, wird die Zahl erhöht, die für die Anzahl der Wiederholungen zuständig ist. Dadurch ist sichergestellt, dass keine Dateien überschrieben werden.

Die Durchführung eines Experiments soll in folgender Reihenfolge stattfinden:

a. EMG-Sensor auf die Messstelle 1 platzieren

b. Button „1" betätigen zur Aufnahme des Rauschens. Die Farbe des Buttons wird gelb (vgl. Bild 8.14). Es wird also die angegebene Anzahl der Wiederholungen durchgeführt. Jede Pause wird mithilfe eines Fortschritts-Balkens angezeigt. Vor der ersten Aufnahme wird auch eine Pause eingesetzt, die ebenfalls mit einem Fortschritts-Balken abläuft. Wenn alle Wiederholungen durchgeführt sind, erscheint auf dem Button ein Wert, der dem Mittelwert des aufgenommenen Signals entspricht.

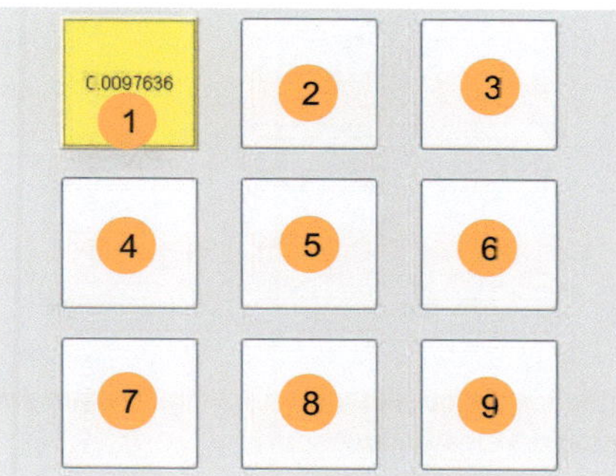

Bild 8.14: Messstelle-Buttons

c. Button „1" betätigen zur Aufnahme des Willkür-EMG-Signals. Die Farbe des Buttons ändert sich zu orange. Wenn der Mittelwert des Signals erscheint, kann die nächste Aufnahme gestartet werden.

d. Button „1" betätigen zur Aufnahme des durch die FES evozierten EMG-Signals. Die Farbe des Buttons ändert sich zu rot. Zusätzlich zu dem Mittelwert werden in diesem Fall auch die extrahierten M-Waves angezeigt.

Somit ist die Aufnahme für die Messstelle 1 beendet. Der EMG-Sensor soll auf die Messstelle 2 umpositioniert werden. Die nächste Aufnahme startet mit dem Betätigen des Buttons „2" und verläuft wie bereits für die Messstelle 1 beschrieben. In der beschriebenen Weise sollen die Signalaufnahmen für alle 9 Messstellen gemacht werden.

3. Um eine Aussage treffen zu können, welche Messstelle zur Steuerung einer Neuroprothese am besten geeignet ist, soll der Analyse-Modus verwendet werden. Dieser Modus wird erst dann aktiviert, wenn alle 9 Messstellen gemessen wurden. Das Popup-Menü „Signal" wird aktiv und muss betätigt werden. Nachdem eine Signalart im „Signal" ausgewählt wurde, wird links von den Messstelle-Buttons eines von den Popup-Menüs aktiv. Die Menüs beinhalten die bei der Aufnahme berechneten Einzelmerkmale (vgl. Bild 8.15). Wenn eines der Merkmale

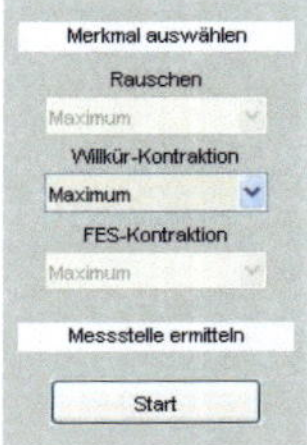

Bild 8.15: Einstellungen für die berechneten Einzelmerkmale sowie der Start-Button
zur Ermittlung der besten Messstelle

ausgewählt wurde, erscheinen die Werte in den Messstellen-Buttons.
Zum Vergleich der Messstellen soll der Button „Start" des „Messstel-
le ermitteln" -Feldes betätigt werden. Dabei erscheint ein Bild mit den
Kreisen, deren Fläche die Werte des ausgewählten Merkmals über die
Messstellen wiedergeben (siehe Bild 8.25).

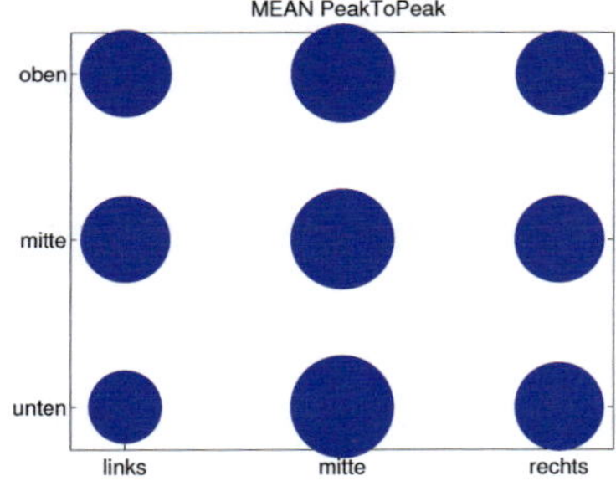

Bild 8.16: Ergebnis für die während der Elektrostimulation evozierten EMG-Signale

8.4.3 Checkliste „EMG-Aufnahme"

Folgende Checkliste stellt eine Kurzfassung der wichtigsten Punkte dar, deren Einhaltung für eine erfolgreiche Messung mit dem vorgestellten Messsystem unentbehrlich ist. Gilt für alle Versuchsteile:

- Ist das Messsystem mit dem Laptop verbunden?
- Ist die InstalCal-Einstellung „8 Singled" ?
- Ist der Hauptschalter (Messsystem) an?
- Ist der Kanalschalter (Messsystem) an?
- Ist die richtige Verstärkung (Messsystem) eingestellt (gesund: 2, gelähmt: 3)?
- Ist der Laptop vom Netz getrennt?
- Ist die Referenz-Elektrode mit dem Messsystem verbunden und auf dem Handgelenk platziert?
- Ist der EMG-Sensor richtig platziert?

Wenn die EMG-Aufnahme während der Elektrostimulation stattfindet, dann sollen zusätzlich noch die folgenden Aspekte beachtet werden:

- Sind die FES-Kabel angeschlossen (Kathode distal, Anode proximal)?
- Sind die richtigen FES-Parameter (Stimulator) eingestellt?
- Ist der richtige M-Waves-Widerstand (Messsystem) eingestellt (Empf. 50 %)?

Während der Messungen sind folgende Kontaktierungen zu vermeiden:

- EMG-Kabel mit FES-Elektroden und
- EMG-Kabel mit FES-Kabel.

8.5 Anleitung zur Handhabung der entwickelten Hard- und Software zum Auffinden optimaler Positionen von Stimulationselektroden

8.5.1 Vorbereitung zum Experiment

Wie bereits gezeigt, besteht das Messsystem aus mehreren Teilen, die zur Durchführung eines Experiments zusammengebaut werden müssen. Im Folgenden wird die Anleitung zum Zusammenbau des Systems vorgestellt. Der Zusammenbau findet in folgenden Schritte statt:

- Schritt 1:

  Das RS-232 Kabel wird an die Mikrocontroller-Box angeschlossen (vgl. Bild 8.17a).

- Schritt 2:

  Die Mikrocontroller-Box wird mit der Relais-Box über das dicke Kabel verbunden (vgl. Bild 8.17b).

- Schritt 3:

  Die Kabel mit den Elektroden-Arrays werden an die Relais-Box angeschlossen (vgl. Bild 8.17c).

- Schritt 4:

  Die inertialen Sensoren (IMU 1, IMU 2) sind an die Mikrocontroller-Box anzuschließen. Die Markierung soll beachtet werden, d.h. links soll der Hand- und rechts der Unterarm-Sensor angeschlossen werden (vgl. Bild 8.17d).

- Schritt 5:

  Der Elektrostimulator wird an die Relaisbox angeschlossen. Wie in Bild 8.17e zu sehen ist, soll die Kathodenleitung mit dem Eingang der Relaisbox verbunden werden. Der obere Anschluss ist für die Beugerseite und der untere für die Streckerseite.

- Schritt 6:

  Die Mikrocontroller-Box wird an den PC über den USB-Anschluss angeschlossen (vgl. Bild 8.17e). Achtung!!! Die zum Betreiben des StarterKits benötigte Software muss bereits auf dem Ziel-PC installiert sein (siehe Abschnitt „Treiber und Entwicklungsumgebung MPLAB")

Wenn die entwickelte Software auf dem Mikrocontroller bereits geladen ist, wird sie mit der Zufuhr der Versorgungsspannung gestartet. Soll die Software modernisiert werden, so kann dies in der MPLAB-Umgebung umgesetzt werden (siehe ebenfalls Abschnitt „Treiber und Entwicklungsumgebung MPLAB").

Nachdem das Messsystem aufgebaut wurde, soll der Unterarmhalter auf dem Tisch befestigt werden. Die Elektroden-Arrays können auf den Unterarm angebracht und mit einer Manschette überzogen werden. Der Unterarm soll in dem Unterarmhalter angespannt werden (vgl. Bild 8.18).

8.5.2 Grafische Benutzeroberfläche „Elektroden-Array"

Das für die Methode zur automatisierten Bestimmung von Positionen für Stimulationselektroden entwickelte GUI kann zur Suche nach einer optimalen Elektroden-Position während der Signalaufnahme eingesetzt werden. Soll die genannte Suche später mit einem anderen Algorithmus untersucht werden, kann dies mit den entwickelten Makros- und Batch-Dateien unter Gait-CAD stattfinden [137, 138].

Beim Einsatz des vorgestellten Messsystems sind folgende Schritte durchzuführen:

- Aufnahme der Referenz (gewünschtes Bewegungsmuster),
- Aufnahme der Bewegungen, die durch Elektrostimulation entstanden sind (FES-Bewegungen) und
- Suche nach der besten Position.

Mit dem GUI „Elektroden-Array" wurden alle der oben genannten Schritte umgesetzt (vgl. Bild 8.19).

1. Aufnahme der Referenz (gewünschtes Bewegungsmuster):
   Ein Experiment soll immer mit der Aufnahme einer Referenz beginnen. Es bestehen also zwei Möglichkeiten eine Referenz mittels GUI

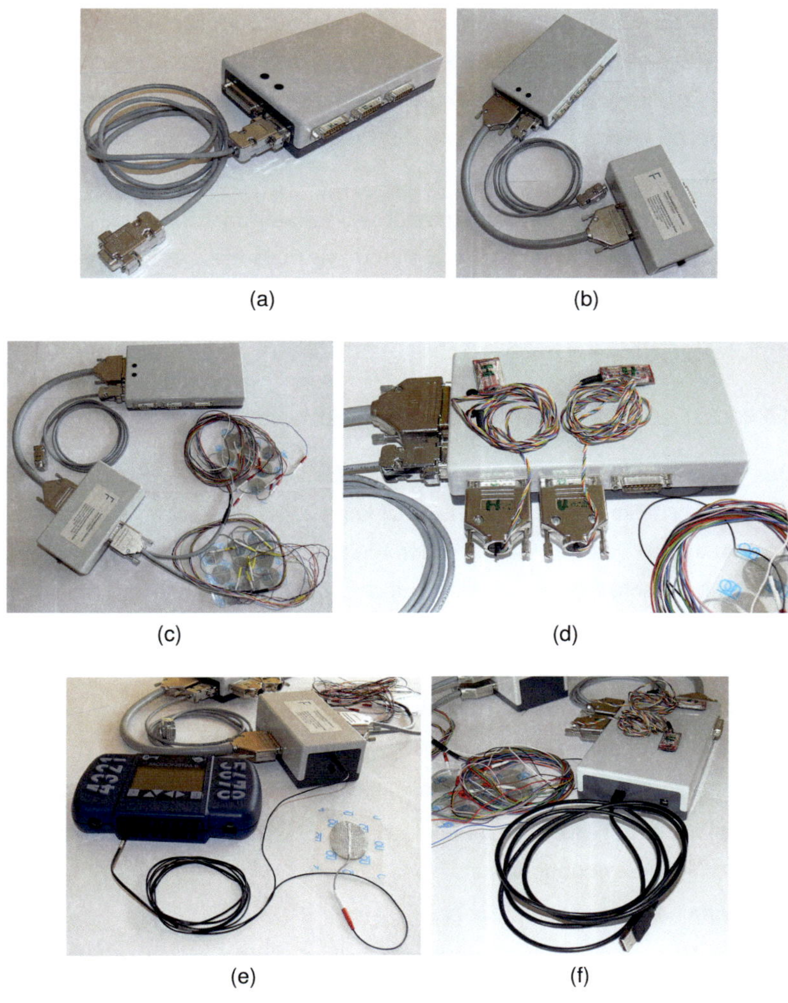

(a)

(b)

(c)

(d)

(e)

(f)

Bild 8.17: Zusammenbau des mikrocontrollerbasierten Messsystems (a) - (f) Schritt 1-Schritt 6.

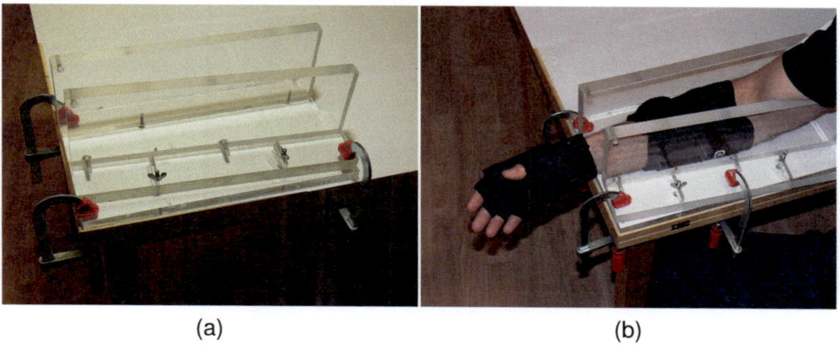

(a)   (b)

Bild 8.18: Einrichtung des entwickelten Unterarmhalters (a) Befestigung des Unterarmhalters; (b) Unterarmhalter im Betrieb.

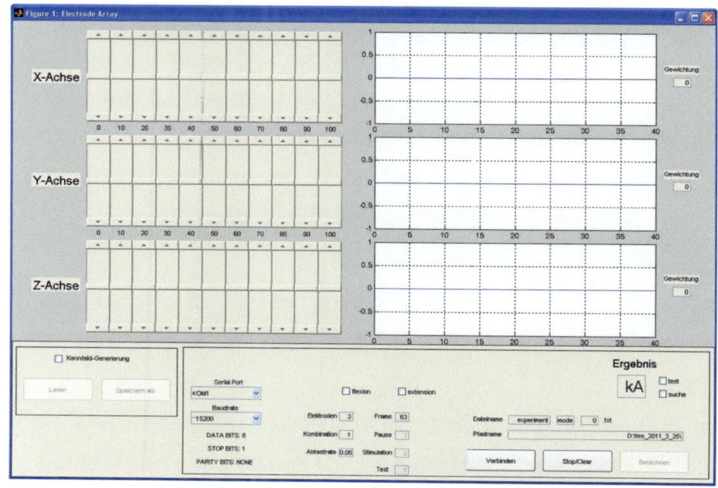

Bild 8.19: GUI „Elektroden Array"

zu generieren: experimentelle Signalaufnahme und manuelle Kennfeld-Generierung:

a. Experimentelle Signalaufnahme:

- Checkboxes „Kennfeld-Generierung" , „Flexion" , „Extension" deaktivieren
- Aufnahme mit dem Button „Verbinden" starten
- Button „Berechnen" betätigen
- im Auswahl-Menü relevante Datei auswählen („D" für desired)

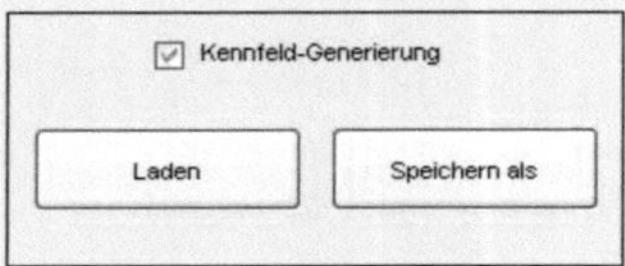

Bild 8.20: Auswahl-Feld zur Kennfeld-Generierung

b. Manuelle Kennfeld-Generierung:

- Checkbox „Kennfeld-Generierung" aktivieren (vgl. Bild 8.20)
  Falls ein Kennfeld bereits als *mat*-Datei vorliegt, kann dieses mit dem Button „Laden" geladen werden.
- Schieber betätigen und somit gewünschtes Bewegungsprofil (Drehgeschwindigkeit) erstellen (vgl. Bild 8.21)

2. Aufnahme der FES-Bewegungen:

Wenn eine Referenz bereits vorliegt, können die Signale der FES-Bewegungen aufgenommen werden. Dies soll in folgenden Schritten erfolgen:

a. Edit-Felder „Elektroden" , „Kombination" , „Abtastrate" ausfüllen

- „Elektroden" - gibt die gesamte Anzahl der Elektroden an.
- „Kombination" - gibt die Anzahl der gleichzeitig kombinierten Elektroden an.
- „Abtastrate" - gibt die Abtastzeit an.

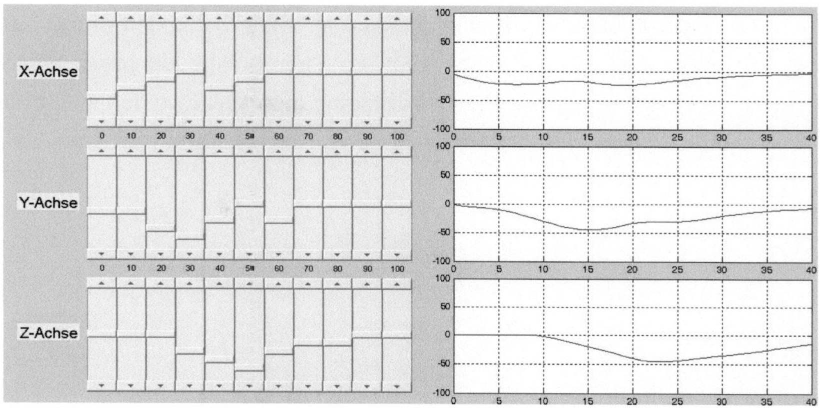

Bild 8.21: Kennfeld-Generierung per Schieber und die Anzeige

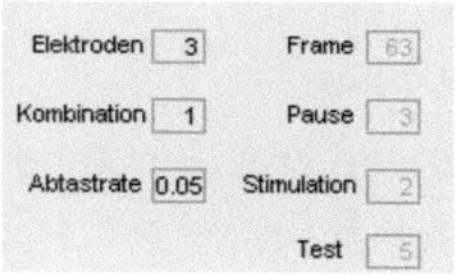

Bild 8.22: Einstellungen

Die restlichen Einstellungen der Edit-Felder sollen unverändert bleiben. Somit werden die Pausen- und Stimulationszeiten pro Kombination auf 3 bzw. 2 Sekunden festgelegt (vgl. Bild 8.22).

Bild 8.23: Bewegung-Checkboxes

b. Checkboxes „Flexion" , „Extension" aktivieren (vgl. Bild 8.23)
Wenn eine Flexion-Bewegung des Handgelenks untersucht wird, soll die Checkbox „Flexion" gesetzt werden. Dabei wird das Elektroden-Array aktiviert, das die Muskulatur der Beugerseite stimuliert. Im Falle der Extension-Bewegung wird die Checkbox „Ex-

tension" gesetzt, was die Aktivierung eines Elektroden-Arrays zur Folge hat, das die Muskulatur der Streckerseite stimuliert. Wenn eine aktive Handgelenk-Stabilisierung untersucht werden soll, sind dann beiden Checkboxes zu setzen. Der Unterarm wird dann beiderseitig stimuliert.

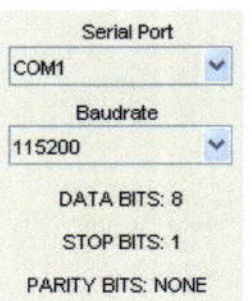

Bild 8.24: Einstellungen für RS-232

c. Popup-Menüs „Serial Port" und „Baudrate" betätigen und passendes auswählen (vgl. Bild 8.24)

Achtung! Die Baudraten des Empfängers und des Senders sollen miteinander übereinstimmen. Bei dem vorgestellten Messsystem beträgt die Baudrate 115200 baud/s.

d. Aufnahme mit dem Button „Verbinden" starten

Nach dem Start der Aufnahme generiert das GUI ein Steuersignal, das über RS-232 zum Mikrocontroller übertragen wird. Dieses Steuersignal wird folgendermaßen zusammengestellt:

- Symbolschlüssel der zu untersuchenden Bewegung - „F" für Flexion, „E" für Extension, „B" für Handgelenk-Stabilisierung,
- Anzahl aller Elektroden und der zu untersuchenden Kombinationen sowie
- eine Folge der generierten Kombinationen.

Für eine Aufnahme, bei der die Flexion-Bewegungen durch die gleichzeitige Stimulation einer Elektrode von einem 9 Elektroden-Array untersucht werden, ergibt sich folgendes Steuersignal:

$$F91; 1; 2; 3; 4; 5; 6; 7; 8; 9;$$

3. Wenn die Daten der Referenz- und FES-Bewegungen vorhanden sind, kann die Suche nach der besten Elektroden-Position (Kombination) stattfinden.

- Button „Berechnen" betätigen
- im Auswahl-Menü relevante Datei mit FES-Bewegungen auswählen

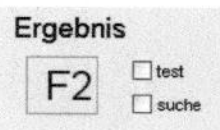

Bild 8.25: Ergebnis-Feld

Das berechnete Ergebnis wird im Feld „Ergebnis" angezeigt (siehe Bild 8.25). Die berechnete Kombination kann zwecks Kontrolle getestet werden:

a. Checkbox „Test" aktivieren

b. Button „Verbinden" betätigen

In diesem Fall wird nur die berechnete Kombination stimuliert. Die Dauer der Test-Simulation beträgt 5 s (siehe Edit-Feld „Test" in Bild 8.22). Die Test-Daten werden ebenfalls zum PC übertragen und dort abgespeichert.

Um den Suchalgorithmus zu starten, sind folgende Schritte erforderlich:

a. Checkboxen „Suche" und eine/beide „Flexion/Extension" setzen

b. Button „Verbinden"

   Dabei wird ein neues Steuersignal zusammengestellt, das nur die durch den Suchalgorithmus ausgesuchte Kombination beinhaltet.

c. Button „Berechnen" - im Auswahl-Menü relevante FES-Datei auswählen

8.5.3 Treiber und Entwicklungsumgebung MPLAB

Wie bereits erwähnt, muss die entsprechende Software auf dem PC bereits installiert sein, bevor die Mikrocontroller-Box bzw. StarterKit PIC32 an den PC angeschlossen wird. Dafür soll die mitgelieferte CD gestartet und der Installationsanleitung gefolgt werden (siehe Bild 8.26). Bei der Installation werden außer dem benötigten Treiber auch die Entwicklungsumgebung MPLAB sowie ein spezieller C-Compiler für die PIC32-Mikrocontroller-Familie mit installiert.

Bild 8.26: StarterKit PIC32 und mitgelieferte CD [8]

Das Messsystem wird mit der neusten Version des entwickelten Programms übergeben. Beim Anschließen der Mikrocontroller-Box startet das Mikrocontroller-Programm und wartet auf die Steuersignale vom PC. In diesem Fall wird die USB-Verbindung mit dem PC nur als Spannungsversorgung verwendet. Wenn allerdings Modernisierungsbedarf des Mikrocontroller-Programms besteht, wird noch zusätzlich die Entwicklungsumgebung MPLAB benötigt. Dazu sind folgende Schritte erforderlich:

- MPLAB starten
- Menü „Debugger → Select Tool → PIC32 StarterKit" auswählen
- Menü „Projekt → Open → offline_implementation.mcp (Name des Projekts)" auswählen

A Abbildungsverzeichnis

B Tabellenverzeichnis

C Literaturverzeichnis

[1] ASIA-Klassifizierung. `http://www.asia-spinalinjury.org/elearning/ISNCSCI_Exam_Sheet_r4.pdf`, abgerufen: 15.03.2013.

[2] Dermatome. `http://de.wikipedia.org/wiki/Querschnittlähmung`, abgerufen: 15.03.2013.

[3] DJO Global Products. `http://www.cefarcompex.com/de_DE/index.html`, abgerufen: 15.03.2013.

[4] Fingerkontraktur. `http://dupuytrens-contracture.com/`, abgerufen: 15.03.2013.

[5] Handgelenkkontraktur. `http://physiotherapy-class.blogspot.de/2009/12/volkmanns-ischemic-contracture.html`, abgerufen: 15.03.2013.

[6] Motionstim 8. `http://www.krauthtimmermann.de`, abgerufen: 15.03.2013.

[7] Muskelatrophie. `www.prweb.com/releases/2012/5/prweb9519094.htm`, abgerufen: 15.03.2013.

[8] StarterKit for PIC32. `http://www.microchip.com/stellent/idcplg?IdcService=SS_GET_PAGE&nodeId=1406&dDocName=en532453`, abgerufen: 15.03.2013.

[9] Ursachen von Sehnenschmerzen. `www.findarthritistreatment.com/cause-of-muscle-tendon-pain/`, abgerufen: 15.03.2013.

[10] The 2011 Annual Statistical Report for the Spinal Cord Injury Model Systems. National Spinal Cord Injury Statistical Center, Birmingham, Alabama, 2011.

[11] Spinal Cord Injury Facts and Figures at a Glance. National Spinal Cord Injury Statistical Center, Birmingham, Alabama, 2012.

[12] ABEL, A.; WENZ, W.; GERNER, H.: *Rehabilitation in Orthopädie und Unfallchirurgie*. Springer Berlin Heidelberg, 2005.

[13] ABEL, R.; SCHABLOWSKI, M.; RUPP, R.; GERNER, H.: Gait Analysis on the Treadmill - Monitoring Exercise in the Treatment of Paraplegia. *Spinal Cord* 40 (2002), S. 17–22.

[14] AGRAWAL, R.; FALOUTSOS, C.; SWAMI, A.: Efficient Similarity Search in Sequence Databases. *Foundations of Data Organization and Algorithms* (1993), S. 69–84.

[15] ARABADZHIEV, T.; DIMITROV, G.; DIMITROVA, N.: Simulation Analysis of the Performance of a Novel High Sensitive Spectral Index for Quantifying M-wave Changes during Fatigue. *Journal of Electromyography and Kinesiology* 15 (2005), S. 149–158.

[16] ARTEMIADIS, P.; KYRIAKOPOULOS, K.: EMG-Based Position and Force Control of a Robot Arm: Application to Teleoperation and Orthosis. In: *Proceedings of IEEE International Conference on Advanced Intelligent Mechatronics*, S. 1–6, IEEE, 2007.

[17] ASSFALG, J.; KRIEGEL, H.; KRÖGER, P.; KUNATH, P.; PRYAKHIN, A.; RENZ, M.: Similarity Search on Time Series Based on Threshold Queries. *Advances in Database Technology-EDBT 2006* (2006), S. Springer.

[18] ASSFALG, J.; KRIEGEL, H.; KROGER, P.; KUNATH, P.; PRYAKHIN, A.; RENZ, M.: T-Time: Threshold-Based Data Mining on Time Series. In: *Proceedings of the IEEE 24th International Conference on Data Engineering*, S. 1620–1623, IEEE Computer Society, 2008.

[19] ASTROM, K.: On the Choice of Sampling Rates in Parametric Identification of Time Series. *Information Sciences* 1 (1969) 3, S. 273–278.

[20] BALASUBRAMANIAN, S.; WEI, R.; PEREZ, M.; SHEPARD, B.; KOENEMAN, E.; KOENEMAN, J.; HE, J.: RUPERT: An Exoskeleton Robot for Assisting Rehabilitation of Arm Functions. S. 163–167, IEEE Virtual Rehabilitation, 2008.

[21] BARNES, M.: *Upper Motor Neurone Syndrome and Spasticity*. Cambridge Press, 2008.

[22] BECK, A.; KRISCHAK, G.; BISCHOFF, M.: Wirbelsäulenverletzungen und spinales Trauma. *Notfall + Rettungsmedizin* 12 (2009) 6, S. 469–479.

[23] BECK, T.; HOUSH, T.; CRAMER, J.; STOUT, J.; RYAN, E.; HERDA, T.; COSTA, P.; DEFREITAS, J.: Electrode Placement over the Innervation Zone Affects the Low-, not the High-Frequency Portion of the EMG Frequency Spectrum. *Journal of Electromyography and Kinesiology* 19 (2009), S. 660–666.

[24] BEHRMAN, A.; BOWDEN, M.; NAIR, P.: Neuroplasticity after Spinal Cord Injury and Training: an Emerging Paradigm Shift in Rehabilitation and Walking Recovery. *Physical Therapy* 86 (2006) 10, S. 1406–1425.

[25] BEHRMAN, A.; HARKEMA, S.: Locomotor Training after Human Spinal Cord Injury: a Series of Case Studies. *Physical Therapy* 80 (2000) 7, S. 688–700.

[26] BENTON, L. A.; BAKER, L. L.; BOWMAN, B. R.; L.WATERS, R.: *Funktionelle Elektrostimulation: Ein Leitfaden für die Praxis*. Steinkopff Verlag Darmstadt, 1983.

[27] VAN DEN BERG, M.; CASTELLOTE, J.; MAHILLO-FERNANDEZ, I.; DE PEDRO-CUESTA, J.: Incidence of Spinal Cord Injury Worldwide: A Systematic Review. *Neuroepidemiology* 34 (2010) 3, S. 184–192.

[28] BERNDT, D.; CLIFFORD, J.: Using Dynamic Time Warping to Find Patterns in Time Series. In: *AAAI Workshop on Knowledge Discovery in Databases*, S. 359–370, Association for the Advancement of Artificial Intelligence, 1994.

[29] BHASKARAN, B.: *Development and Validation of a New Assessment System for Automatic Adaptation of the Stimulation Electrodes for Active Wrist Joint Stabilization in Tetraplegic SCI Individuals*. Diplomarbeit, Karlsruhe University of Applied Sciences, 2010.

[30] BIJELIC, G.; POPOVIC-BIJELIC, A.; JORGOVANOVIC, N.; BOJANIC, D.; POPOVIC, D.: Actitrode: The New Selective Stimulation Interface for Functional Movements in Hemiplegic Patients. *Serbian Journal of Electrical Engineering* 1. No. 3 (2004), S. 21–28.

[31] BISCHOF, H.; HEISEL, J.; LOCHER, H.: *Praxis der konservativen Orthopädie*. Thieme Georg Verlag, 2007.

[32] BOORD, P.; BARRISKILL, A.; CRAIG, A.; NGUYEN, H.: Brain–Computer Interface–FES Integration: Towards a Hands-Free Neuroprosthesis Command System. *Neuromodulation* 7 (2004) 4, S. 267–276.

[33] BRILLINGER, D.: *Time Series: Data Analysis and Theory*, Bd. 36. Society for Industrial Mathematics, 2001.

[34] BRODERICK, B.; BREEN, P.; ÓLAIGHIN, G.: Electronic Stimulators for Surface Neural Prosthesis. *Journal of Automatic Control* 18 (2008) 2, S. 25–33.

[35] BUNDESARBEITSGEMEINSCHAFT FÜR REHABILITATION: Rehabilitation und Teilhabe: Wegweiser für Ärzte und andere Fachkräfte der Rehabilitation. Deutscher Ärzteverlag, 2005.

[36] BURAGO, D.; BURAGO, Y.; IVANOV, S.: *A Course in Metric Geometry*, Bd. 33. American Mathematical Society Providence, 2001.

[37] BURCHARDI, H.; LARSEN, R.; KUHLEN, R.; JAUCH, K.-W.; SCHÖLMERICH, J.: *Die Intensivmedizin.* Springer, 2007.

[38] BURGAR, C.; LUM, P.; SHOR, P.; VAN DER LOOS, H.: Development of Robots for Rehabilitation Therapy: The Palo Alto VA/Stanford Experience. *Journal of Rehabilitation Research and Development* 37 (2000) 6, S. 663–674.

[39] BÜTTNER, J.: Management der Querschnittslähmung. *Anaesthesiol Intensivmed* 45 (2004), S. 190–2004.

[40] CAI, Y.; NG, R.: Indexing Spatio-Temporal Trajectories with Chebyshev Polynomials. In: *Proceedings of the 2004 ACM SIGMOD International Conference on Management of Data*, S. 599–610, ACM, 2004.

[41] CARR, J.; SHEPHERD, R.: *Neurological Rehabilitation: Optimizing Motor Performance*. Butterworth-Heinemann Medical, 1998.

[42] CARRARO, U.; ROSSINI, K.; MAYR, W.; KERN, H.: Muscle Fiber Regeneration in Human Permanent Lower Motoneuron Denervation: Relevance to Safety and Effectiveness of FES-Training, Which Induces Muscle Recovery in SCI Subjects. *Artificial Organs* 29 (2005) 3, S. 187–191.

[43] CHAE, J.; BETHOUX, F.; BOHINC, T.; DOBOS, L.; DAVIS, T.; FRIEDL, A.: Neuromuscular Stimulation for Upper Extremity Motor and Functional Recovery in Acute Hemiplegia. *Stroke* 29 (1998) 5, S. 975.

[44] CHAE, J.; SHEFFLER, L.; KNUTSON, J.: Neuromuscular Electrical Stimulation for Motor Restoration in Hemiplegia. *Topics in Stroke Rehabilitation* 15 (2008) 5, S. 412–426.

[45] CHAN, K.; FU, A.: Efficient Time Series Matching by Wavelets. In: *Proceedings of IEEE 15th International Conference on Data Engineering*, S. 126–133, IEEE, 1999.

[46] CHU, S.; KEOGH, E.; HART, D.; PAZZANI, M.: Iterative Deepening Dynamic Time Warping for Time Series. In: *Proceedings of SIAM International Conference on Data Mining*, S. 195–212, Society for Industrial and Applied Mathematics, 2002.

[47] CLAUSEN, J.: Ethische Aspekte von Gehirn-Computer-Schnittstellen in motorischen Neuroprothesen. *International Review of Information Ethics* 5 (2006) 9, S. 25–32.

[48] CURT, A.: Neurologische und funktionelle Erholung nach Querschnittlähmung. *Der Orthopäde* 34 (2005) 2, S. 106–112.

[49] DE KROON, J.; IJZERMAN, M.; CHAE, J.; LANKHORST, G.; ZILVOLD, G.: Relation between Stimulation Characteristics and Clinical Outcome in Studies Using Electrical Stimulation to Improve Motor Control of the Upper Extremity in Stroke. *Journal of Rehabilitation Medicine* 37 (2005) 2, S. 65–74.

[50] DE KROON, J.; VAN DER LEE, J.; IJZERMAN, M.; LANKHORST, G.: Therapeutic Electrical Stimulation to Improve Motor Control and Functional Abilities of the Upper Extremity After Stroke: a Systematic Review. *Clinical rehabilitation* 16 (2002) 4, S. 350–360.

[51] DE LUCA, C.: The Use of Surface Electromyography in Biomechanics. *Journal of Applied Biomechanics* 13 (1997), S. 135–163.

[52] DEKKING, F.; KRAAIKAMP, C.; LOPUHAÄ, H.; MEESTER, L.: *A Modern Introduction to Probability and Statistics: Understanding why and how.* Springer, 2007.

[53] DEZA, M.; DEZA, E.: *Encyclopedia of Distances.* Springer, 2009.

[54] DIETZ, V.; CURT, A.: Neurological Aspects of Spinal-Cord Repair: Promises and Challenges. *The Lancet Neurology* 5 (2006) 8, S. 688–694.

[55] DIMITROVA, N.; HOGREL, J.-Y.; ARABADZHIEV, T.; DIMITROV, G.: Estimate of M-Wave Changes in Human Biceps Brachii during Continuous Stimulation. *Journal of Electromyography and Kinesiology* 15 (2005), S. 341–348.

[56] DISSELHORST-KLUG, C.; SILNY, J.; RAU, G.: Improvement of Spatial Resolution in Surface-EMG: a Theoretical and Experimental Comparison of Different Spatial Filters. *IEEE Transactions on Biomedical Engineering* 44 (1997) 7, S. 567–574.

[57] ECK, U.: Persönliche Kommunikation. 2008.

[58] ELSAIFY, A.: *A Self-Optimising Portable FES System Using an Electrode Array and Movement Sensors.* Dissertation, 2005.

[59] ESQUENAZI, A.; MAYER, N.; ELIA, A.; ALBANESE, A.: Botulinum Toxin for the Management of Adult Patients With Upper Motor Neuron Syndrome. *Toxicon* 54 (2009) 5, S. 634–638.

[60] FANIN, C.; GALLINA, P.; ROSSI, A.; ZANATTA, U.; MASIERO, S.: Nerebot: a Wire-Based Robot for Neurorehabilitation. In: *Proceedings of the 8th International Conference on Rehabilitation Robotics, Korea,* S. 23–26, 2003.

[61] FARINA, D.; MERLETTI, R.; NAZZARO, M.; CARUSO, I.: Effect of Joint Angle on EMG Variables in Leg and Thigh Muscles. In: *IEEE Engineering in Medicine and Biology Magazine*, Bd. 20, S. 62–71, 2001.

[62] FASOLI, S.; KREBS, H.; STEIN, J.; FRONTERA, W.; HUGHES, R.; HOGAN, N.: Robotic Therapy for Chronic Motor Impairments After Stroke: Follow-Up Results. *Archives of Physical Medicine and Rehabilitation* 85 (2004) 7, S. 1106–1111.

[63] FELLEITER, P.; REINBOTT, S.; MICHEL, F.; BAUMBERGER, M.: Das traumatische Querschnittssyndrom. In: *Schweiz Med Forum*, Bd. 4, S. 1166–1172, 2004.

[64] FIALKA-MOSER, V.: *Kompendium der physikalischen Medizin und Rehabilitation: Diagnostische und therapeutische Konzepte.* Springer, 2005.

[65] FROMM, B.; RUPP, R.; GERNER, H.: The Freehand System: an Implantable Neuroprosthesis for Functional Electrostimulation of The Upper Extremity. *Handchirurgie, Mikrochirurgie, plastische Chirurgie* 33 (2001) 3, S. 149–152.

[66] FU, T.: A Review on Time Series Data Mining. *Engineering Applications of Artificial Intelligence* 24 (2011) 1, S. 164–181.

[67] FULEKAR, M.: *Bioinformatics: Applications in Life and Environmental Sciences.* Springer, 2009.

[68] GALEA, V.: Changes in Motor Unit Estimates with Aging. *Journal of Clinical Neurophysiology* 13 (1996) 3, S. 253–260.

[69] GEDDES, L.; BOURLAND, J.: The Strength-Duration Curve. In: *IEEE Transactions on Biomedical Engineering*, 6, S. 458–459, 2007.

[70] GERDLE, B.; KARLSSON, S.; DAY, S.; DJUPSJÖBACKA, M.: Acquisition, Processing and Analysis of the Surface Electromyogram. *Modern Techniques in Neuroscience* (1999), S. 705–755.

[71] GOLDIN, D.; KANELLAKIS, P.: On Similarity Queries for Time-Series Data: Constraint Specification and Implementation. In: *Principles and Practice of Constraint Programming–CP'95*, S. 137–153, 1995.

[72] GORDON, T.; BRUSHART, T.; AMIRJANI, N.; CHAN, K.: The Potential of Electrical Stimulation to Promote Functional Recovery after Peripheral Nerve Injury - Comparisons between Rats and Humans. *How to Improve the Results of Peripheral Nerve Surgery* (2007), S. 3–11.

[73] GRAY, H.: *Anatomy of the Human Body*. Lea & Febiger, 1918.

[74] HAMID, S.; HAYEK, R.: Role of Electrical Stimulation for Rehabilitation and Regeneration After Spinal Cord Injury: an Overview. *European Spine Journal* 17 (2008) 9, S. 1256–1269.

[75] HAND, D.; MANNILA, H.; SMYTH, P.: *Principles of Data Mining*. MIT press, 2001.

[76] HANDA, T.; TAKAHASHI, H.; SAITO, C.; ICHIE, M.; HANDA, Y.; KAMEYAMA, J.; HOSHIMIYA, N.: Development of an FES System Controlled by EMG Signals. In: *Proceedings of the12th IEEE Annual International Conference on Engineering in Medicine and Biology Society*, S. 2273–2274, 1990.

[77] HARTUNG, J.; ELPERT, B.; KLÖSENER, K.: *Lehr- und Handbuch der angewandten Statistik*. Oldenbourg Wissenschaftsverlag GmbH, 2005.

[78] HE, J.; KOENEMAN, E.; SCHULTZ, R.; HERRING, D.; WANBERG, J.; HUANG, H.; SUGAR, T.; HERMAN, R.; KOENEMAN, J.: RUPERT: a Device for Robotic Upper Extremity Repetitive Therapy. In: *Proceedings of the IEEE 27th Annual International Conference on Engineering in Medicine and Biology Society*, S. 6844–6847, 2005.

[79] HEISEL, J.: *Neurologische Differenzialdiagnostik.* Thieme, 2007.

[80] HENDRICKS, H.; IJZERMAN, M.; DE KROON, J.; ET AL.: Functional Electrical Stimulation by Means of the 'Ness Handmaster Orthosis' in Chronic Stroke Patients: an Exploratory Study. *Clinical Rehabilitation* 15 (2001) 2, S. 217–220.

[81] HENTZ, V.; LECLERCQ, C.: Surgical Rehabilitation of the Upper Limb in Tetraplegia (2002).

[82] HERMENS, H.; FRERIKS, B.; DISSELHORST-KLUG, C.; RAU, G.: Development of Recommendations for SEMG Sensors and Sensor Placement Procedures. *Journal of Electromyography and Kinesiology* 10 (2000) 5, S. 361–374.

[83] HESSE, S.; SCHULTE-TIGGES, G.; KONRAD, M.; BARDELEBEN, A.; WERNER, C.: Robot-Assisted Arm Trainer for the Passive and Active Practice of Bilateral Forearm and Wrist Movements in Hemiparetic Subjects. *Archives of Physical Medicine and Rehabilitation* 84 (2003) 6, S. 915–920.

[84] HESSE, S.; WERNER, C.; BROCKE, J.: Maschinen- und Robotereinsatz in der Neurorehabilitation. *Orthopädie-Technik, OT Verlag* 2 (2009), S. 74–79.

[85] HIEBL, B.; BOG, S.; MIKUT, R.; BAUER, C.; GEMEINHARDT, O.; JUNG, F.; KRÜGER, T.: In vivo Assessment of Tissue Compatibility and Functionality of a Polyimide Cuff Electrode for Recording Afferent Peripheral Nerve Signals. *Applied Cardiopulmonary Pathophysiology* 14 (2010), S. 212–219.

[86] HIERNER, R.; BERGER, A.: Freie funktionelle Muskeltransplantation im Bereich der oberen Extremität. *Plastische Chirurgie* (2009), S. 289–317.

[87] HINES, A.; CRAGO, P.; CHAPMAN, G.; BILLIAN, C.: Stimulus Artifact Removal in EMG From Muscles Adjacent to Stimulated Muscles. *Journal of Neuroscience Methods* 64 (1996) 1, S. 55–62.

[88] HOBBY, J.; TAYLOR, P.; ESNOUF, J.: Restoration of Tetraplegic Hand Function by Use of the Neurocontrol Freehand System. *Journal of Hand Surgery (British and European Volume)* 26 (2001) 5, S. 459–464.

[89] HOGAN, N.; KREBS, H.; CHARNNARONG, J.; SRIKRISHNA, P.; SHARON, A.: MIT-MANUS: a Workstation for Manual Therapy and Training. I. In: *Proceedings of IEEE International Workshop on Robot and Human Communication*, S. 161–165, 1992.

[90] IJZERMAN, M.; STOFFERS, T.; IN'T GROEN, F.; KLATTE, M.; SNOEK, G.; VORSTEVELD, J.; NATHAN, R.; HERMENS, H.: The NESS Handmaster Orthosis: Restoration of Hand Function in C5 and Stroke Patients by Means of Electrical Stimulation. *Journal of Rehabilitation Sciences* 9 (1996), S. 86–89.

[91] JOHNSON, M.: Recent Trends in Robot-Assisted Therapy Environments to Improve Real-Life Functional Performance after Stroke. *Journal of NeuroEngineering and Rehabilitation* 3 (2006) 1, S. 1–6.

[92] KAHN, P.; ISHIGURO, H.; FRIEDMAN, B.; KANDA, T.: What is a Human? Toward Psychological Benchmarks in the Field of Human–Robot Interaction. In: *Interaction Studies*, Bd. 8, S. 363–390, John Benjamins Publishing Company, 2006.

[93] KATSCHER, S.; VERHEYDEN, A.: Standards bei der Behandlung von Frakturen und Instabilitäten der HWS zwischen C3 und C7. *Trauma und Berufskrankheit* 5 (2003) 2, S. 225–230.

[94] KELLER, T.: *Surface Functional Electrical Stimulation Neuroprostheses for Grasping.* Dissertation, ETH Zürich, 2001.

[95] KELLER, T.; LAWRENCE, M.; KUHN, A.; MORARI, M.: New Multi-Channel Transcutaneous Electrical Stimulation Technology for Rehabilitation. In: *Proceedings of the 28th IEEE EMBS Annual International Conference on Engineering in Medicine and Biology Society*, S. 194–197, 2006.

[96] KEOGH, E.; CHAKRABARTI, K.; PAZZANI, M.; MEHROTRA, S.: Dimensionality Reduction for Fast Similarity Search in Large Time Series Databases. *Knowledge and Information Systems* 3 (2001), S. 263–286.

[97] KEOGH, E.; RATANAMAHATANA, C.: Exact Indexing of Dynamic Time Warping. *Knowledge and Information Systems* 7 (2005), S. 358–386.

[98] KERN, H.; BONCOMPAGNI, S.; ROSSINI, K.; MAYR, W.; FANO, G.; ZANIN, M.; PODHORSKA-OKOLOW, M.; PROTASI, F.; CARRARO, U.: Long-Term Denervation in Humans Causes Degeneration of Both contractile and Excitation-Contraction Coupling Apparatus, Which Is Reversible by Functional Electrical Stimulation (FES): A Role for Myofiber Regeneration? *Journal of Neuropathology and Experimental Neurology* 63 (2004) 9, S. 919–931.

[99] KERN, H.; CARRARO, U.; ADAMI, N.; HOFER, C.; LOEFLER, S.; VO-GELAUER, M.; MAYR, W.; RUPP, R.; ZAMPIERI, S.: One year of home-based daily FES in complete lower motor neuron paraplegia: recovery of tetanic contractility drives the structural improvements of denerva-ted muscle. *Neurological Research* 32 (2010) 1, S. 5–12.

[100] KILGORE, K.; HOYEN, H.; BRYDEN, A.; HART, R.; KEITH, M.; PECK-HAM, P.: An Implanted Upper-Extremity Neuroprosthesis Using Myo-electric Control. *The Journal of Hand Surgery* 33 (2008) 4, S. 539–550.

[101] KILGORE, K.; PECKHAM, P.; KEITH, M.; THROPE, G.; WUOLLE, K.; BRYDEN, A.; HART, R.: An Implanted Upper-Extremity Neuroprosthe-sis. Follow-up of Five Patients. *The Journal of Bone and Joint Surgery* 79 (1997) 4, S. 533–541.

[102] KLEIN, J.; SPENCER, S.; ALLINGTON, J.; MINAKATA, K.; WOLBRECHT, E.; SMITH, R.; BOBROW, J.; REINKENSMEYER, D.: Biomimetic Ortho-sis for the Neurorehabilitation of the Elbow and Shoulder (BONES). In: *Proceedings of the 2nd IEEE RAS & EMBS International Con-ference on Biomedical Robotics and Biomechatronics*, S. 535–541, 2008.

[103] KNASH, M.; KIDO, A.; GORASSINI, M.; CHAN, K.; STEIN, R.: Electri-cal Stimulation of the Human Common Peroneal Nerve Elicits Lasting Facilitation of Cortical Motor-Evoked Potentials. *Experimental Brain Research* 153 (2003) 3, S. 366–377.

[104] KNUTH, D.: *The Art of Computer Programming*, Bd. 4A, Combinatorial Algorithms, Part 1. Stanford University, California, 2011.

[105] KREBS, H.; FERRARO, M.; BUERGER, S.; NEWBERY, M.; MAKIYAMA, A.; SANDMANN, M.; LYNCH, D.; VOLPE, B.; HOGAN, N.: Rehabilitation Robotics: Pilot Trial of a Spatial Extension for MIT-Manus. *Journal of NeuroEngineering and Rehabilitation* 1 (2004) 1, S. 1–15.

[106] KREBS, H.; HOGAN, N.; VOLPEC, B.; AISEND, M.; EDELSTEINE, L.; DIELSE, C.: Overview of Clinical Trials with MIT-MANUS: a Robot-Aided Neuro-Rehabilitation Facility. *Technology and Health Care* 7 (1999) 6, S. 419–423.

[107] KREIFELDT, J.: Signal versus Noise Characteristics of Filtered EMG Used as a Control Source. *IEEE Transactions on on Biomedical Engineering* 18 (1971) 1, S. 16–22.

[108] KRIEGEL, H.-P.; KRÖGER, P.; KUNATH, P.; RENZ, M.; ZIMEK, A.: Ähnlichkeitssuche in Zeitreihen. Skript zur Vorlesung: Spatial, Temporal, and Multimedia Databases Sommersemester 2012, LMU München, 2007.

[109] KRÜGER, T.: *Investigation of Electrodes as Bidirectional Human Machine Interface for Neuro-Technical Control of Prostheses.* Dissertation, Universität Freiburg, 2009.

[110] KWAKKEL, G.; KOLLEN, B.; KREBS, H.: Effects of Robot-Assisted Therapy on Upper Limb Recovery After Stroke: a Systematic Review. In: *Neurorehabilitation and Neural Repair,* Bd. 22, S. 111–121, 2008.

[111] LAGO, N.; CEBALLOS, D.; J RODRIGUEZ, F.; STIEGLITZ, T.; NAVARRO, X.: Long Term assessment of Axonal Regeneration through Polyimide Regenerative Electrodes to Interface the Peripheral Nerve. *Biomaterials* 26 (2005) 14, S. 2021–2031.

[112] LAGO, N.; YOSHIDA, K.; KOCH, K.; NAVARRO, X.: Assessment of Biocompatibility of Chronically Implanted Polyimide and Platinum Intrafascicular Electrodes. Bd. 54, S. 281–290, IEEE, 2007.

[113] LAUER, R. T.; PECKHAM, P. H.; KILGORE, K. L.; HEETDERKS, W. J.: Applications of Cortical Signals to Neuroprosthetic Control: A Critical Review. *IEEE Transactions on Rehabilitation Engineering* 8(2) (2000), S. 205–208.

[114] LAWRENCE, M.; GROSS, G.-P.; LANG, M.; KUHN, A.; KELLER, T.; M, M.: Assessment for Finger Forces and Wrist Torques for Functional Grasp Using New Multichannel Textile Neuroprostheses. *Artificial Organs* 32(8) (2008), S. 634–638.

[115] LEE, S.; CHUN, S.; KIM, D.; LEE, J.; CHUNG, C.: Similarity Search for Multidimensional Data Sequences. In: *Proceedings of 16th IEEE International Conference on Data Engineering*, S. 599–608, 2000.

[116] LEMAY, M.: *The Feasibility of Wrist and Forearm Control in Individuals with C5/C6 tetraplegia Using Functional Neuromuscular Stimulation.* Dissertation, Case Western Reserve University, Cleveland, 1994.

[117] LEMAY, M.; CRAGO, P.; KEITH, M.; PECKHAM, P. H.: Wrist Flexion/Extension Control in C5 and C4 Quadriplegic Subjects Using Functional Neuromuscular Stimulation. In: *Proceedings of the 16th IEEE Annual International Conference on Engineering in Medicine and Biology*, S. 438–439, 1994.

[118] LERCH, R.: *Elektrische Messtechnik: Analoge, Digitale und Computer gestützte Verfahren.* Springer Verlag, 6., bearb. aufl. 2012 Aufl., 2012.

[119] LOOSE, T.: *Konzept für eine modellgestützte Diagnostik mittels Data Mining am Beispiel der Bewegungsanalyse.* Dissertation, Universität Karlsruhe, Universitätsverlag Karlsruhe, 2004.

[120] LOOSE, T.; DIETERLE, J.; MIKUT, R.; RUPP, R.; ABEL, R.; SCHABLOWSKI, M.; BRETTHAUER, G.; GERNER, H. J.: Automatisierte Interpretation von Zeitreihen am Beispiel von klinischen Bewegungsanalysen. *at - Automatisierungstechnik* 52 (2004), S. 359–369.

[121] LÓPEZ, N.; DI SCIASCIO, F.; SORIA, C.; VALENTINUZZI, M.: Robust EMG Sensing System Based on Data Fusion for Myoelectric Control of a Robotic Arm. *BioMedical Engineering OnLine* 8 (2009) 1, S. 1–13.

[122] LOUREIRO, R.; AMIRABDOLLAHIAN, F.; TOPPING, M.; DRIESSEN, B.; HARWIN, W.: Upper Limb Robot Mediated Stroke Therapy-GENTLE/s Approach. *Autonomous Robots* 15 (2003) 1, S. 35–51.

[123] LUM, P.; BURGAR, C.; VAN DER LOOS, M.; SHOR, P.; MAJMUNDAR, M.; YAP, R.: MIME Robotic Device for Upper-Limb Neurorehabilitation in Subacute Stroke Subjects: A Follow-Up Study. *Journal of Rehabilitation Research and Development* 43 (2006) 5, S. 631–642.

[124] LUM, P.; BURGAR, C.; SHOR, P.; MAJMUNDAR, M.; VAN DER LOOS, M.: Robot-Assisted Movement Training Compared with Conventional Therapy Techniques for the Rehabilitation of Upper-Limb Motor Function after Stroke. *Archives of Physical Medicine and Rehabilitation* 83 (2002) 7, S. 952–959.

[125] LUX, M.: Entwurf eines Kriteriums zur Bewertung von EMG-Sensormessstellen. Universität der Bundeswehr, München, 2010.

[126] MADISETTI, V.: *Digital Signal Processing Fundamentals*. CRC press, 2010.

[127] MASON, S.; BASHASHATI, A.; FATOURECHI, M.; NAVARRO, K.; BIRCH, G.: A Comprehensive Survey of Brain Interface Technology Designs. *Annals of Biomedical Engineering* 35 (2007) 2, S. 137–169.

[128] MAYER, N.: Clinicophysiologic Concepts of Spasticity and Motor Dysfunction in Adults with an Upper Motoneuron Lesion. *Muscle & Nerve* 20 (1997) 6, S. 1–14.

[129] MAYER, N.; ESQUENAZI, A.: Muscle Overactivity and Movement Dysfunction in the Upper Motoneuron Syndrome. *Physical Medicine & Rehabilitation Clinics of North America* 14 (2003) 4, S. 855–883.

[130] MAYR, A.; KOFLER, M.; SALTUARI, L.: ARMOR: Elektromechanischer Roboter für das Bewegungstraining der oberen Extremität nach Schlaganfall. Prospektive randomisierte kontrollierte Pilotstudie. *Handchirurgie, Mikrochirurgie, Plastische Chirurgie* 40 (2008), S. 66–73.

[131] MAYR, W.; HOFER, C.; BIJAK, M.; RAFOLT, D.; UNGER, E.; REICHEL, M.; SAUERMANN, S.; LANMUELLER, H.; KERN, H.: Functional Electrical Stimulation (FES) of Denervated Muscles: Existing and Prospective Technological Solutions. *Basic Appl Myol* 12 (2002) 6, S. 287–290.

[132] MCGILL, K.; CUMMINS, K.; DORFMAN, L.; BERLIZOT, B.; LUETKEMEYER, K.; NISHIMURA, D.; WIDROW, B.: On the Nature and Elimination of Stimulus Artifact in Nerve Signals Evoked and Recorded Using Surface Electrodes. In: *IEEE Transactions on Biomedical Engineering*, S. 129–137, 1982.

[133] MERLETTI, R.; KNAFLITZ, M.; DE LUCA, C.: Myoelectric Manifestations of Fatigue in Voluntary and Electrically Elicited Contractions. *Journal of Applied Physiology* 69 (1990) 5, S. 1810–1820.

[134] MERLETTI, R.; KNAFLITZ, M.; DE LUCA, C.: Electrically Evoked Myoelectric Signals. *Critical Reviews in Biomedical Engineering* 19 (1992) 4, S. 293–340.

[135] MERLETTI, R.; RAINOLDI, A.; FARINA, D.: Surface Electromyography for Noninvasive Characterization of Muscle. *Exercise and Sport Sciences Reviews* 29 (2001) 1, S. 20–25.

[136] MIKUT, R.: *Data Mining in der Medizin und Medizintechnik.* Universitätsverlag Karlsruhe, 2008.

[137] MIKUT, R.; BURMEISTER, O.; BRAUN, S.; REISCHL, M.: The Open Source Matlab Toolbox Gait-CAD and its Application to Bioelectric Signal Processing. In: *Proc., DGBMT-Workshop Biosignalverarbeitung, Potsdam*, S. 109–111, 2008.

[138] MIKUT, R.; BURMEISTER, O.; REISCHL, M.; LOOSE, T.: Die MATLAB-Toolbox Gait-CAD. In: *Proc., 16. Workshop Computational Intelligence*, S. 114–124, Universitätsverlag Karlsruhe, 2006.

[139] MIKUT, R.; KRÜGER, T.; REISCHL, M.; BURMEISTER, O.; RUPP, R.; STIEGLITZ, T.: Regelungs- und Steuerungskonzepte für Neuroprothesen am Beispiel der oberen Extremitäten. *at - Automatisierungstechnik* 54(11) (2006), S. 523–536.

[140] MIZRAHI, J.; LEVIN, O.; AVIRAM, A.; ISAKOV, E.; SUSAK, Z.: Muscle Fatigue in Interrupted Stimulation: Effect of Partial Recovery on Force and EMG Dynamics. *Journal of Electromyography and Kinesiology* 7 (1997) 1, S. 51–65.

[141] MOGYOROS, I.; KIERNAN, M.; BURKE, D.: Strength-Duration Properties of Human Peripheral Nerve. *Brain* 119 (1996) 2, S. 439–447.

[142] MÖRCHEN, F.: Time Series Feature Extraction for Data Mining Using DWT and DFT. Techn. Ber. 33, University of Marburg, Department of Mathematics and Computer Science, 2003.

[143] MOUNIER, S.: *Entwicklung einer realitätsnahen Kraftrückkopplung bei fluidisch betriebenen Handprothesen*. Dissertation, Universität Karlsruhe, Forschungszentrum Karlsruhe (FZKA 7004), 2004.

[144] MUIR, G.; STEEVES, J.: Sensorimotor Stimulation to Improve Locomotor Recovery After Spinal Cord Injury. *Trends in Neurosciences* 20 (1997) 2, S. 72–77.

[145] MÜLLER, M.: *Information Retrieval for Music and Motion*. Springer-Verlag New York Inc, 2007.

[146] MÜLLER, S.: *Motorische Rehabilitation beim komplett und inkomplett Querschnittgelähmten*. Pflaum Verlag GmbH, 2002.

[147] MÜLLER-PUTZ, G.; SCHERER, R.; PFURTSCHELLER, G.; RUPP, R.: Brain-Computer Interfaces for Control of Neuroprostheses: from Synchronous to Asynchronous Mode of Operation. *Biomedizinische Technik* 51 (2006) 2, S. 57–63.

[148] MÜLLER-PUTZ, G. R.; RUPP, R.; SCHERER, R.; PFURTSCHELLER, G.; GERNER, H. J.: Towards Brain Controlled Movement Restoration - Part II: Application of an Asynchronous Brain-Switch. *Biomedizinische Technik* 50(S1) (2005), S. 513–514.

[149] MÜLLER-PUTZ, G. R.; SCHERER, R.; PFURTSCHELLER, G.; RUPP, R.: EEG-Based Neuroprosthesis Control: A Step Towards Clinical Practice. *Neuroscience Letters* 382 (2005), S. 169–174.

[150] MÜLLER-PUTZ, G. R.; ZIMMERMANN, D.; GRAIMANN, G.; NESTINGER, K.; KORISEK, G.; PFURTSCHELLER, G.: Event-Related Beta EEG-Changes During Passive and Attempted Foot Movements in Paraplegic Patients. *Brain Research* 1137 (2007), S. 84–91.

[151] NATHAN, R.: Functional Electrical Stimulation of the Upper Limb: Charting the Forearm Surface. *Medical and Biological Engineering and Computing* 17 (1979) 6, S. 729–736.

[152] NATHAN, R.: An FNS-Based System for Generating Upper Limb Function in the C4 Quadriplegic. *Medical and Biological Engineering and Computing* 27 (1989) 6, S. 549–556.

[153] NAVARRO, X.; KRÜGER, T. B.; LAGO, N.; MICERA, S.; STIEGLITZ, T.; DARIO, P.: A Critical Review of Interfaces with the Peripheral Nervous System for the Control of Neuroprostheses and Hybrid Bionic Systems. *Journal of the Peripheral Nervous System* 10(3) (2005), S. 229–258.

[154] NEF, T.; COLOMBO, G.; RIENER, R.: ARMin–Roboter für die Bewegungstherapie der oberen Extremitäten (ARMin–Robot for Movement Therapy of the Upper Extremities). *at-Automatisierungstechnik* 53 (2005), S. 597–606.

[155] NEF, T.; GUIDALI, M.; RIENER, R.: ARMin III–Arm Therapy Exoskeleton With an Argonomic Shoulder Actuation. *Applied Bionics and Biomechanics* 6 (2009) 2, S. 127–142.

[156] NEF, T.; MIHELJ, M.; RIENER, R.: ARMin: a Robot for Patient-Cooperative Arm Therapy. *Medical and Biological Engineering and Computing* 45 (2007) 9, S. 887–900.

[157] NEF, T.; RIENER, R.: ARMin–Design of a Novel Arm Rehabilitation Robot. In: *Proceedings of 9th International Conference on Rehabilitation Robotic (ICORR)*, S. 57–60, 2005.

[158] NELLES, G.: *Neurologische Rehabilitation.* Georg Thieme Verlag, 2004.

[159] NÜRNBERG, H.: *Steuerungs- und Regelungskonzepte für die funktionelle Stimulation gelähmter Muskulatur.* Dissertation, Universität Karlsruhe, 1985.

[160] NÜTZEL, A.: *Entwicklung einer Methodik zur kontrollierten Therapie gestörter motorischer Funktionen des Menschen mittels Elektrostimulation.* Dissertation, Universität Karlsruhe, 1994.

[161] O'DWYER, S.; O'KEEFFE, D.; COOTE, S.; LYONS, G.: An Electrode Configuration Technique Using an Electrode Matrix Arrangement for FES-based Upper Arm Rehabilitation Systems. *Medical Engineering & Physics* 28 (2006) 2, S. 166–176.

[162] O'KEEFFE, D.; LYONS, G.; DONNELLY, A.; BYRNE, C.: Stimulus Artifact Removal Using a Software-Based Two-Stage Peak Detection Algorithm. *Journal of Neuroscience Methods* 109 (2001) 2, S. 137–145.

[163] PAPADOPOULOS, A.: *Metric Spaces, Convexity and Nonpositive Curvature*, Bd. 6. European Mathematical Society, 2005.

[164] PECKHAM, P.; KNUTSON, J.: Functional Electrical Stimulation for Neuromuscular Applications. *Annual Review of Biomedical Engineering* 7 (2005), S. 327–360.

[165] PEDOTTI, A.; FERRARIN, M.; QUINTERN, J.; RIENER, R.: *Neuroprosthetics: from Basic Research to Clinical Application*. Springer Berlin, Heidelberg, 1996.

[166] PFURTSCHELLER, G.; LEEB, R.; KEINRATH, C.; FRIEDMAN, D.; NEUPER, C.; GUGER, C.; SLATER, C.: Walking from Thought. *Brain Research* 1071 (2006), S. 145–152.

[167] PISTOHL, T.; BALL, T.; SCHULZE-BONHAGE, A.; AERTSEN, A.; MEHRING, C.: Prediction of Arm Movement Trajectories from ECoG-recordings in Humans. *Journal of Neuroscience Methods* 167 (2008) 1, S. 105–114.

[168] PISTOHL, T.; SCHULZE-BONHAGE, A.; AERTSEN, A.; MEHRING, C.; BALL, T.: Decoding natural grasp types from human ECoG. *NeuroImage* 59 (2012), S. 248–260.

[169] POHLMEYER, E.; OBY, E.; PERREAULT, E.; SOLLA, S.; KILGORE, K.; KIRSCH, R.; MILLER, L.: Toward the Restoration of Hand Use to a Paralyzed Monkey: Brain-controlled Functional Electrical Stimulation of Forearm Muscles. *PLoS One* 4 (2009) 6, S. e5924.

[170] POPIVANOV, I.; MILLER, R.: Similarity Search over Time-Series Data Using Wavelets. In: *Proceedings of the 18th International Conference on Data Engineering*, S. 212–221, 2002.

[171] POPOVIC, D.; POPOVIC, M.: Automatic Determination of the Optimal Shape of a Surface Electrode: Selective Stimulation. *Journal of Neuroscience Methods* 178 (2009) 1, S. 174–181.

[172] POPOVIC, D.; STEIN, R.; OGUZTORELI, N.; LEBIEDOWSKA, M.; JONIC, S.: Optimal Control of Walking with Functional Electrical Stimulation: A Computer Simulation Study. *IEEE Transactions on Rehabilitation Engineering* 7 (1999) 1, S. 69–79.

[173] POPOVIC, M.; POPOVIC, D.; KELLER, T.: Neuroprostheses for Grasping. *Neurological Research* 24 (2002), S. 443–452.

[174] PRANGE, G.; JANNINK, M.; GROOTHUIS-OUDSHOORN, C.; HERMENS, H.; IJZERMAN, M.: Systematic Review of the Effect of Robot-Aided Therapy on Recovery of the Hemiparetic Arm After Stroke. *Journal of Rehabilitation Research and Development* 43 (2006) 2, S. 171–184.

[175] PROCHAZKA, A.: Comparison of Natural and Artificial Control of Movement. *IEEE Transactions on Rehabilitation Engineering* 1 (1993), S. 7–16.

[176] PROCHAZKA, A.; GAUTHIER, M.; WIELER, M.; KENWELL, Z.: The Bionic Glove: an Electrical Stimulator Garment That Provides Controlled Grasp and Hand Opening in Quadriplegia. *Archives of Physical Medicine and Rehabilitation* 78 (1997) 6, S. 608–614.

[177] QUINTERN, J.: Application of Functional Electrical Stimulation in Paraplegic Patients. *NeuroRehabilitation* 10 (1998) 3, S. 205–250.

[178] RAFIEI, D.; MENDELZON, A.: Similarity-Based Queries for Time Series Data. In: *Proceedings of the 1997 ACM SIGMOD International Conference on Management of Data*, S. 13–25, 1997.

[179] RAFIEI, D.; MENDELZON, A.: Querying Time Series Data Based on Similarity. In: *IEEE Transactions on Knowledge and Data Engineering*, Bd. 12, S. 675–693, 2000.

[180] RAINOLDI, A.; MELCHIORRI, G.; CARUSO, I.: A Method for Positioning Electrodes During Surface EMG Recordings in Lower Limb Muscles. *Journal of Neuroscience Methods* 134 (2004) 1, S. 37–43.

[181] RAINOLDI, A.; NAZZARO, M.; MERLETTI, R.; FARINA, D.; CARUSO, I.; GAUDENTI, S.: Geometrical Factors in Surface EMG of the Vastus Medialis and Lateralis Muscles. *Journal of Electromyography and Kinesiology* 10 (2000) 5, S. 327–336.

[182] RAKOS, M.; FREUDENSCHUSS, B.; GIRSCH, W.; HOFER, C.; KAUS, J.; MEINERS, T.; PATERNOSTRO, T.; MAYR, W.: Electromyogram-Controlled Functional Electrical Stimulation for Treatment of the Paralyzed Upper Extremity. *Artificial Organs* 23 (1999) 5, S. 466–469.

[183] REINKENSMEYER, D.; EMKEN, J.; CRAMER, S.: Robotics, Motor Learning, and Neurologic Recovery. *Annual Review of Biomedical Engineering* 6 (2004), S. 497–525.

[184] REISCHL, M.: *Ein Verfahren zum automatischen Entwurf von Mensch-Maschine-Schnittstellen am Beispiel myoelektrischer Handprothesen*. Dissertation, Universität Karlsruhe, Universitätsverlag Karlsruhe, 2006.

[185] RESCH, H.; TRINKA, E.; JANETSCHEK, G.; ROHDE, E.; AIGNER, L.: Das Querschnitt- und Geweberegenerationszentrum. Medizinische Privatuniversität Paracelsus, 2012.

[186] RIENER, R.: *Neurophysiologische und Biomechanische Modellierung zur Entwicklung geregelter Neuroprothesen.* Dissertation, Technische Universität München, Utz-Verlag, 1997.

[187] RIENER, R.: Neurorehabilitation Robotics and Neuroprosthetics. In: *Neuroergonomics: The Brain at Work* (PARASURAMAN, R.; RIZZO, M., Hg.), S. 346–359, Oxford University Press, USA, 2007.

[188] RIENER, R.: Neue Techniken in der Neurorehabilitation. In: *Medizintechnik Life Science Engineering* (WINTERMANTEL, E.; HA, S., Hg.), S. 1807–1831, Springer-Verlag Berlin Heidelberg, 2009.

[189] RING, H.; ROSENTHAL, N.: Controlled Study of Neuroprosthetic Functional Electrical Stimulation in Sub-Acute Post-Stroke Rehabilitation. *Journal of Rehabilitation Medicine* 37 (2005), S. 32–36.

[190] RITCHIE, A.: The Electrical Diagnosis of Peripheral Nerve Injury. *Brain* 67 (1944) 4, S. 314–329.

[191] RÖHL, K.: Halswirbelsäulenverletzungen mit Tetraplegie. *Trauma und Berufskrankheit* 5 (2003) 2, S. 231–243.

[192] ROHM, M.: *Evaluierung und Inbetriebnahme von Sensorkonzepten für die Steuerung von funktionellen Orthesen der oberen Extremität.* Diplomarbeit, Universität Darmstadt, Forschungszentrum Karlsruhe, 2008.

[193] RUPP, R.: *Die motorische Rehabilitation von Querschnittgelähmten mittels Elektrostimulation.* Dissertation, Universität Karlsruhe, 2008.

[194] RUPP, R.; ECK, U.; SCHILL, O.; REISCHL, M.; SCHULZ, S.: OrthoJacket–An Active FES-hybrid Orthosis for the Paralyzed Upper Extremity. In: *Proceedings of the 2nd European Conference on Technically Assisted Rehabilitation Kongress, Berlin*, 2009.

[195] RUPP, R.; GERNER, H.: Neuroprosthetics of the Upper Extremity – Clinical Application in Spinal Cord Injury and Future Perspectives. *Biomedizinische Technik* 49(4) (2004), S. 93–98.

[196] RUPP, R.; GERNER, H.: Neuroprosthetics of the Upper Extremity– Clinical Application in Spinal Cord Injury and Challenges for the Future. *Operative Neuromodulation: Functional Neuroprosthetic Surgery* 97 (2007) 1, S. 419–426.

[197] SACCO, I.; GOMES, A.; OTUZI, M.; PRIPAS, D.; ONODERA, A.: A Method for Better Positioning Bipolar Electrodes for Lower Limb EMG Recordings During Dynamic Contractions. *Journal of Neuroscience Methods* 180 (2009) 1, S. 133–137.

[198] SADOWSKY, C.; MCDONALD, J.: Activity-Based Restorative Therapies: Concepts and Applications in Spinal Cord Injury-Related Neuro-rehabilitation. *Developmental disabilities research reviews* 15 (2009) 2, S. 112–116.

[199] SAKURAI, Y.; YOSHIKAWA, M.; FALOUTSOS, C.: FTW: Fast Similarity Search under the Time Warping Distance. In: *Proceedings of the 24th ACM SIGMOD-SIGACT-SIGART Symposium on Principles of Database Systems*, S. 326–337, 2005.

[200] SALOMON, F.-V.; GEYER, H.; GILLE, U.: *Anatomie für die Tiermedizin*. Enke, 2008.

[201] SCHILL, O.; RUPP, R.; PYLATIUK, C.; SCHULZ, S.; REISCHL, M.: Automatic Adaptation of a Self-Adhesive Multi-Electrode Array for Active Wrist Joint Stabilization in Tetraplegics. In: *Proceedings of IEEE Toronto International Conference–Science and Technology for Humanity*, S. 708–713, 2009.

[202] SCHILL, O.; WIEGAND, R.; SCHMITZ, B.; MATTHIES, R.; ECK, U.; PYLATIUK, C.; REISCHL, M.; SCHULZ, S.; RUPP, R.: OrthoJacket–an Active FES-hybrid Orthosis for the Paralysed Upper Extremity. *Biomedical Engineering* 56(1) (2011) 5, S. 35–44.

[203] SCHMITT, I.: *Ähnlichkeitssuche in Multimediadatenbanken: Retrieval, Suchalgorithmen und Anfragebehandlung.* Oldenbourg Verlag, 2006.

[204] SCHMITZ, B.; WIEGAND, R.; PYLATIUK, C.; RUPP, R.; SCHULZ, S.: Erste Erfahrungen mit dem OrthoJacket. *Orthopädie-Technik* 4 (2011), S. 256–261.

[205] SCHULZ, S.: Abschlussbericht zum BMBF Projekt ÖrthoJacket". Techn. Ber., Karlsruher Institut für Technologie, 2012.

[206] SCHULZ, S.; PYLATIUK, C.; KARGOV, A.; GAISER, I.; SCHILL, O.; REISCHL, M.; ECK, U.; RUPP, R.: Design of a Hybrid Powered Upper Limb Orthosis. In: *Proceedings of World Congress Medical Physics and Biomedical Engineering*, S. 468–471, Springer, 2009.

[207] SHEFFLER, L.; CHAE, J.: Neuromuscular Electrical Stimulation in Neurorehabilitation. *Muscle & Nerve* 35 I (2007) 5, S. 562–590.

[208] SKOPAL, T.; BUSTOS, B.: On Nonmetric Similarity Search Problems in Complex Domain. In: *ACM Computing Surveys (CSUR)*, Bd. 43, S. 34–90, 2010.

[209] SNOEK, G.; IJZERMAN, M.; ET AL.: Use of the NESS Handmaster to Restore Handfunction in Tetraplegia: Clinical Experiences in Ten Patients. *Spinal Cord* 38 (2000) 4, S. 244–249.

[210] SPECHT, J.; SCHMITT, M.; PFEIL, J.: *Technische Orthopädie.* Springer, 2008.

[211] STEIN, R.; YANG, J.: Methods for Estimating the Number of Motor Units in Human Muscles. *Annuals of Neurology* 28 (1990) 4, S. 487–495.

[212] STEINPICHLER, M.; REAL, P.: Upper Motor Neurone Syndrome-Grundlagen. *Physiotherapie Fachzeitschrift* 3 (2003), S. 4–13.

[213] STUART, A.; ORD, J.; ARNOLD, S.: *Kendall's Advanced Theory of Statistics. Vol. 2A: Classical Inference and the Linear Model.* Oxford University Press; NY: Arnold Publishers, 1999.

[214] SUGAR, T.; HE, J.; KOENEMAN, E.; KOENEMAN, J.; HERMAN, R.; HUANG, H.; SCHULTZ, R.; HERRING, D.; WANBERG, J.; BALASUBRAMANIAN, S.; SWENSON, P.; WARD, J.: Design and Control of RUPERT: A Device for Robotic Upper Extremity Repetitive Therapy. *IEEE Transactions on Neural Systems and Rehabilitation Engineering* 15 (2007) 3, S. 336–346.

[215] TABERNIG, C.; ACEVEDO, R.: M-wave Elimination from Surface Electromyogram of Electrically Stimulated Muscles Using Singular Value Decomposition: Preliminary Results. *Medical Engineering & Physics* 30 (2008) 6, S. 800–803.

[216] TAYLOR, D. M.; TILLERY, S. I.; SCHWARTZ, A. B.: Direct Cortical Control of 3D Neuroprosthetic Devices. *Science* 296 (2002), S. 1829–1832.

[217] TEPAVAC, D.; SCHWIRTLICH, L.: Detection and Prediction of FES-Induced Fatigue. *Journal of Electromyography and Kinesiology* 7 (1997) 1, S. 39–50.

[218] THORSEN, R.; SPADONE, R.; FERRARIN, M.: A Pilot Study of Myoelectrically Controlled FES of Upper Extremity. *IEEE Transactions on Neural Systems and Rehabilitation Engineering* 9(2) (2001), S. 161–168.

[219] TOTH, A.; FAZEKAS, G.; ARZ, G.; JURAK, M.; HORVATH, M.: Passive Robotic Movement Therapy of the Spastic Hemiparetic Arm with RE-HAROB: Report of the First Clinical Test and the Follow-Up System Improvement. In: *Proceedings of the 9th International Conference on Rehabilitation Robotics (ICORR)*, S. 127–130, 2005.

[220] TSCHERNE, H.: *Tscherne Unfallchirurgie: Wirbelsäule*. Springer, 1997.

[221] VLACHOS, M.: A Practical Time-Series Tutorial with MATLAB. 9th European Conference on Principles and Practice of Knowledge Discovery in Databases, 2005.

[222] VLACHOS, M.; GUNOPULOS, D.; KOLLIOS, G.: Robust Similarity Measures for Mobile Object Trajectories. In: *Proceedings of the13th International Workshop on Database and Expert Systems Applications*, S. 721–726, 2002.

[223] VLACHOS, M.; HADJIELEFTHERIOU, M.; GUNOPULOS, D.; KEOGH, E.: Indexing Multi-Dimensional Time-Series with Support for Multiple Distance Measures. In: *Proceedings of the 9th ACM SIGKDD International Conference on Knowledge Discovery and Data Mining*, S. 216–225, 2003.

[224] VLACHOS, M.; HADJIELEFTHERIOU, M.; GUNOPULOS, D.; KEOGH, E.: Indexing Multidimensional Time-Series. *The VLDB Journal* 15 (2006) 1, S. 1–20.

[225] VLACHOS, M.; KOLLIOS, G.; GUNOPULOS, D.: Discovering Similar Multidimensional Trajectories. In: *Proceedings of the IEEE 18th International Conference on Data Engineering*, S. 673–684, 2002.

[226] VØLLESTAD, N.: Measurement of Human Muscle Fatigue. *Journal of Neuroscience Methods* 74 (1997) 2, S. 219–227.

[227] WALLESCH, C.-W.; BOOS, N.: *Neurotraumatologie*. Thieme, 2005.

[228] WERNER, J.: *Kooperative und autonome Systeme der Medizintechnik:[Funktionswiederherstellung und Organersatz]*. Oldenbourg Wissenschaftsverlag, 2005.

[229] WHITTINGSTALL, K.: EEG-Haube im Einsatz. `http://tuebingen.mpg.de/aktuelles-presse/pressemitteilungen/detail/was-sagen-uns-hirnwellen-ueber-die-funktion-der-hirnzellen`, abgerufen: 15.03.2013.

[230] WICHMANN, T.: A Digital Averaging Method for Removal of Stimulus Artifacts in Neurophysiologic Experiments. *Journal of Neuroscience Methods* 98 (2000) 1, S. 57–62.

[231] WIEGAND, R.; SCHILL, O.; SCHMITZ, B.; ECK, U.; PYLATIUK, C.; REISCHL, M.; RUPP, R.; SCHULZ, S.: Fluidic Actuation and Sensors of the Elbow Joint in the Hybrid Orthosis OrthoJacket. In: *Biomedizinische Technik*, Bd. 55, 2010.

[232] WINSLOW, J.; JACOBS, P.; TEPAVAC, D.: Fatigue Compensation during FES Using Surface EMG. *Journal of Electromyography and Kinesiology* 13 (2003) 6, S. 555–568.

[233] WOLPAW, J.: Brain–Computer Interfaces as New Brain Output Pathways. *The Journal of Physiology* 579 (2007) 3, S. 613–619.

[234] WOLPAW, J. R.; BIRBAUMER, N.; MCFARLAND, D. J.; PFURTSCHELLER, G.; VAUGHAN, T. M.: Brain-Computer Interfaces for Communication and Control. *Clinical Neurophysiology* 113 (2002), S. 767–791.

[235] WRIGHT, P.; GRANAT, M.: Therapeutic Effects of Functional Electrical Stimulation of the Upper Limb of Eight Children with Cerebral Palsy. *Developmental Medicine and Child Neurology* 42 (2000) 11, S. 724–727.

[236] WYNDAELE, M.; WYNDAELE, J.: Incidence, Prevalence and Epidemiology of Spinal Cord Injury: What Learns a World Literature Survey? *Spinal Cord* 44 (2006) 9, S. 523–529.

[237] YANG, K.; YOON, H.; SHAHABI, C.: CLeVer: A Feature Subset Selection Technique for Multivariate Time Series. In: *Proceedings of the 9th Pacific-Asia Conference on Knowledge Discovery and Data Mining*, S. 516–522, 2005.

[238] YEOM, H.; PARK, Y.; YOON, H.: Gram-Schmidt M-Wave Canceller for the EMG Controlled FES. In: *IEICE Transactions on Information and Systems*, Bd. 88, S. 2213–2217, 2005.

[239] YOON, H.; YANG, K.; SHAHABI, C.: Feature Subset Selection and Feature Ranking for Multivariate Time Series. *IEEE Transactions on Knowledge and Data Engineering* 17(9) (2005), S. 1186–1198.

[240] ZÄCH, G.; KOCH, H.: *Paraplegie: Ganzheitliche Rehabilitation*. Karger AG, Basel, 2006.

[241] ZIPP, P.: Recommendations for the Standardization of Lead Positions in Surface Electromyographie. *European Journal of Applied Physiology* 50 (1982), S. 41–54.

[242] ZOGLAUER, T.: Der Mensch als Cyborg? *Universitas* 58 (2003) 58, S. 1267–1278.

D Index

Bereits veröffentlicht wurden in der Schriftenreihe des Instituts für
Angewandte Informatik / Automatisierungstechnik bei KIT Scientific Publishing

1   **BECK, S.**
Ein Konzept zur automatischen Lösung von Entscheidungsproblemen bei Unsicherheit
mittels der Theorie der unscharfen Mengen und der Evidenztheorie, 2005

2   **MARTIN, J.**
Ein Beitrag zur Integration von Sensoren in eine anthropomorphe künstliche Hand mit
flexiblen Fluidaktoren, 2004

3   **TRAICHEL, A.**
Neue Verfahren zur Modellierung nichtlinearer thermodynamischer Prozesse in einem
Druckbehälter mit siedendem Wasser-Dampf Gemisch bei negativen Drucktransienten, 2005

4   **LOOSE, T.**
Konzept für eine modellgestützte Diagnostik mittels Data Mining am Beispiel der
Bewegungsanalyse, 2004

5   **MATTHES, J.**
Eine neue Methode zur Quellenlokalisierung auf der Basis räumlich verteilter,
punktweiser Konzentrationsmessungen, 2004

6   **MIKUT, R.; Reischl, M.**
Proceedings – 14. Workshop Fuzzy-Systeme und Computational Intelligence
Dortmund, 10. - 12. November 2004, 2004

7   **ZIPSER, S.**
Beitrag zur modellbasierten Regelung von Verbrennungsprozessen, 2004

8   **STADLER, A.**
Ein Beitrag zur Ableitung regelbasierter Modelle aus Zeitreihen, 2005

9   **MIKUT, R.; REISCHL, M.**
Proceedings – 15. Workshop Computational Intelligence
Dortmund, 16. - 18. November 2005, 2005

10   **BÄR, M.**
µFEMOS – Mikro-Fertigungstechniken für hybride mikrooptische Sensoren, 2005

11   **SCHAUDEL, F.**
Entropie- und Störungssensitivität als neues Kriterium zum Vergleich
verschiedener Entscheidungskalküle, 2006

12   **SCHABLOWSKI-TRAUTMANN, M.**
Konzept zur Analyse der Lokomotion auf dem Laufband bei inkompletter
Querschnittlähmung mit Verfahren der nichtlinearen Dynamik, 2006

13   **REISCHL, M.**
Ein Verfahren zum automatischen Entwurf von Mensch-Maschine-Schnittstellen
am Beispiel myoelektrischer Handprothesen, 2006

14 **KOKER, T.**
Konzeption und Realisierung einer neuen Prozesskette zur Integration von
Kohlenstoff-Nanoröhren über Handhabung in technische Anwendungen, 2007

15 **MIKUT, R.; REISCHL, M.**
Proceedings – 16. Workshop Computational Intelligence
Dortmund, 29. November - 1. Dezember 2006

16 **LI, S.**
Entwicklung eines Verfahrens zur Automatisierung der CAD/CAM-Kette
in der Einzelfertigung am Beispiel von Mauerwerksteinen, 2007

17 **BERGEMANN, M.**
Neues mechatronisches System für die Wiederherstellung der
Akkommodationsfähigkeit des menschlichen Auges, 2007

18 **HEINTZ, R.**
Neues Verfahren zur invarianten Objekterkennung und -lokalisierung
auf der Basis lokaler Merkmale, 2007

19 **RUCHTER, M.**
A New Concept for Mobile Environmental Education, 2007

20 **MIKUT, R.; Reischl, M.**
Proceedings – 17. Workshop Computational Intelligence
Dortmund, 5. - 7. Dezember 2007

21 **LEHMANN, A.**
Neues Konzept zur Planung, Ausführung und Überwachung von
Roboteraufgaben mit hierarchischen Petri-Netzen, 2008

22 **MIKUT, R.**
Data Mining in der Medizin und Medizintechnik, 2008

23 **KLINK, S.**
Neues System zur Erfassung des Akkommodationsbedarfs im menschlichen Auge, 2008

24 **MIKUT, R.; REISCHL, M.**
Proceedings – 18. Workshop Computational Intelligence
Dortmund, 3. - 5. Dezember 2008

25 **WANG, L.**
Virtual environments for grid computing, 2009

26 **BURMEISTER, O.**
Entwicklung von Klassifikatoren zur Analyse und Interpretation zeitvarianter
Signale und deren Anwendung auf Biosignale, 2009

27 **DICKERHOF, M.**
Ein neues Konzept für das bedarfsgerechte Informations- und Wissensmanagement
in Unternehmenskooperationen der Multimaterial-Mikrosystemtechnik, 2009

28 MACK, G.
Eine neue Methodik zur modellbasierten Bestimmung dynamischer Betriebslasten
im mechatronischen Fahrwerkentwicklungsprozess, 2009

29 HOFFMANN, F.; HÜLLERMEIER, E.
Proceedings – 19. Workshop Computational
Intelligence Dortmund, 2. - 4. Dezember 2009

30 GRAUER, M.
Neue Methodik zur Planung globaler Produktionsverbünde unter Berücksichtigung
der Einflussgrößen Produktdesign, Prozessgestaltung und Standortentscheidung, 2009

31 SCHINDLER, A.
Neue Konzeption und erstmalige Realisierung eines aktiven Fahrwerks mit
Preview-Strategie, 2009

32 BLUME, C.; JAKOB, W.
GLEAN. General Learning Evolutionary Algorithm and Method
Ein Evolutionärer Algorithmus und seine Anwendungen, 2009

33 HOFFMANN, F.; HÜLLERMEIER, E.
Proceedings – 20. Workshop Computational
Intelligence Dortmund, 1. - 3. Dezember 2010

34 WERLING, M.
Ein neues Konzept für die Trajektoriengenerierung und -stabilisierung in
zeitkritischen Verkehrsszenarien, 2011

35 KÖVARI, L.
Konzeption und Realisierung eines neuen Systems zur produktbegleitenden
virtuellen Inbetriebnahme komplexer Förderanlagen, 2011

36 GSPANN, T. S.
Ein neues Konzept für die Anwendung von einwandigen Kohlenstoff-
nanoröhren für die pH-Sensorik, 2011

37 LUTZ, R.
Neues Konzept zur 2D- und 3D-Visualisierung kontinuierlicher,
multidimensionaler, meteorologischer Satellitendaten, 2011

38 BOLL, M.-T.
Ein neues Konzept zur automatisierten Bewertung von Fertigkeiten in der minimal
invasiven Chirurgie für Virtual Reality Simulatoren in Grid-Umgebungen, 2011

39 GRUBE, M.
Ein neues Konzept zur Diagnose elektrochemischer Sensoren
am Beispiel von pH-Glaselektroden, 2011

40 HOFFMANN, F.; Hüllermeier, E.
Proceedings – 21. Workshop Computational Intelligence
Dortmund, 1. - 2. Dezember 2011

41 **KAUFMANN, M.**
Ein Beitrag zur Informationsverarbeitung in mechatronischen Systemen, 2012

42 **NAGEL, J.**
Neues Konzept für die bedarfsgerechte Energieversorgung
des Künstlichen Akkommodationssystems, 2012

43 **RHEINSCHMITT, L.**
Erstmaliger Gesamtentwurf und Realisierung der Systemintegration
für das Künstliche Akkommodationssystem, 2012

44 **BRÜCKNER, B. W.**
Neue Methodik zur Modellierung und zum Entwurf keramischer Aktorelemente, 2012

45 **HOFFMANN, F.; Hüllermeier, E.**
Proceedings – 22. Workshop Computational
Intelligence Dortmund, 6. - 7. Dezember 2012

46 **HOFFMANN, F.; Hüllermeier, E.**
Proceedings – 23. Workshop Computational
Intelligence Dortmund, 5. - 6. Dezember 2013

47 **SCHILL, O.**
Konzept zur automatisierten Anpassung der neuronalen Schnittstellen
bei nichtinvasiven Neuroprothesen, 2014

Die Schriften sind als PDF frei verfügbar, eine Nachbestellung der Printversion ist möglich. Nähere Informationen unter www.ksp.kit.edu.